U0252733

Palace

Photoshop + Camera RAW
照片后期处理入门与实战

梁新雷 / 编著

清華大學出版社
北京

内 容 简 介

本书是讲解Photoshop后期处理技术的专业图书，在讲解的过程中尽量将结构安排得合理、有序，即“先学什么，然后才能学什么”，从而让读者更好地了解Photoshop的知识体系。本书覆盖了Photoshop在数码照片后期修饰中的常用技术，如可选颜色、照片滤镜、色阶、曲线、合成HDR、堆栈合成、亮度蒙版、Camera Raw滤镜等基本及进阶技术，还包括人像、花卉、建筑和夜景星空类照片的综合调修方法等，让读者在学习技术的同时，掌握Photoshop的应用方法与技巧，提升实战及审美能力。

本书赠送案例讲解过程中用到的相关素材及效果文件，更有由专业人士录制的相关学习视频，帮助读者快速掌握Photoshop的使用方法。本书适合有一定Photoshop基础的自学者阅读，也可以作为大中专院校计算机艺术类课程的教材。

图书在版编目（CIP）数据

Photoshop+Camera Raw照片后期处理入门与实战 / 梁新雷编著. -- 北京：清华大学出版社, 2022.8

（2025.4 重印）

ISBN 978-7-302-61520-0

Ⅰ.①P… Ⅱ.①梁… Ⅲ.①图像处理软件—教材 Ⅳ.①TP391.413

中国版本图书馆CIP数据核字(2022)第144418号

责任编辑：陈绿春
封面设计：潘国文
责任校对：胡伟民
责任印制：宋　林

出版发行：清华大学出版社
网　　址：https://www.tup.com.cn，https://www.wqxuetang.com
地　　址：北京清华大学学研大厦A座　　**邮　　编**：100084
社 总 机：010-83470000　　**邮　　购**：010-62786544
投稿与读者服务：010-62776969，c-service@tup.tsinghua.edu.cn
质量反馈：010-62772015，zhiliang@tup.tsinghua.edu.cn
印 装 者：小森印刷霸州有限公司
经　　销：全国新华书店
开　　本：188mm×260mm　　**印　　张**：12.25　　**插　　页**：2　　**字　　数**：465千字
版　　次：2022年10月第1版　　**印　　次**：2025年 4 月第 2 次印刷
定　　价：69.00元

产品编号：092111-01

前言

INTRODUCTION

随着智能手机和数码相机的普及，摄影已经成为全民的爱好。如果说摄影是"前期"工作，随之而来的就是将拍摄的照片进行"后期"处理，因此，数码照片的后期处理技术备受大家关注。

本书适合有一定 Photoshop 操作经验的后期处理用户阅读，是一本讲解数码照片后期处理技术的书籍。本书讲解软件采用当前较新版本的 Photoshop 2022，内容涵盖以下几个方面。

■照片后期处理必须了解的理念与专业知识：第 1 章讲解了一些关于后期处理的基础知识，包括摄影与后期处理的关系、照片后期处理的误区、照片后期处理的基本流程、色轮与调色，以及通道与调色等。

■常用的后期调色技术：第 2 章讲解了 Photoshop 中常用的调色命令，包括可选颜色、照片滤镜、黑白、色彩平衡、色阶、曲线在后期修饰中的使用方法。

■制作创意照片的高级技术：第 3 章讲解了能够制作各类创意效果的进阶技术，包括合成 HDR、合成全景照片、堆栈合成星轨等。本章还重点讲解了"亮度蒙版"功能，在理论部分讲解了"亮度蒙版"的基本操作方法及用哪些方法可以生成亮度蒙版，后面以实例的形式讲解了"亮度蒙版"在数码照片后期处理中的综合应用技巧。

■ Camera Raw：第 4 章讲解了能修饰 Raw 照片的 Camera Raw，除了讲解 Camera Raw 的基本操作方法，还详细讲解了"基本"面板的参数、纹理与清晰度、去除薄雾、黑白混色器、修补工具、配置文件、去色差、去噪点及蒙版等实用功能的操作方法，通过学习这些内容，读者可以用 Camera Raw 快速修出好照片。

■分类题材实战应用：第 5~9 章分别讲解了人像、风光、花卉、建筑和夜景星空类照片的综合调修方法。通过详细的操作步骤与注意要点讲解，读者在实例操作中巩固所学知识，并学到这些摄影题材的后期修饰思路，从而应用到自己拍摄的照片中。

本书提供了配套素材的源文件及最终效果的分层文件，以方便读者查看这些文件的图层、通道构成，进一步帮助读者理解本书所讲述的各项知识，使用微信扫描右侧的二维码即可。

此外，作者还委托专业讲师，针对本书内容录制了教学视频，如果读者在学习中遇到问题，可以通过观看这些教学视频释疑解惑，从而提高学习效果。要观看本书视频教学文件，请关注"好机友摄影"公众号，并回复本书第 186 页最后一个字，按提示操作即可。

在本书的编写过程中，虽以科学、严谨的态度，力求精益求精，但疏漏之处在所难免，敬请广大读者批评指正。如果在学习过程中碰到问题，请使用微信扫描下面的二维码联系相关人员解决。如果遇到关于本书的其他问题，请联系陈老师 chenlch@tup.tsinghua.edu.cn。

配套素材

技术支持

编 者

2022年9月

目录
CONTENTS

第 1 章 照片后期处理必备的理念与专业知识

第 2 章

万象之初——掌握扎实的后期处理技术

第 3 章
制作创意效果必学的高级技巧

第 4 章
Camera Raw 的基本使用及应用方法

第 5 章

人像类照片综合调修

第 6 章

风光类照片综合调修

第 7 章

花卉类照片综合调修

第 8 章

建筑类照片综合调修

第 9 章

夜景星空类照片综合调修

第1章

照片后期处理必备的理念与专业知识

1.1 摄影与后期处理的关系

1.1.1 为什么说“后期决定一切”

“后期决定一切”的说法看似武断，但对绝大多数摄影爱好者而言，却是真实成立的，其内在的逻辑就是，对摄影爱好者来说，在前期拍摄时，最能影响照片质量的就是器材和摄影方面的理论知识（如构图、用光、用色等）。但在过去几年，数码相机迅速普及，这也为数码相机软硬件的发展提供了契机。以较为专业的数码单反相机为例，其主流像素数量从过去的 1200 万、1500 万、1800 万，逐步发展到今天的 2000 万像素以上；视频拍摄功能已经成为“标配”，且多数都已经实现了全高清视频拍摄。可以说，在硬件方面，即使是消费级数码相机或入门级数码单反相机等，其成像质量虽不如高端甚至顶级相机，但其差距已经在逐渐缩小，高端相机更多提供的是优秀的操控性能，以及满足在苛刻环境下的拍摄需求。因此，作为日常拍摄来说，中低端数码相机已经完全可以满足日常的网络分享，甚至高质量的打印和洗印的需求了。

另外，伴随着数码相机市场的火爆，关于摄影的书籍以及相关的学习网站、论坛及手机 App 等，都在理论知识层面大幅提高了“摄影小白”的技术水平。

综上所述，摄影爱好者在“前期”拍摄中已经可以做得越来越好，而且拍摄水平的差距也越来越小，在此基础上，“后期”处理的优劣将直接决定一幅照片是“佳作”还是“废片”，这也正是本书“后期决定一切”说法的原因所在。

例如对图 1.1 所示的照片来说，在昏暗的环境中拍摄这样一幅剪影照片，对大部分摄影爱好者，甚至是专业摄影师而言，也很难拍出优秀的作品，再怎么调整相机，也无非是颜色多一些、少一些，画面亮一些、暗一些，但基本都可以归为“废片”的行列。

由于该照片是以 Raw 格式拍摄的，通过较大幅度的后期处理，将其处理为古画效果，如图 1.2 所示，可以看出，不仅不再是“废片”，整体效果堪称优秀。

图1.1

图1.2

再如图 1.3 和图 1.4 所示的后期处理前后的照片对比效果，可以看出，图 1.3 中多余的标牌，非常靠近人物头部，而且是比较鲜艳的红色，这在很大程度上分散了观者对照片主体的注意力。在实际拍摄时，无论是摄影爱好者，还是专业摄影师，都不可能先将这个标牌摘除再进行拍摄，因此通过后期处理，将其修除就是绝佳的选择。

图1.3

图1.4

由此可见，在摄影水平基本相仿的情况下，后期处理在很大程度上决定了照片的最终效果。

1.1.2 后期处理是伴随摄影而生的

可以说，从摄影被发明的那天开始，后期处理就已经随之产生了，并随着相关技术的发展逐渐成熟。只不过在胶片相机时代，所有的后期处理都是在暗房中完成的，许多摄影师为了按照自己的意图全面控制照片的效果，都亲自进行暗房冲洗。例如，通过重新裁剪胶片以改变照片的构图，使用不同的显影液、控制曝光时间以呈现不同的色彩及曝光效果，使用不同的相纸以改变照片呈现的质感等。摄影大师安塞尔·亚当斯就曾经在其著作《论底片》中介绍了大量暗房装备、冲洗方法及冲洗过程的影调控制技术等，他甚至认为底片是乐谱，制作（后期处理）是演奏，生动地强调了后期制作的重要性，这充分说明了拍摄仅是照片的一部分，暗房技术对摄影师来说也是不可或缺的一部分，只有将二者结合起来，才能得到完美的摄影作品。

时至今日，随着数码摄影设备的兴起，后期处理的对象从胶片变成了数码照片，以 Photoshop 为代表的后期处理软件，已经可以实现任何摄影师的各种后期处理需求，让照片更具美感。作为摄影爱好者，大可不必过于纠结使用了后期处理技术，是否还是真正的摄影。事实是，后期处理本身就是摄影的一部分，出于对照片进行美化、修饰、纠正的处理都是摄影范围以内的工作。

例如图 1.5 所示的夜景照片，由于天空中的星星较亮，而且地面上还有光源和被照亮的建筑物，无法通过长时间曝光的方式让照片获得充足的曝光。

图 1.6 是通过后期处理，将整体天空调亮，突出其中的银河，并对建筑物及地面光源进行了修正处理后的效果。如果没有进行后期处理，这样一幅精彩的银河照片，可能永远不会出现。

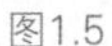

图1.5

图1.6

1.1.3 摄影不能依靠后期处理

在现阶段，摄影后期处理固然是一种提升照片效果的有效手段，但如前文所述，摄影是由前期与后期两部分组成的，二者相辅相成、缺一不可。本书从后期处理的角度强调了其重要性，并提出了“后期决定一切”的观点，但这些都是建立在经过多年的学习和积累的基础之上的。目前大多数摄影爱好者已经在拍摄水平上有了大幅提高，而不是单纯地将摄影后期放大为整个摄影过程。

前期的拍摄工作仍然是整个摄影过程的源头，从情节的构思、画面的构图、曝光及色彩的控制等方面，捕捉到一个美的、有意义的画面，后期处理才能有用武之地。摄影师切不可忽视前期拍摄，抱着“还能用后期处理”的想法，否则不仅摄影水平很难提高，在后期处理过程中，也会由于前期工作做得不到位，需要花费大量的时间和精力进行后期处理，甚至出现“废片”的概率也大幅增加。

以图 1.7 所示的摄影作品为例，由于环境中雾气浓重，难以通过控制曝光或白平衡等参数得到好的拍摄结果，而且稍不注意就可能出现曝光过度的问题。在拍摄时，首先尽可能分辨环境中的元素并进行构图，同时大致在脑海中勾画出想要的照片效果，并在这种思路的引导下，减少一定的曝光，以避免出现曝光过度的问题，并以 Raw 格式进行拍摄，以最大限度地保留后期处理的空间。

图 1.8 是使用 Adobe Camera Raw 软件，通过调整白平衡、曝光、对比度、清晰、去雾霾等参数，结合“线性渐变”功能，让画面恢复应有的曝光、色彩及立体的效果。

图1.7

图1.8

1.1.4 把握后期处理的尺度

前文强调了后期处理的重要性，但也不能完全天马行空地随意调整。以 Photoshop 为例，其核心功能就是图像的处理与合成，因此，用户可以对图像进行任意的处理，众多大师级创意合成作品，都是主要使用 Photoshop 进行处理完成的。

图 1.9~ 图 1.11 是摄影师 Brandon Kidwell 创作的一组多重曝光作品，巧妙的构思和对于画面细节的把握让人为之叹服。

图1.9

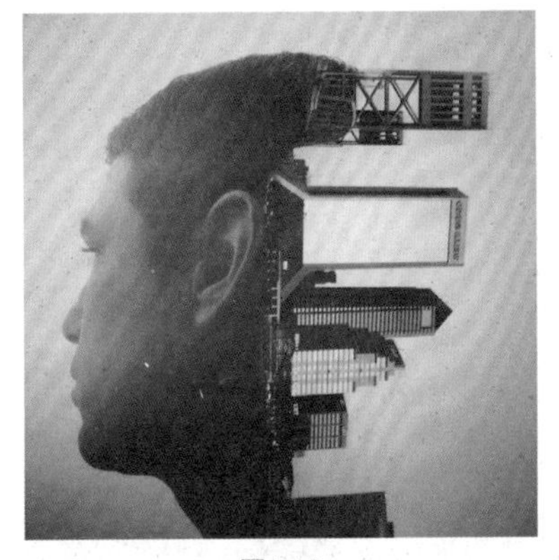

图1.10

图1.11

从后期处理尺度方面来说，这组作品虽然基于摄影中的多重曝光技术，但实际上已经严重脱离了摄影本身，更多的是带有创意表现的属性。当然，这不能否定这组作品的优秀之处，如果是从“希望得到一幅漂亮、具有创意的影像作品”的角度来说，这就是一组非常成功的作品，但是如果从摄影的角度来说，我们仍然应该以“真实”为基本准则进行后期处理，并围绕这个准则，完成各种美化、修饰，甚至是合成处理。

图 1.12~ 图 1.14 是几张优秀的摄影作品，其共同特点就是都经过了或多或少的后期处理，但基本是以“真实”为基本准则的，读者可以与上面的作品进行比较，体会其中的真实与超现实。

图1.12

图1.13

图1.14

因此，读者可以根据自己的喜好、希望实现的效果，明确后期处理的方向，切忌在二者之间摇摆不定，想处理出一幅好的摄影作品，却使用了大量超现实的处理手法，或者想得到具有创意美感的作品，却拘泥于现实的束缚，无法实现想象的效果，那么永远不可能制作出优秀的作品。

1.2 后期处理的误区

1.2.1 以原图做处理

在任何情况下，都不要直接在原始照片文件上做后期处理，因为原始照片文件只有一份，一旦做过修改就再也找不回来了。因此，一定要复制一个文件后再进行后期处理。

在处理照片的过程中，也建议不要直接在“背景”图层上操作，一方面是为了保留原照片，另一方面，在想观察原照片与处理结果之间的差异时，只需要按住 Alt 键单击“背景”图层左侧的眼睛图标，就可以快速进行预览了，在需要使用原照片进行其他处理时，也可以通过复制“背景”图层的方式快速得到，而不用重新打开原始照片文件。

另外，还可以通过将图层转换为智能对象、使用调整图层（而不是执行“图像”→“调整”子菜单中的命令）等方法，实现保护原图、无损处理的目的。

1.2.2 锐度越高越好

从理论上来讲，锐度越高的照片细节就越多，画质也就显得越好，但也不是可以无限度地提高，在锐化到一定程度后，继续锐化只会起到反作用。因为过度锐化，会在图像的边缘生成白色印记，反而会使照片质量降低。

当然，在锐化过程中，有些区域较为模糊，需要做较强的锐化处理，有些则需要较弱的锐化处理。通常情况下，较快捷的方法是，以较模糊的区域为标准进行锐化，然后结合图层蒙版功能，将锐化过度的区域隐藏即可。

以图 1.15 所示的照片为例；图 1.16 是锐化后的局部效果，可以看出，右下方的边缘得到了最佳的锐化，但其他树叶边缘则由于锐化过度，出现了白色印记；图 1.17 是利用图层蒙版，将白色印记修除后的效果。

另外，在锐化人物照片时，往往是以锐化边缘为主的，而内部的皮肤需要保留较为柔滑的质感。因此，在锐化后，要特别注意进行恢复处理，以免过度锐化导致皮肤显得过于“干燥”。

图1.15

图1.16

图1.17

1.2.3 反差越大越好

照片的反差可以包括色彩反差和明暗反差两方面，如红与蓝、黑与白就存在巨大的反差，可以表现在画面整体上，如图 1.18 所示，也可以表现在画面的细节上，如图 1.19 所示。恰当的反差，可以让画面呈现强烈的视觉冲击力。

图1.18

图1.19

和锐化处理一样，提高照片反差要注意把握好尺度，过强的反差可能会让照片失真。

另外，增加反差并不是唯一的表现手法，有些照片并不适合以高反差手法表现，反之，以柔和、自然的色彩和影调作为过渡，虽然在第一眼的视觉冲击力上不如高反差的作品，但会让人看起来更舒服，更能长时间地观察照片，体会其中所表现的意境，如图 1.20 和图 1.21 所示。而高反差的作品会引起视觉疲劳，反而难以长时间地深入观察，所谓的“刚不可久”就是这个意思。

从作品风格上说，如果一味地强调反差，久而久之，也会让自己的作品风格受到限制，容易被定格化，甚至出现为了增加反差而增加反差的问题。

图1.20

图1.21

1.2.4 噪点越少越好

在使用高感光度、长时间曝光或环境较昏暗导致曝光不足时，照片都可能或多或少地产生大小不一的噪点，为了提高画质、保持画面的纯净度，通常会进行一定的降噪处理，但这个过程并不能单纯以消除所有噪点为目的。因为照片中存在的一些细节，往往和噪点差不多大小，甚至要更小，消除噪点就意味着这些细节也可能随之消失，所以处理时要在保留细节与降噪之间做好平衡，不能盲目地降噪，由此导致损失大量细节，就得不偿失了。

另外，现在主流的数码相机基本都拥有 2000 万以上的像素，相比以前 1000 万左右的像素，增加了近一倍，但感光元件并没有相应增大，因此，像素密度提高了，进而可能导致照片更容易产生噪点。同时，如此高像素的照片，在 100% 的显示比例下，即使稍有一些噪点，都可能看起来很明显。但实际情况是，我们极少有机会将一幅 2000 万像素的照片分享给朋友或进行大画幅的印刷，更多时候，我们只需要将照片缩小到 1/10，即 200 万像素（约为 1600 像素 × 1200 像素），就完全可以满足日常的分享和 6~9 寸照片的洗印了。因此，在降噪甚至在后期处理前，可以先将照片缩小，此时可能大部分细小的噪点都消失了，剩余的少量噪点只需要做适当降噪处理即可。

1.3 照片后期处理的基本流程

图 1.22 所示的流程图展示了照片调整时最常见和常用的手法，但并非是每幅照片都要按照这些项目依次进行调整。当对照片的某一部分足够满意时，自然就可以跳过该步骤，继续后面的调整。

图1.22

下面简单介绍各项修饰的基本概念，希望能够对后面的学习起到引导的作用。

1. 尺寸与构图

对于照片的尺寸，以目前主流的数码相机来说，生成的 JPEG 格式的照片就高达几 MB 甚至几十 MB，很不利于网络传输和网络发布。因此，将其调整为合适的大小就成了必要的操作，同时，这也能够提高 Photoshop 处理图像的速度。而对于画面的构图，则是一个比较深奥的话题，简单来说，就是对原本不好看或不合理的构图，进行校正处理。例如，通过裁剪照片来突出照片的主体就属于典型的二次构图。对于如图 1.23 所示的照片来说，其中的元素较多，显得主体不够突出。图 1.24 所示为裁剪并进行一定曝光调整，以突出人物主体后的效果。

图1.23

图1.24

另外，从更广义的角度来说，校正照片透视、拼合全景图等，也属于二次构图的范畴。

2. 曝光调整

简单来说，照片后期处理中所说的曝光问题，大致可以分为“曝光不足”和“曝光过度”两大类，其中还可以细分为局部曝光或全局曝光等，它们的后期调整方法也不尽相同，但总体来说，仍属于对亮度及对比度进行调整的范围。我们可以先针对整体进行大范围的校正，然后再针对局部的问题进行修饰。如图1.25和图1.26所示，通过校正曝光不足，并适当进行色彩校正，使照片显得更通透。

图1.25

图1.26

3. 色彩校正与润饰

对于色彩校正而言，通常是指由于受到环境光或相机白平衡设置等因素的影响，照片整体偏向某种色调，此时需要将其恢复为正常的色彩；润饰色彩与前者有较大的差别，主要是针对低饱和的色彩进行校正，或者对现有的色彩进行改变等，在处理时要特别注意，调整后的色彩应该自然、符合照片的环境要求。

值得一提的是，若相机支持并采用Raw格式拍摄照片，其保留的原始信息可以让后期处理时获得更大的调整空间。

图1.27和图1.28是在曝光与色彩方面均处理得非常到位的照片。

图1.27

图1.28

4. 瑕疵修复

曝光和色彩的调整可能会影响画面中的细节，例如人物面部的色斑，有时适当调整曝光，就可能将其隐去，而不需要专门修复，当然也有相反的情况，即调整后出现了更多的无用细节。如果仅是修除一些斑点或眼袋，那么只需要简单的处理即可完成，但如果画面中充斥着各种杂点、污渍及杂物等问题元素，无疑工作量就会大幅增加，同时，在修复时所涉及的操作也可能会更复杂。

图1.29所示为原照片，其背景中存在一个多余的人物，分散了观者对主体人物的注意力；图1.30所示为将多余人物修除后的效果，画面更简洁、干净，使人物主体更突出。

5. 清晰化润饰

清晰化润饰主要包括两部分，即改善模糊照片与提高图像清晰度，前者属于对拍摄时由于相机抖动、物体晃动等原因造成的照片缺陷进行校正，属于很难完美校正的问题，因此在前期拍摄时要特别注意保持照片的清晰度；后者则是对图像细节的强化，使细节部分变得更丰富，往往是照片处理的最后环节，再有针对性地进行清晰化润饰，同时要注意避免锐化过度，导致画面过于干涩，缺少通透感。图 1.31 所示为原照片，图 1.32 所示为锐化前后的局部对比。

图1.29

图1.30

图1.31

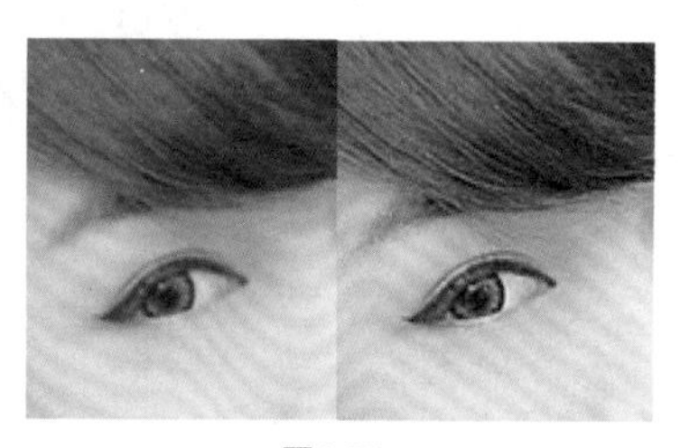
图1.32

1.4 无损编修技法

1.4.1 无损编修的原理

通过“调整”面板可以创建调整图层，其产生的照片调整效果，不会直接对某个图层的像素进行修改，所有的修改内容都是在调整图层内体现，因而可以非常方便地进行反复修改，且不会对原图像的质量和内容造成任何损失。

以图 1.33 和图 1.34 所示的效果及其“图层”面板为例，其使用了“色相 / 饱和度”和“自然饱和度”两个调整图层，实现了改变色彩并提高色彩饱和度的目的。

图 1.35 和图 1.36 所示为通过修改两个调整图层的参数后得到的效果。

图1.33

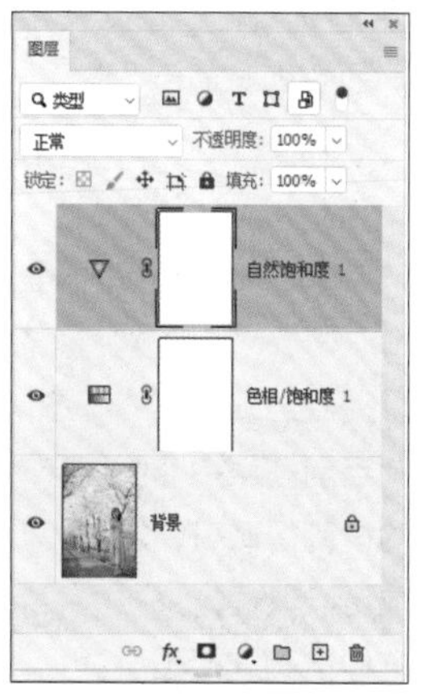

图1.34

图1.35

图 1.37 和图 1.38 所示为删除两个调整图层后，所有的调整效果消失，显示出未调整前的原始照片。

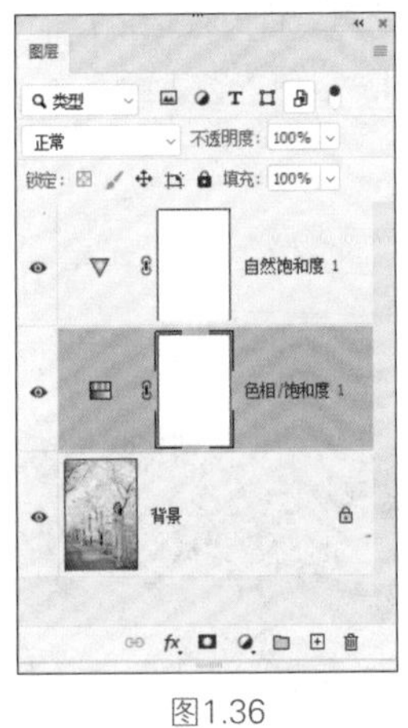

图1.36

图1.37

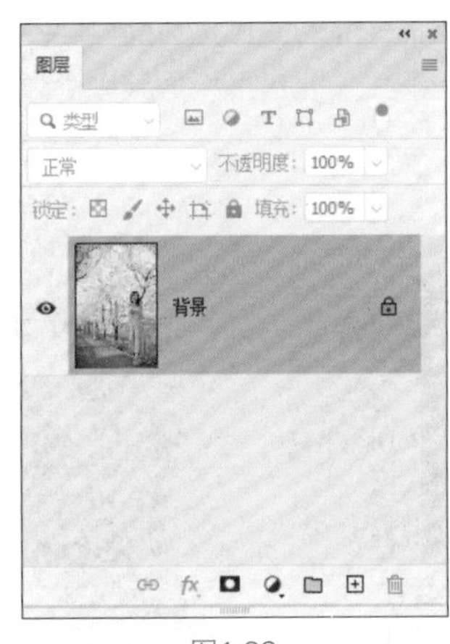

图1.38

通过上面的示例，可以了解到调整图层无损调整的原理，下面来讲解其相关操作方法及使用技巧。

1.4.2 “图层”面板与无损编修

图层是照片处理时不可或缺的功能，大家应该养成在新图层中执行绘图、复制或调整等操作的习惯，例如在新图层中执行修补、添加装饰光处理，或者新建调整图层以处理照片的曝光及色彩等。这样操作虽然略显麻烦，但熟练操作后，几乎不会影响操作速度，而且具有不破坏原始图像、便于编辑修改等优点。下面详细讲解其相关知识和操作方法。

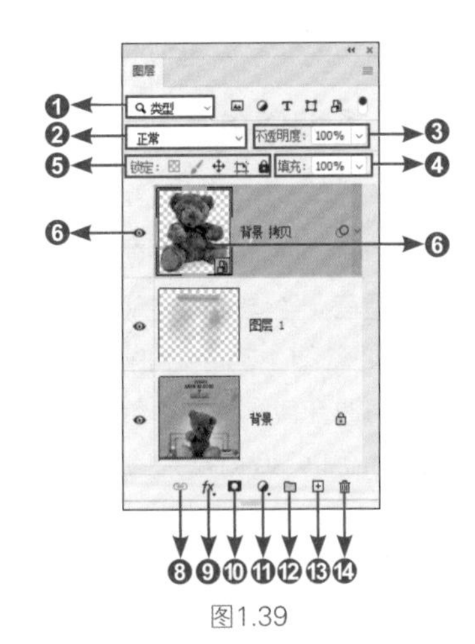

图1.39

1. “图层”面板

“图层”面板集成了 Photoshop 中绝大部分与图层相关的常用命令及操作组件。使用该面板，可以快速地对图层进行新建、复制及删除等操作，按 F7 键或者执行“窗口”→“图层”命令即可显示“图层”面板，如图 1.39 所示。

“图层”面板中的主要控件释义如下。

❶ 类型：在其下拉列表中可以控制显示与隐藏不同属性的图层。

❷ 正常：在其下拉列表中可以设置当前图层的图层混合模式。

❸不透明度：在此文本框中输入数值，可以控制当前图层的不透明度。数值越小，表示当前图层越透明。

❹填充：在此文本框中输入数值，可以控制当前图层中非图层样式部分的不透明度。

❺锁定：在此选项区域可以分别控制图层的透明区域可编辑性、照片区域可编辑性以及移动图层等。

❻ ：单击此图标，可以控制当前图层的显示与隐藏。

❼图层缩览图：用来显示图层的缩略图，方便准确选择图层。

❽ “链接图层”按钮 ：单击此按钮，可以将选中的图层链接起来，以便统一执行变换、移动等操作。

❾ “添加图层样式”按钮 fx：单击此按钮，可以在弹出的菜单中选择图层样式，并为当前图层添加图层样式。

⑩ “添加图层蒙版”按钮：单击此按钮，可以为当前图层添加图层蒙版。

⑪ “创建新的填充或调整图层”按钮：单击此按钮，可以在弹出的菜单中进行选择相应的命令，为当前图层创建新的填充或者调整图层。

⑫ “创建新组”按钮：单击此按钮，可以新建图层组。

⑬ “创建新图层”按钮：单击此按钮，可以新建图层。

⑭ “删除图层”按钮：单击此按钮，并在弹出的对话框中单击“是”按钮，即可删除当前所选图层。

2. 创建图层

常用的创建图层的操作方法如下。

■ 单击“图层”面板底部的“创建新图层”按钮，可以直接创建一个Photoshop默认的新图层，这也是创建新图层最常用的方法，如图1.40所示。

■ 按快捷键Ctrl+Shift+N，弹出“新建图层”对话框，设置适当的参数后单击“确定”按钮，即可在当前图层上方新建一个图层。

■ 按快捷键Ctrl+Alt+Shift+N，即可在不弹出“新建图层”对话框的情况下，在当前图层上方新建一个图层。

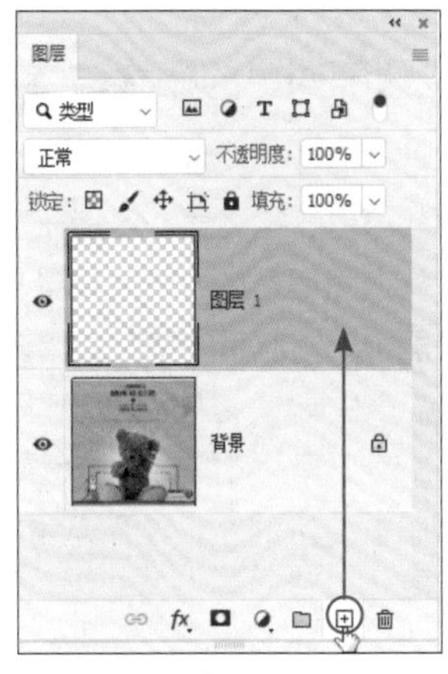

图1.40

3. 选择图层

若要选择单个图层，可以直接单击其图层名称或缩览图。若要选择多个图层，可以采用如下方法。

■ 如果要选择连续的多个图层，在选择一个图层后，按住Shift键，在“图层”面板中单击另一个图层的图层名称，则两个图层之间的所有图层会被同时选中。

■ 如果要选择不连续的多个图层，在选择一个图层后，按住Ctrl键，在“图层”面板中逐一单击另外需要选中的图层的名称即可。

4. 复制图层

常用的复制图层的方法如下。

■ 在没有任何选区的情况下，执行“图层”→“新建”→“通过拷贝的图层”命令，或者按快捷键Ctrl+J，复制当前选中的图层。若当前存在选区，则仅复制选区中的内容至新的图层中。

■ 在“图层”面板中选中需要复制的图层，然后将其拖至“图层”面板底部的“创建新图层”按钮上，即可复制图层，如图1.41所示。

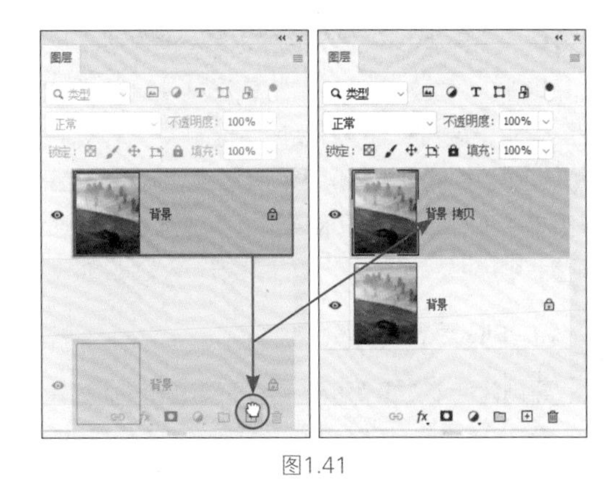

图1.41

5. 删除图层

删除无用的或者临时的图层有利于减小文件的尺寸，也便于文件的存储或网络传输。在“图层”面板中可以根据需要删除任意图层，但在“图层”面板中至少要保留一个图层。要删除图层时，可以执行以下任意操作。

■ 执行“图层”→“删除”→“图层”命令，或者单击“图层”面板底部的“删除图层”按钮，并在弹出的提示对话框中单击“是”按钮，删除所选图层。

■ 在“图层”面板中选择需要删除的图层，并将其拖至“图层”面板底部的“删除图层”按钮上，即可删除所选图层。

■ 对于Photoshop CS2以上版本的软件来说，可以在选择“移动工具”且当前照片中不存在选区或者路径的情况下，按Delete键删除当前选中的图层。

1.4.3 智能对象与无损编修

1. 智能对象的概念与特点

智能对象的全称为“智能对象图层”，其具有和图层组相似的基本属性，即其中都可以容纳图层。区别在于，前者仍然是一个图层，可以对其进行几乎所有普通图层允许的属性设置及相关操作。例如，设置其填充不透明度、添加图层样式、应用滤镜及使用调整图层调色等，此时不会对智能对象所包含的内容产生影响，从而实现无损处理的目的。

从外观上看，智能对象图层最明显的特殊之处就在于其图层缩览图右下角的标志，在如图 1.42 所示中也可以看出智能对象图层能够容纳其他类型图层的特性。

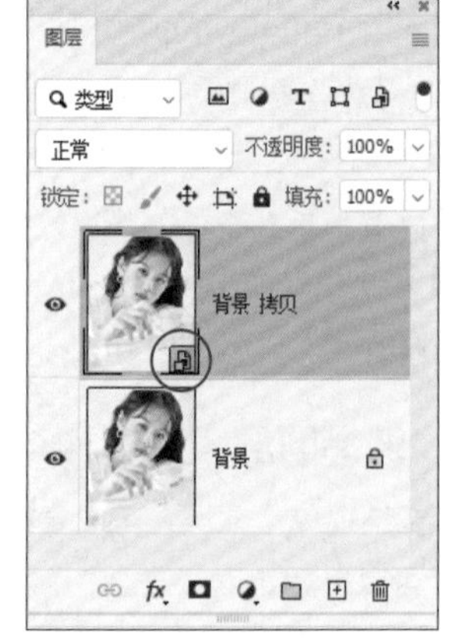

图1.42

由于智能对象图层的特殊性，它也拥有其他图层所不具备的优点，对后期处理而言，其常用的特点包括以下两个。

■ 无损缩放：如果在Photoshop中对图像进行频繁的缩放，会引起图像信息的损失，最终导致图像变得越来越模糊。但如果将一个智能对象在100%比例范围内进行频繁缩放，则不会使图像变得模糊，因为并没有改变外部的源文件的图像信息。当然，如果将智能对象放大超过100%，仍然会对图像的质量产生影响，其影响效果等同于直接对图像进行放大。

■ 智能滤镜：即对智能对象图层应用的滤镜，并保留滤镜的参数，以便于随时进行编辑和修改。

此外，智能对象还支持将矢量文件直接导入图像文件中，也可以将多个图层置于一个智能对象中，以便于管理图层。由于该功能与照片后期处理的关系不大，故不做详细讲解。

当然，智能对象图层也有其缺点，就是无法直接使用绘图工具在其中绘制图像，也无法使用“图像”→“调整”子菜单中的命令进行图像调整，不过前者可以通过新建图层再绘图的方式解决，而后者应该使用调整图层，而不是调整命令。

2. 创建智能对象

要创建智能对象可以使用以下方法。

■ 执行“置入”命令为当前操作的Photoshop文件置入一个矢量文件或位图文件，甚至是另外一个有多个图层的PSD格式文件。

■ 选择一个或多个图层后，在“图层”面板中执行“转换为智能对象”命令或执行“图层”→“智能对象”→“转换为智能对象”命令。

■ 从外部图像文件直接拖入当前图像窗口中，即可将其以智能对象的形式置入当前图像。

1.4.4 “调整”面板与无损编修

1. “调整”面板

“调整”面板的作用就是在创建调整图层时，将不再通过调整对话框设置参数，而是转入此面板中。在没有创建或选择任意一个调整图层的情况下，选择“窗口”→“调整”命令，将调出“调整”面板。

在选中或创建了调整图层后，将在“属性”面板中显示相关参数，如图 1.43 所示。

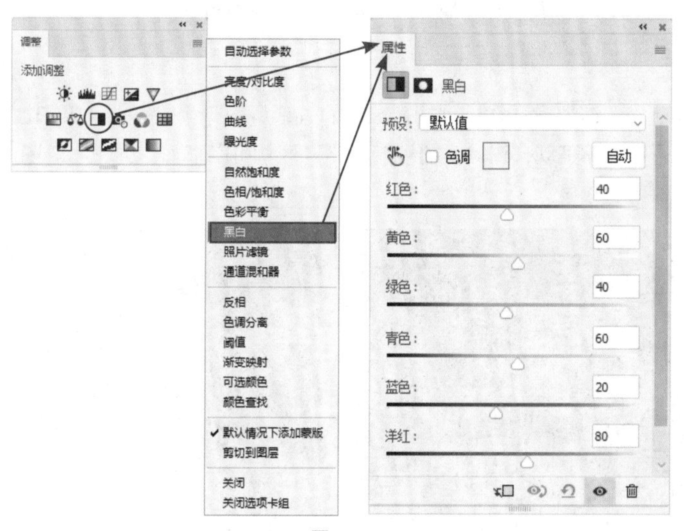

图1.43

2. 创建调整图层

在 Photoshop 中，可以采用以下方法创建调整图层。

■ 执行“图层”→“新建调整图层”子菜单中的命令，此时将弹出相应的对话框，如图1.44所示，按照需要设置参数后，单击“确定”按钮退出对话框，即可得到一个调整图层。

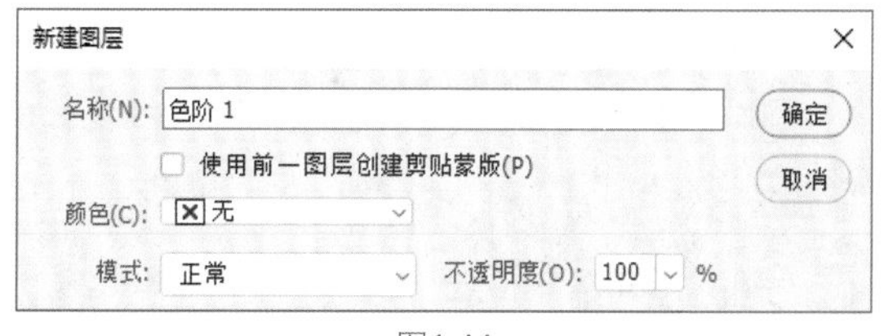

图1.44

■ 单击“图层”面板底部的“创建新的填充或调整图层”按钮，在弹出的菜单中选择需要的选项，并在“属性”面板中设置参数即可。

■ 在“调整”面板中单击相应按钮，即可创建对应的调整图层。

3. 重新设置调整参数

要重新设置调整图层中所包含的参数，可以先选择要修改的调整图层，再双击调整图层的图层缩览图，即可在“属性”面板中调整其参数。如果当前已经显示了“属性”面板，则只需要选中要编辑参数的调整图层，即可在面板中进行修改。

1.5 后期调色处理的必要性

色彩作为视觉艺术的语言和重要的表现手段，其在摄影中也是极为重要的。在实际拍摄时，由于环境或摄影师自身的因素影响，照片色彩的明暗、对比、变化及节奏等方面没有表达出摄影师的表现意图，就需要通过后期处理对其加以润饰和美化。可以说，在现代摄影中，随着数码相机的普及，后期调色处理已经是必不可少的一项工作。

具体来说，后期调色处理主要可以分为强化、校正及特效处理三种情况。

1. 色彩强化

虽然数码相机的功能已经变得非常强大，但拍摄出的照片或多或少都会存在一些对比度不足、色彩饱和度不足等瑕疵，导致画面不够通透、不够美观，对此类照片的美化处理就可以称为“强化”。图 1.45 所示为原片，图 1.46 所示为对色彩进行强化处理后的效果。

图1.45

图1.46

2. 色彩校正

如果说色彩强化是基于一张“较好”的照片，那么色彩校正则是针对“较差”的照片进行的处理。例如一张曝光不足的照片，其画面会显得非常昏暗，色彩也不够突出，此时就需要通过恰当的曝光及色彩处理，使“差片”甚至“废片”变身为精彩的“大片”。图 1.47 所示为原片，图 1.48 所示为进行色彩校正处理后的效果。

图1.47

图1.48

另外，偏色也是比较常见的需要进行色彩校正的情况，但并非所有的偏色都需要校正，例如在拍摄金色夕阳场景时，往往就是利用偏色来实现金黄色画面效果的。

需要注意的是，色彩校正的过程往往需要摄影师有较强的想象力和把控力。因为对于需要校正的照片，其“基础”都比较差，摄影师往往需要一边调整，一边分析照片的特点，逐步塑造照片的“感觉”。

另外，对于一些难以校正的画面元素，也可以尝试使用其他较好的元素进行替换。例如在图 1.49 所示的照片中，就是将原本较为平淡的天空替换为“唯美天空”，然后对整体进行美化处理的。

图1.49

3. 色彩特效

色彩特效是近年非常流行的色彩处理方法，简单来说就是通过后期处理，将照片以接近超现实的夸张手法，为照片赋予特殊的色彩，使其变得更加新颖，在某种程度上，也能够提升照片对情感方面的表达。

图 1.50 和图 1.51 所示为将风景照片处理为水墨效果的前后对比。

图1.50

图1.51

图 1.52 和图 1.53 所示为将人像照片中的环境色处理为红色的前后对比效果。

图1.52

图1.53

值得的一提的是，若相机支持并采用 Raw 格式拍摄照片，其保留的原始信息可以让后期的调色处理获得更大的调整空间。

图 1.54 和图 1.55 所示为曝光与色彩都处理得非常到位的照片。

图1.54

图1.55

1.6 调色处理思路——先定调，再调色

所谓的“定调”，是指确定照片的影调，更直观的说法就是指调整照片的曝光。在调色之前先定调，是因为在调整曝光的同时，照片的色彩也会随之发生变化，为了避免重复性的色彩调整，通常建议先对曝光做处理，然后再调整色彩。

例如在如图 1.56 所示的照片中，由于严重的曝光不足，画面非常昏暗，色彩也极为平淡。

图 1.57 所示为在 Camera Raw 中对其曝光进行初步调整后的效果，可以看出，照片整体变得更加明亮，同时天空及云彩的色彩也突出了许多。

图1.56

图1.57

图 1.58 所示为在调整好曝光的基础上，进一步对整体及各主要部分进行色彩润饰后的效果。

图1.58

当然，曝光与色彩调整的先后，并不是完全固定的，二者在调整过程中可能存在相互穿插的情况，在调整过程中，应灵活把握和运用。

1.7 色轮与调色

1.7.1 色轮的来源

在学习色轮知识前，首先要了解光线，因为有了光，才能有色。一般来说，光线可以分为可见光与不可见光两种，如图 1.59 所示。

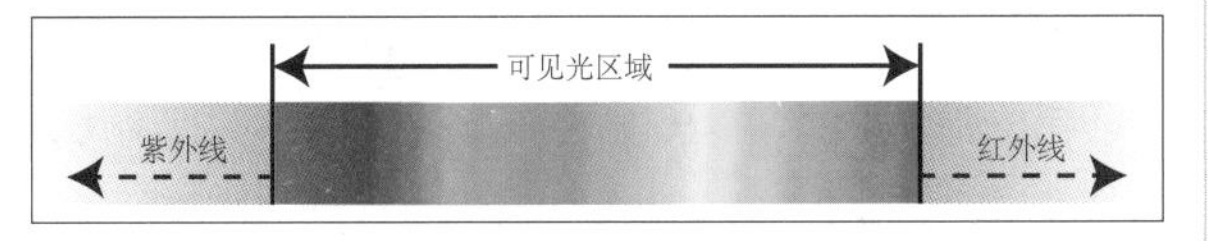

图1.59

可见光区域是由从紫色到红色之间的无穷光谱组成的，人们将其简化为 12 种基本的色相，并以圆环表示，就形成了最基本的色轮，如图 1.60 所示。

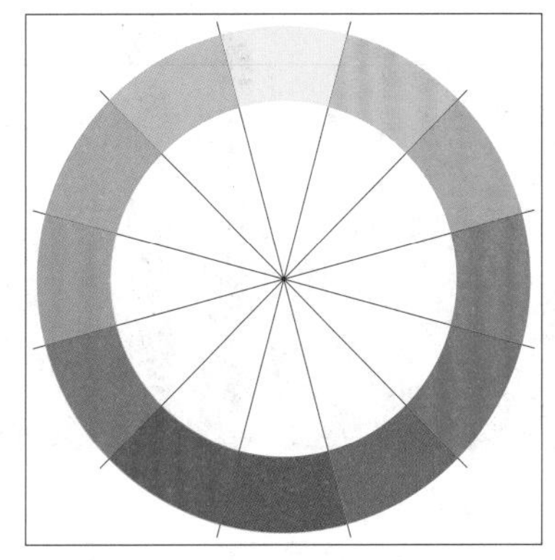

图1.60

1.7.2 色轮的演变

组成色轮的 12 种颜色并非随意指定的，而是通过一定的演算得来的。首先包含的是三原色，即蓝、黄、红。原色混合产生了二次色，再用二次色混合，产生了三次色，下面来具体说明其演变过程。

色轮中最基本的是三原色，另外 9 种颜色都是由它演变而来的，如图 1.61 所示。

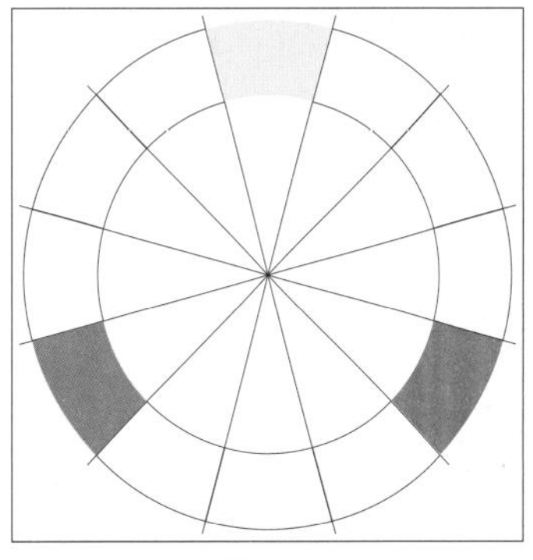

图1.61

二次色所处的位置是位于两种三原色一半的地方。每种二次色都是由离它最近的两种原色等量调合而成的颜色，如图 1.62 所示。

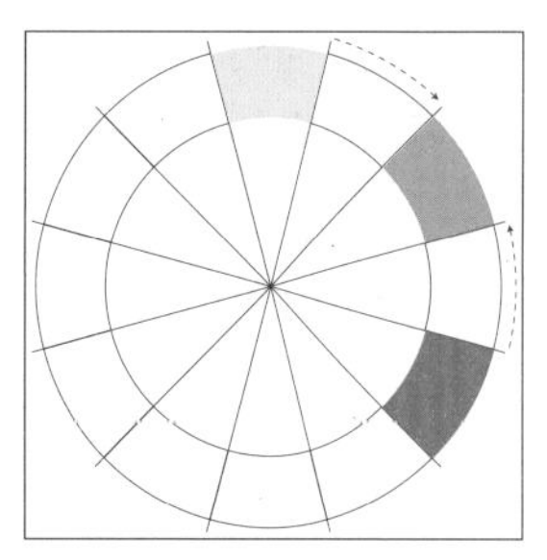

图1.62

图 1.63 所示为仅二次色时的色轮。

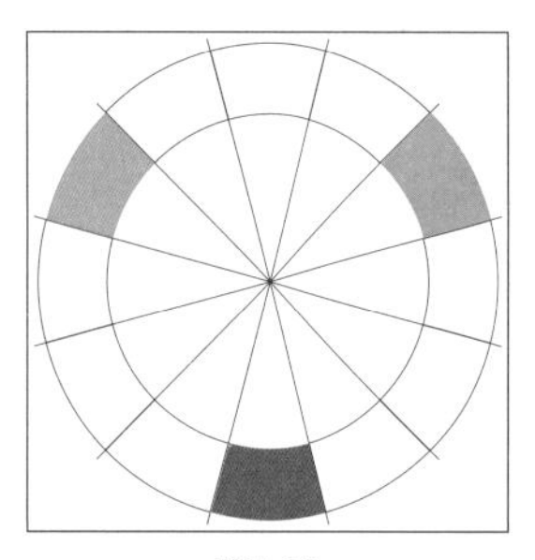

图1.63

学习了二次色，就不难理解三次色了，它是由相邻的两种二次色调合而成的，如图 1.64 所示。

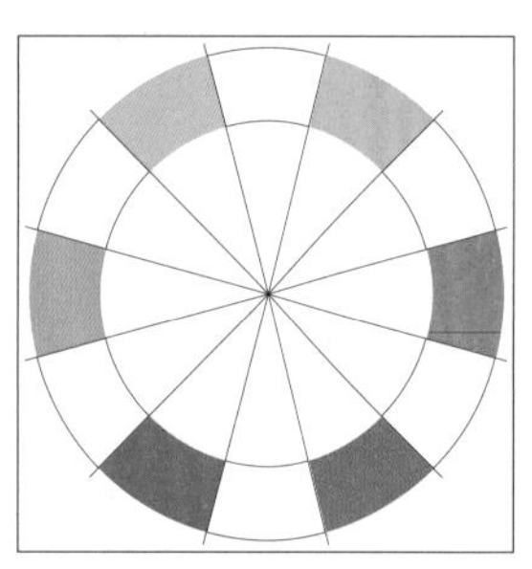

图1.64

上面介绍的是最基本的 12 色色轮，根据不同的使用需求，色轮还可以扩展为更多的色彩，其表现形式也多种多样。例如，图 1.65 所示的以圆形表示的 24 色色轮，该色轮不但展示了色轮中的 24 种颜色，同时还体现了颜色之间的互补关系。

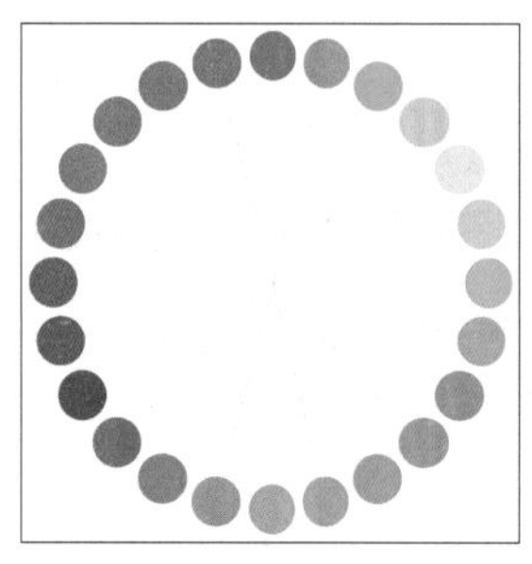

图1.65

1.7.3 色轮对后期调色处理的指导意义

上面讲解的色轮与照片后期处理的调色，虽然都属于色彩的范畴，但二者究竟有什么关系呢？如何利用色轮的原理，更好地对照片进行后期调色处理呢？

具体来说，在后期调色的过程中，最常用到互补色的概念。以前面展示的 24 色色轮为例，每一个对角线上的颜色就是一组互补色，例如红色与青色、蓝色与黄色等。

通过色轮了解到颜色之间的互补关系后，在后期调色时，就可以更容易地增加或减少某一种颜色，从而实现调色的目的。以图 1.66 所示的夕阳照片为例，其中包含了大量的红色。

图1.66

通过观察前面展示的 24 色色轮可以看出，红色的补色为青色，图 1.67 所示为大幅增加青色后的效果，可以看到红色已经全部被青色中和而消失，而且暗部由于增加了过量的青色，因此变为青色。

图1.67

在实际调色过程中，可以执行“色彩平衡”命令直接增加或减少某种颜色，也可以执行“色阶”及“曲线”等命令，通过对不同的颜色通道进行调整，从而达到增加或减少某种颜色的目的。

1.8 通道与调色

1.8.1 通道的概念及分类

简单来说，通道就是一个用于保存颜色和选区的功能，其主要分为颜色通道、Alpha 通道和专色通道 3 种，在后期调色处理时，最常用的就是颜色通道。我们可以在 Photoshop 中打开一张照片，如图 1.68 所示，然后执行“窗口”→“通道”命令以显示“通道”面板，即可查看颜色通道，如图 1.69 所示。

图1.68

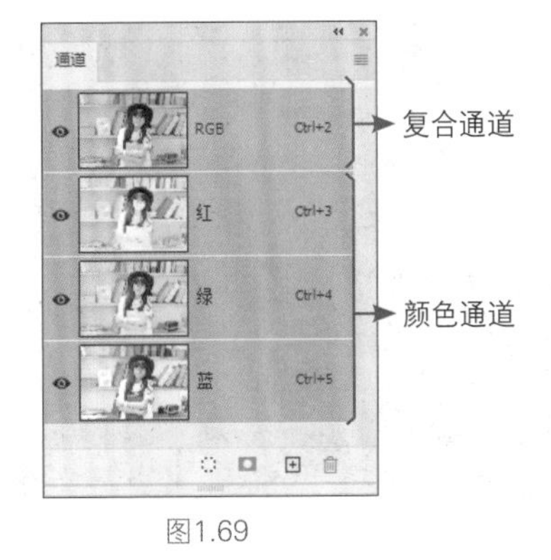

图1.69

其中的“复合通道”指我们看到的照片，也就是将颜色通道叠加到一起后的状态。

1.8.2 所有的调色都是在通道中完成的

对于任意一张数码照片来说，无论是使用数码相机、手机或其他设备拍摄的，在默认情况下，都是以 RGB 模式保存的。而在 RGB 模式下，其颜色信息都是保存在“红”“绿”和“蓝”这三个颜色通道中，当对照片进行亮度或颜色调整时，颜色通道就会发生相应的变化。

以图 1.70 所示的照片为例，其中石头上的绿苔基本是以绿色为主构成的。

图1.70

按快捷键 Ctrl+U 或执行“色相 / 饱和度”命令，然后选择“绿色”选项并拖动“色相”滑块，如图 1.71 所示，将绿色调整为红色，效果如图 1.72 所示。

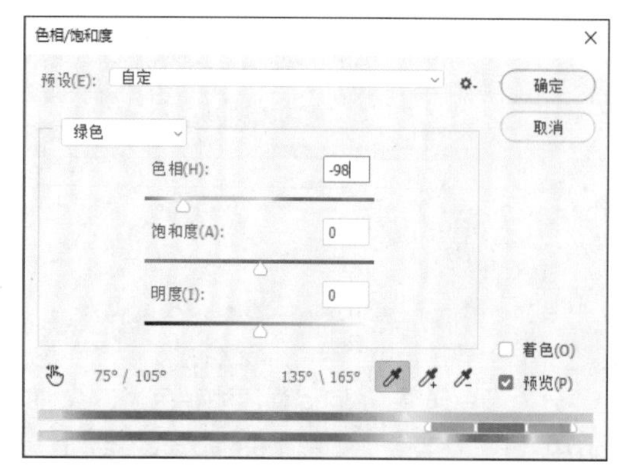

图1.71

图1.72

在改变色相的同时，就可以在“通道”面板中看到各个颜色通道的亮度也发生了相应的变化。图 1.73 所示为调整前的“通道”面板；图 1.74 所示为调整后的“通道”面板。

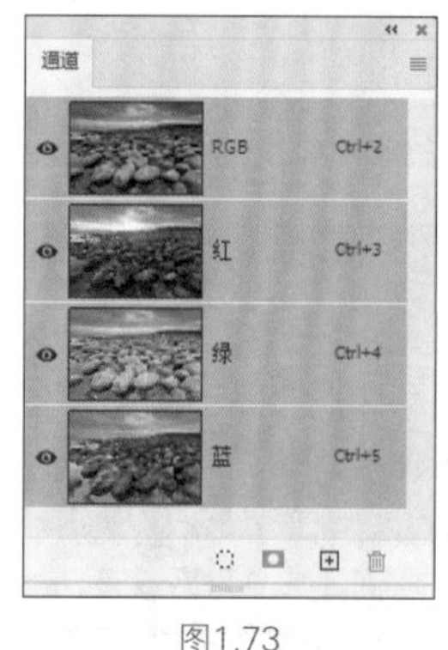

图1.73

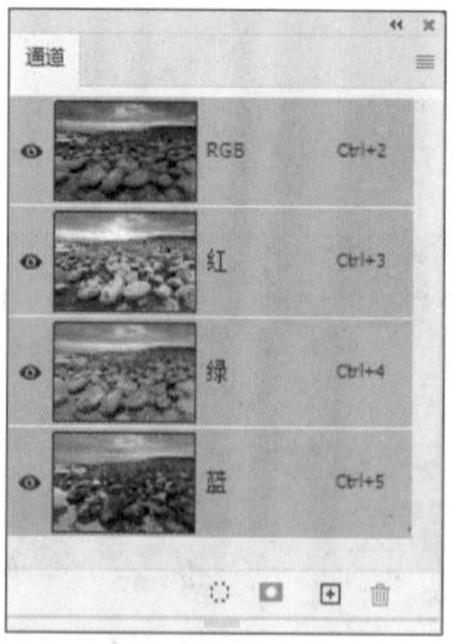

图1.74

可以看出，在原照片中，石头区域的红色较少，绿色较多，因此对应的“红”通道较暗，“绿”通道较亮；在调整后，绿色被调整为红色，因此“红”通道变亮，“绿”通道变暗。

同样的道理，在使用其他调色命令调整照片的亮度及色彩时，通道也会发生相应的变化。

照片的颜色模式对颜色通道的数量及其调色原理是有影响的，因此，在了解了通道与调色之间的基本关系后，下面讲解各个颜色模式下的通道及其调色原理。

1.8.3 RGB模式与调色

1. RGB模式的工作原理

RGB 模式是数码照片默认的颜色模式，也是应用最广泛的颜色模式，它是由 RGB 复合通道与“红”“绿”和“蓝”三个颜色通道组成的，下面就从 RGB 模式的工作原理入手，讲解其与调色之间的关系。

自然界中的大部分颜色都可以在计算机显示器中显示，但其实现方法却非常简单。正如大多数人所知道的，颜色是由红色、绿色和蓝色这三种基色构成的，计算机显示器也正是通过调和这三种基色来表现其他成千上万种颜色的。

计算机显示器上的最小单位是像素，每个像素的颜色都由这三种基色来决定。通过改变每个像素上每个基色的亮度，可以显示不同的颜色。

RGB 分别是红色、绿色和蓝色这三种颜色英文名称的首字母缩写。由于 RGB 颜色模式为图像中每个像素的 R、G、B 颜色值分配了一个 0 ~ 255 的强度值，可以生成超过 1670 万种颜色，当 R、G、B 的颜色值均为 255 时显示为白色，因此 RGB 颜色模式也被称为加色模式。图 1.75 所示为 RGB 颜色模式的原理图。

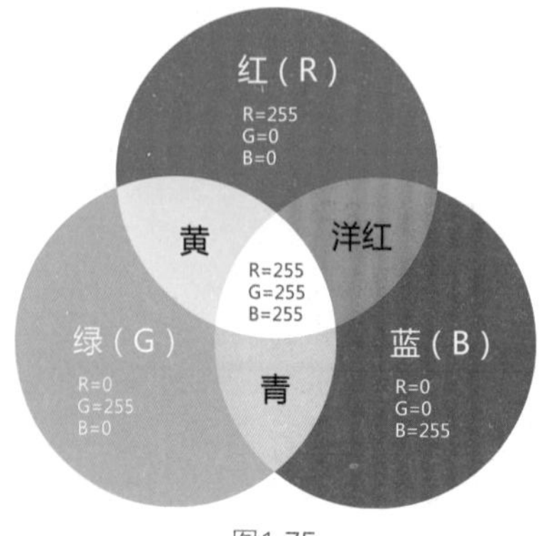

图1.75

2. RGB模式下的调色原理

在 RGB 模式下，对于任意一个颜色通道来说，越亮就代表相应的颜色越多，反之，越暗则代表相应的颜色越少。因此，在RGB模式下调色时，若要增加某一种颜色，就将相应的通道提亮即可，反之，则将通道降暗。例如要增加照片中的蓝色，就将 B 通道调亮；要减少照片中的红色，就将 R 通道调暗。

当然，除了上述简单的调色，在实际处理照片时，往往涉及多种颜色的多通道调整，同时还涉及互补色的应用。例如，通过调暗“蓝”通道以减少蓝色时，若照片中已经不存在蓝色，则会增加相应的补色——黄色。

以图 1.76 所示的照片为例，图 1.77 和图 1.78 所示为调亮“蓝”通道，以增加照片中的蓝色或减少黄色，效果如图 1.79 所示。

图1.76

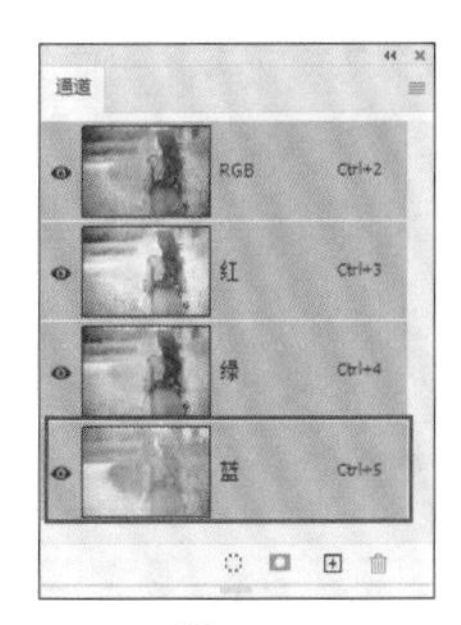

图1.77

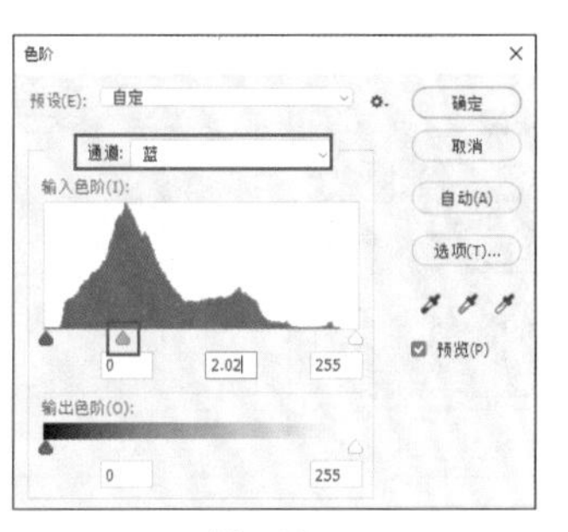

图1.78

图1.79

如图 1.80 和图 1.81 所示为调暗“蓝”通道，以减少照片中的蓝色或增加黄色，效果如图 1.82 所示。

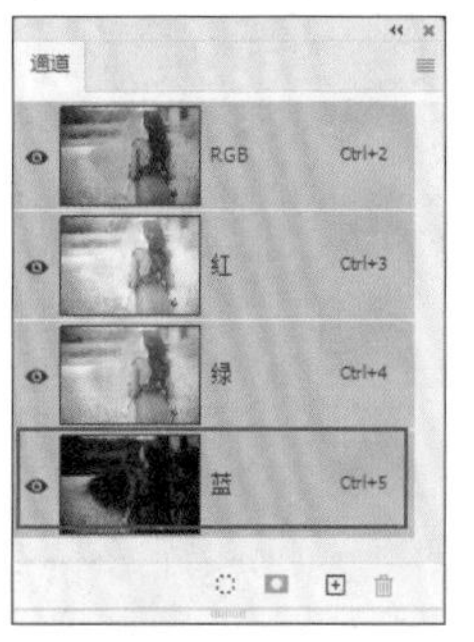

图1.80

图1.81

图1.82

同理，也可以对“绿”或“红”通道进行处理。

上面演示的是对单个通道的颜色进行调整，那么，如果要对由两种颜色组成的颜色进行调整，应该如何操作呢？例如，通过前面展示的RGB模式原理图可以看出，红和蓝通道组合在一起形成了洋红，因此若要调整洋红，则可以在“通道”面板中按住 Shift 键分别单击“红”和“蓝”的名称，以将两个通道同时选中，然后再进行调色，如图 1.83~ 图 1.87 所示。

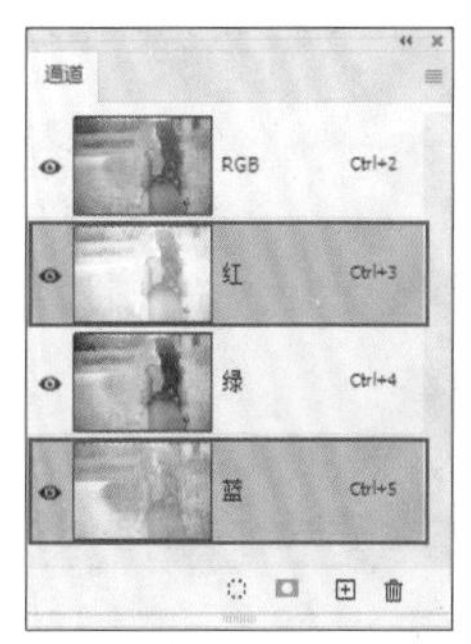

图1.83

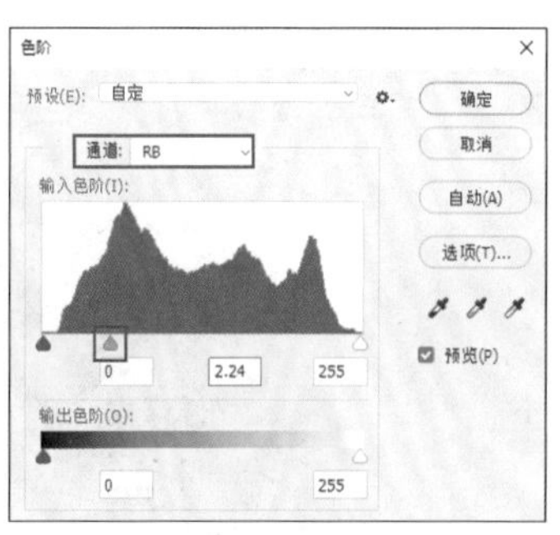

图1.84

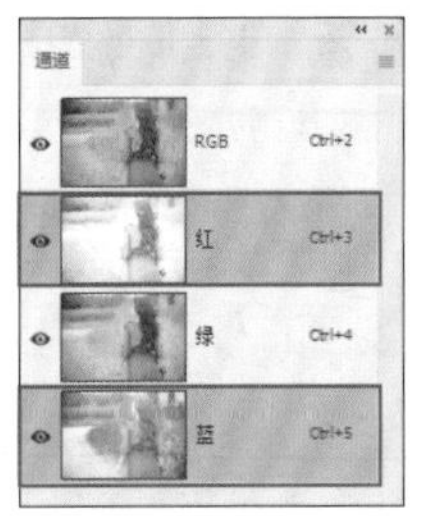

图1.85

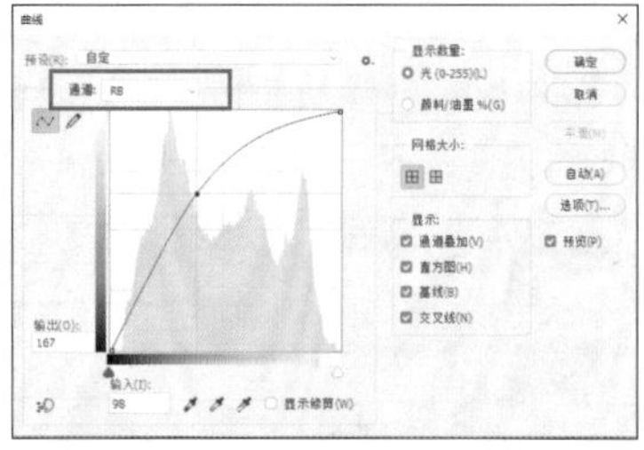

图1.86

图1.87

1.8.4 CMYK模式与调色

1. CMYK模式的工作原理

CMYK 颜色模式以打印在纸张上的油墨的光线吸收特性为理论基础，是一种印刷所使用的颜色模式，由分色印刷时所使用的青色（C）、洋红（M）、黄色（Y）和黑色（K）这四种颜色组成。这四种颜色能够通过合成得到可以吸收所有颜色的黑色，因此，使用 CMYK 生成颜色的模式也被称为减色模式。图 1.88 所示为 CMYK 颜色模式的原理图。

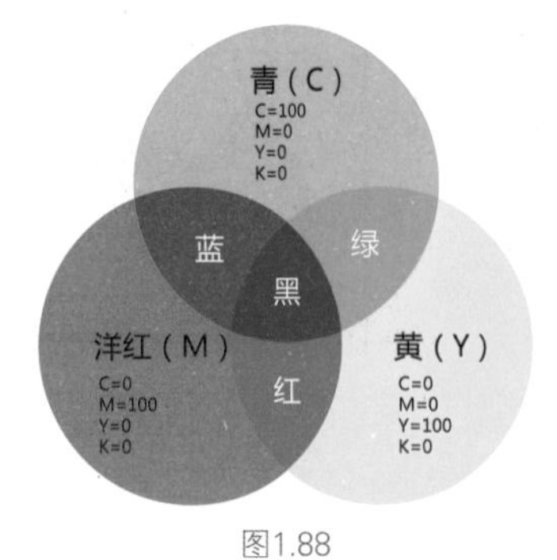

图1.88

虽然在理论上 C、M、Y 这三种颜色等量混合可以产生黑色，但由于所有打印油墨都会包含一些杂质，这三种油墨进行混合实际上产生的是一种土灰色，必须与黑色（K）油墨相混合才能产生真正的黑色，四色印刷也正是由此而得名。

2. CMYK模式下的调色原理

CMYK 模式与 RGB 模式的工作原理刚好相反，因此调色方法也是相反的。也就是说，要增加某一种颜色，对相应的通道进行降暗处理即可，反之若将通道提亮，则可以增加相应的补色。

以图 1.89 所示的照片为例。图 1.90 和图 1.91 所示为对“青色”通道进行提亮，即减少青色、增加其补色，最终修改效果如图 1.92 所示。

图1.89

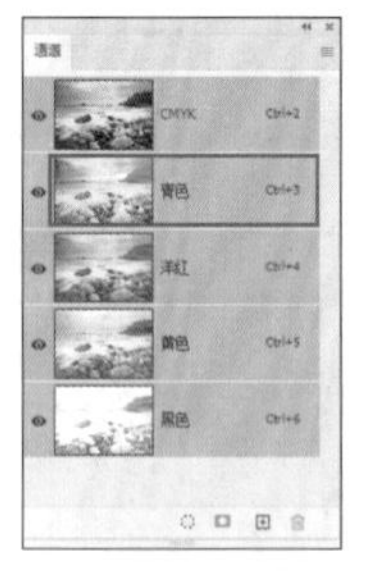

图1.90

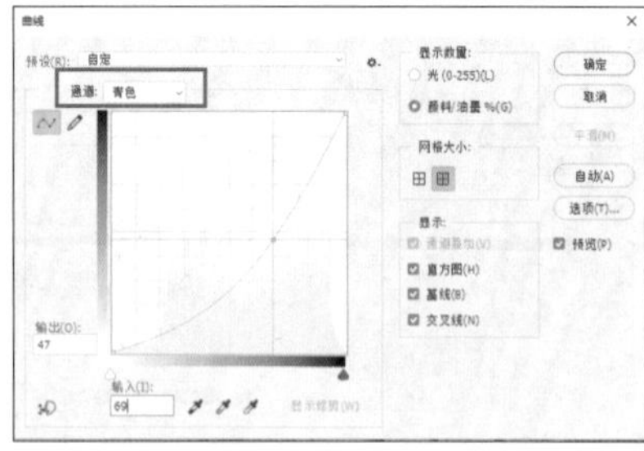

图1.91

图1.92

1.8.5 Lab模式与调色

1. Lab模式的工作原理

Lab 颜色模式是 Photoshop 在不同颜色模式之间转换时所使用的颜色模式。例如，当 Photoshop 从 RGB 颜色模式转换为 CMYK 颜色模式时，它首先把 RGB 颜色模式转换为 Lab 颜色模式，再从 Lab 颜色模式转换为 CMYK 颜色模式。

Lab 颜色模式的图像有三个通道，一个是明度通道，还有两个是颜色通道。这两个颜色通道分别被指定为通道 a（从绿色到洋红）和通道 b（从蓝色到黄色）。图 1.93 所示为 Lab 颜色模式的原理图，其中 A 是指亮度为 100；B 是指绿色到红色；C 是指蓝色到黄色；D 是指亮度为 0。

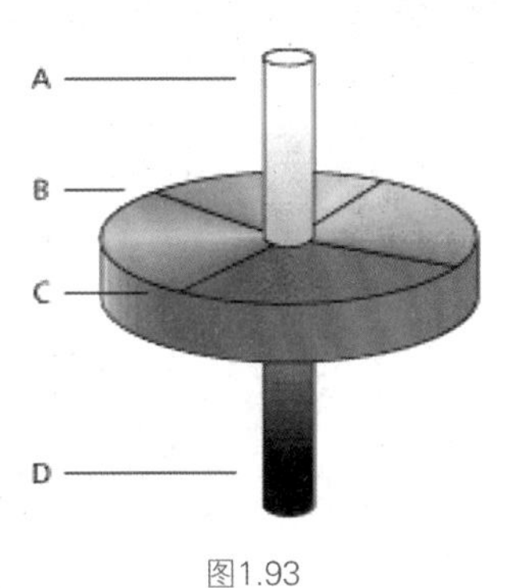

图1.93

如果只需要改变图像的亮度而不影响其他颜色值，可以将图像转换为 Lab 颜色模式，然后在通道 L 中进行操作。

Lab 颜色模式最大的优点是与设备无关，无论使用什么设备（如显示器、打印机或扫描仪等）制作或者输出图像，这种颜色模式产生的颜色都可以保持一致。

2. Lab模式下的调色原理

在前面讲解的 RGB 和 CMYK 模式中，每个颜色通道都只代表一种颜色，但 Lab 模式下的 a 和 b 通道则代表了多种颜色，其中 50% 的灰度代表了中性灰，当通道越亮时颜色越暖，当通道越暗时颜色就越冷。例如 a 通道包含了绿色到洋红色，当提亮该通道时，就会增加洋红色（暖色）；当降暗该通道时，就会增加绿色（冷色）。同理，当提亮 b 通道时会增加黄色，降暗 b 通道时会增加蓝色。

以图 1.94 所示的照片为例。图 1.95 和图 1.96 所示为对 b 通道进行提亮，即增加黄色，效果如图 1.97 所示。

图1.94

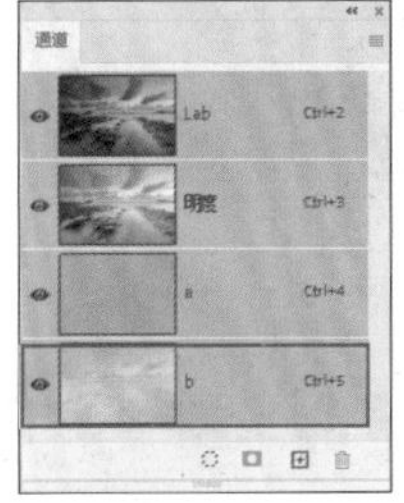

图1.95

图1.96

图1.97

第2章

万象之初——掌握扎实的后期处理技术

2.1　“调整”面板——无损调整之根本

2.1.1　无损调整的原理

通过“调整”面板可以创建调整图层，调整图层产生的照片调整效果，不会直接对某个图层的像素本身进行修改，所有的修改内容都在调整图层内体现，因此可以非常方便地进行反复修改，且不会对原图像的质量和内容造成任何损失。

图 2.1 和图 2.2 所示的效果及其“图层”面板，是使用了“色相 / 饱和度”和“自然饱和度”两个调整图层，实现改变色彩并提高色彩饱和度的处理。

图2.1

图2.2

图 2.3 和图 2.4 所示为通过修改两个调整图层的参数，改变颜色后的效果。

图2.3

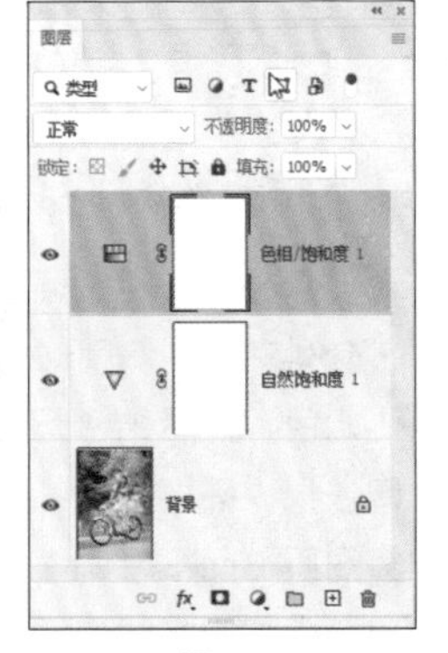

图2.4

图 2.5 和图 2.6 所示为删除两个调整图层后，所有的调整效果消失，显示出未调整前的原始照片。

图2.5

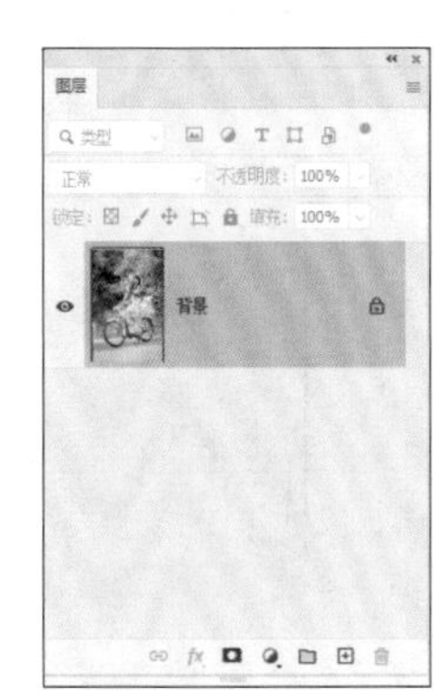

图2.6

通过以上的示例，可以了解到调整图层无损调整的原理，下面来讲解其相关操作及使用技巧。

2.1.2　了解“调整”面板

“调整”面板的作用就是在创建调整图层时，将不再通过调整对话框设置参数，而是转为在此面板中进行操作。在没有创建或选择任意一个调整图层的情况下，执行“窗口”→“调整”命令，调出“调整”面板。

在选中或创建了调整图层后，将在“属性”面板中显示出其参数，如图 2.7 所示。

图2.7

2.1.3 创建调整图层

在 Photoshop 中，可以采用以下方法创建调整图层。

■ 选择“图层”→“新建调整图层”子菜单中的命令，此时将弹出对应的对话框，如图2.8所示。按照需要设置参数后，单击“确定”按钮关闭对话框，即可得到一个调整图层。

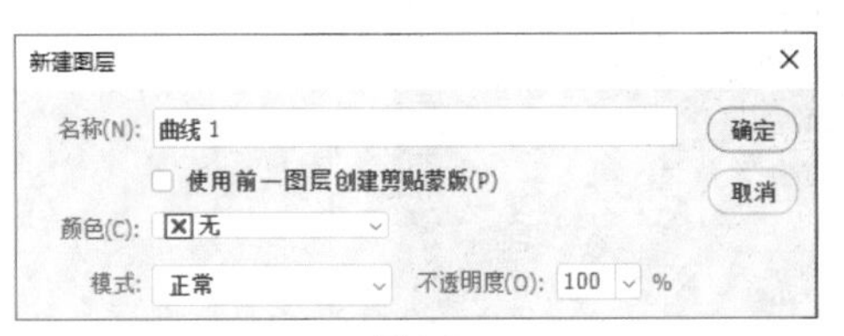

图2.8

■ 单击“图层”面板底部的“创建新的填充或调整图层”按钮，在弹出的菜单中选择需要的选项，并在“属性”面板中设置参数即可。

■ 在“调整”面板中单击相应按钮，即可创建对应的调整图层。

2.1.4 重新设置调整参数

要重新设置调整图层中所包含的命令参数，可以先选择要修改的调整图层，再双击调整图层的缩览图，即可在“属性”面板中调整其参数。如果当前已经显示了“属性”面板，则只需要选择要编辑参数的调整图层，即可在面板中进行参数修改。

2.2 渐变映射——快速为照片映射色彩

2.2.1 “渐变映射”命令调色原理

“渐变映射”命令的主要功能是将渐变效果作用于图像，它可以将图像中的灰度范围映射到指定的渐变色中。例如，如果指定了一个双色渐变，则图像中的阴影区域映射到渐变填充的一个端点颜色，高光区域映射到渐变填充的另一个端点颜色，中间调区域映射到两个端点之间的层次部分。

在处理照片时，常用于为照片叠加一个指定的色彩，如制作冷调的清晨效果、暖调的金色夕阳效果等，也可以结合混合模式，为照片叠加某种色调。

执行“图像”→“调整”→“渐变映射”命令，弹出“渐变映射”对话框，如图 2.9 所示。

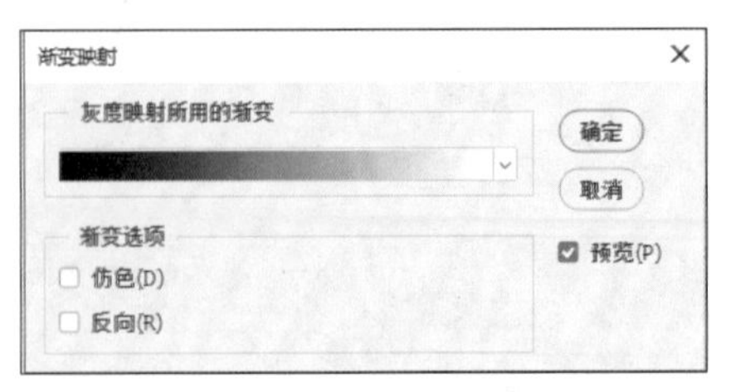

图2.9

“渐变映射”对话框中的主要参数释义如下。

■ 灰度映射所用的渐变：在该区域单击渐变颜色条，弹出“渐变编辑器”对话框，在其中自定义所要应用的渐变；也可以单击渐变色条右侧的按钮，在弹出的“渐变拾色器”面板中选择预设的渐变颜色。

■ 仿色：选中此复选框，添加随机杂色，以平滑渐变填充的外观并减少宽带效果。

■ 反向：选中此复选框，会按反方向映射渐变。

2.2.2 快速制作暖黄色调照片效果

本例将通过使用“渐变映射”调整图层对照片进行整体调色，然后结合图层混合模式，将照片处理为暖黄色调效果。需要注意的是，本例采用的是“渐变映射”调整图层，而不是调整命令，因为本例需要通过设置图层混合模式的方式为照片叠加色彩，但二者的参数是完全相同的。

01 在Photoshop中打开素材文件夹中的“第2章\2.2.2-素材.jpg”文件，如图2.10所示。

图2.10

02 按F7键显示“图层”面板，并单击“创建新的填充或调整图层”按钮 ，在弹出的菜单中选择“渐变映射”选项，得到“渐变映射1”图层，如图2.11所示。

图2.11

03 单击“属性”面板中的渐变颜色条，在弹出的“渐变编辑器”中设置渐变色，如图2.12所示。单击“确定”按钮为图像叠加颜色，如图2.13所示。

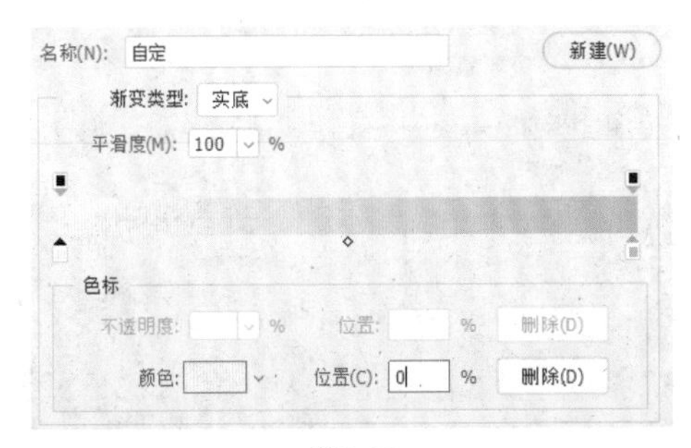

图2.12

提示

在“属性”面板中，所使用的渐变从左至右各个色标的颜色值依次为fcffb7和c8c1a2。

图2.13

04 选择“渐变映射1”图层，并在“图层”面板左上方设置其混合模式为“正片叠底”，如图2.14所示，使该调整图层的颜色叠加在背景图像上，如图2.15所示。

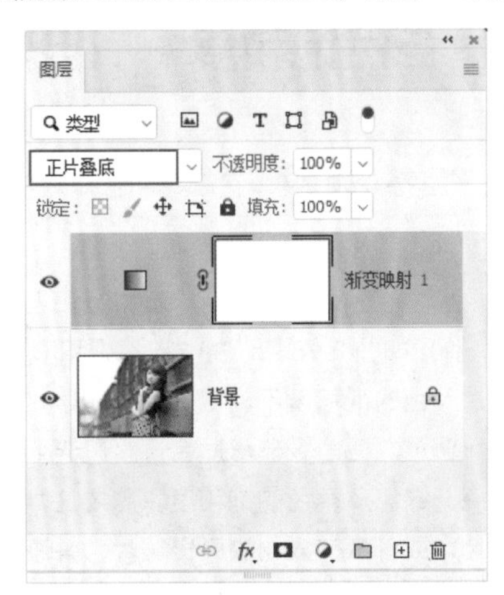

图2.14

图2.15

叠加色彩后，照片整体稍显对比不足，下面对其进行校正。

05 单击“创建新的填充或调整图层”按钮 ，在弹出的菜单中选择“亮度/对比度”选项，得到“亮度/对比度1”图层。在“属性”面板中设置其参数，如图2.16所示，以调整图像的亮度及对比度，如图2.17所示。

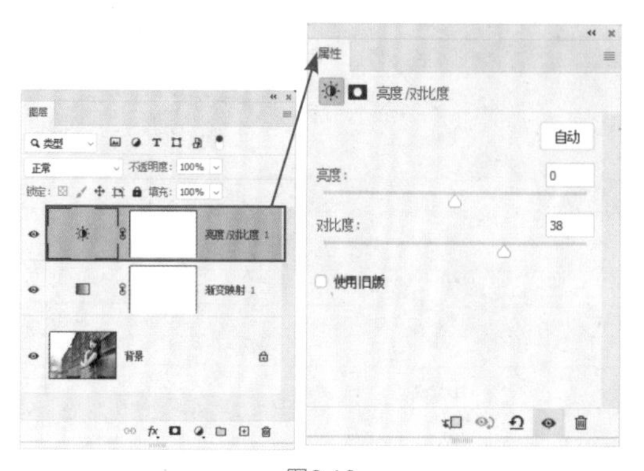

图2.16

图2.17

2.3 自然饱和度——自然地调整照片饱和度

2.3.1 “自然饱和度”命令调色原理

执行“图像”→“调整”→“自然饱和度”命令调整照片时，弹出如图2.18所示的“自然饱和度”对话框。可以使照片颜色的饱和度不溢出，只针对照片中不饱和的色彩进行调整。此命令非常适合调整风光照片，以提高其中蓝色、绿色及黄色的饱和度。需要注意的是，对于人像照片，或者带有人物的风景照片，并不适合直接使用此命令进行编辑，否则可能会导致人物的皮肤色彩失真。

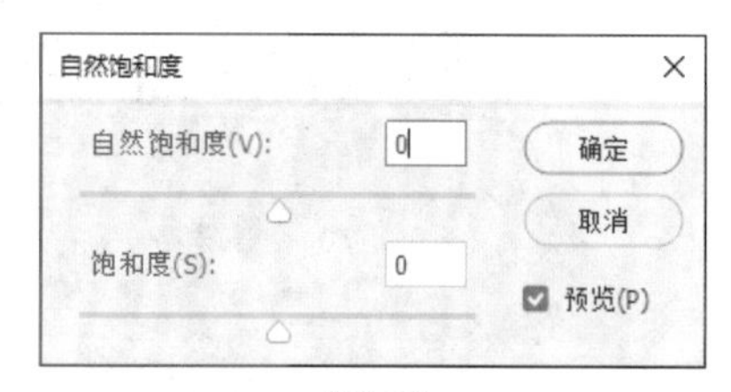

图2.18

“自然饱和度”对话框中主要参数释义如下。

■ 自然饱和度：拖动此滑块，可以调整那些与已饱和的颜色相比不饱和颜色的饱和度，用于获得更加柔和、自然的照片效果。

■ 饱和度：拖动此滑块，可以调整照片中所有颜色的饱和度，使所有颜色获得等量的饱和度调整，因此拖曳此滑块可能导致照片的局部颜色过饱和，但与“色相/饱和度”对话框中的“饱和度”参数相比，此处的参数仍然对风景照片进行了优化，不会有特别明显的过饱和问题，在使用时稍加注意即可。

2.3.2 完美调整风景照的色彩

本例将主要使用“自然饱和度”命令对风景照片进行色彩美化处理，但由于原照片较为灰暗，因此需要先对其进行亮度与对比度等处理，其操作步骤如下。

01 打开素材文件夹中的“第2章\2.3.2-素材.jpg”文件，如图2.19所示。

图2.19

通常情况下，若照片存在曝光与色彩方面的问题，都会先调整曝光，再调整色彩。因为调整曝光的同时，也会对色彩造成影响，待曝光基本调整完毕后，再对色彩的不足进行处理即可。本例的照片存在明显的曝光不足问题，因此下面先对其曝光进行处理。

02 单击“创建新的填充或调整图层”按钮，在弹出的菜单中选择“亮度/对比度”选项，得到“亮度/对比度1”调整图层，在“属性”面板中设置其参数，如图2.20所示，以调整图像的亮度及对比度，如图2.21所示。

图2.20

图2.21

在调整亮度与对比度后，照片暗部显得过暗，此时再继续提高亮度，又会使高光部分曝光过度，因此下面针对暗部细节进行调整。

03 选中“背景”图层，执行“图像”→“调整”→“阴影/高光”命令，在弹出的“阴影/高光”对话框中设置参数，如图2.22所示，直至显示足够的暗部细节，如图2.23所示。

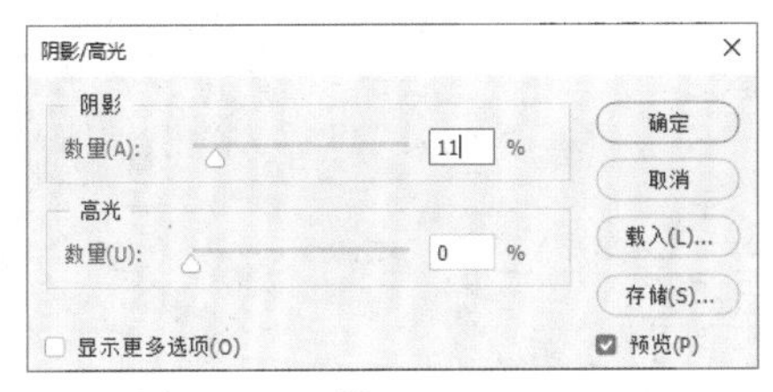

图2.22

图2.23

在基本调整好照片的曝光后，下面来对其色彩进行调整。

04 单击“创建新的填充或调整图层”按钮，在弹出的菜单中选择“自然饱和度”选项，得到“自然饱和度1”调整图层，在“属性”面板中设置其参数，如图2.24所示，以调整图像整体的饱和度，如图2.25所示。

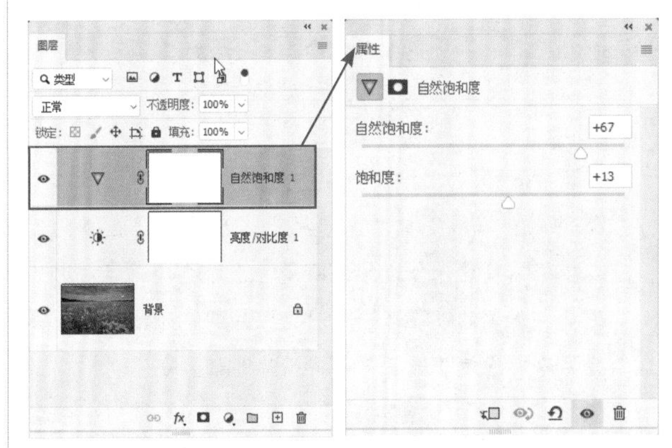

图2.24

图2.25

2.4 照片滤镜——快速改变照片的色调

2.4.1 “照片滤镜”命令调色原理

“照片滤镜”命令可以用于调整照片的色调，例如将暖色调照片调整成为冷色调照片，也可以根据实际情况自定义为其他的色调。

执行“图像”→“调整”→“照片滤镜”命令，则弹出“照片滤镜”对话框，如图 2.26 所示。

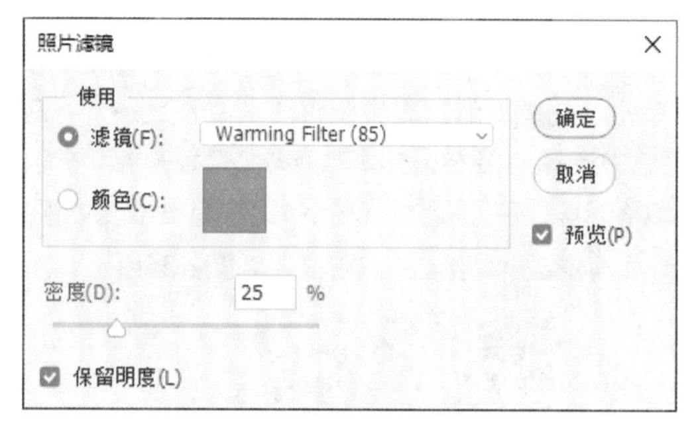

图2.26

“照片滤镜”对话框中的主要参数含义如下。

■ 滤镜：在该下拉列表中有多达20种预设选项，可以根据需要选择合适的选项，对照片进行调节。例如选择“加温滤镜”选项可以将照片调整为暖色调；选择“冷却滤镜”选项可以将照片调整为冷色调。

■ 颜色：单击该色块，在弹出的“拾色器”对话框中可以自定义一种颜色，作为照片的色调。

■ 密度：拖动滑块调整应用于照片的颜色数量，该数值越大，应用的颜色调整越多。

■ 保留明度：在调整颜色的同时保持原照片的亮度。

2.4.2 快速制作暖调照片效果

在本例中，将主要使用“照片滤镜”调整图层，将普通色彩的照片，调整为暖调色彩，其操作步骤如下。

01 打开素材文件夹中的“第2章\2.4.2-素材.jpg”文件，如图2.27所示。

图2.27

02 单击“创建新的填充或调整图层”按钮，在弹出的菜单中选择“照片滤镜”选项，得到“照片滤镜1”调整图层，在“属性”面板中设置其参数，如图2.28所示，以改变图像的整体色调，如图2.29所示。

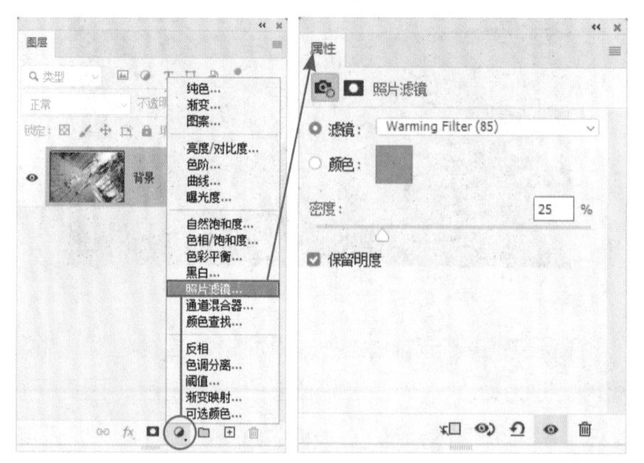

图2.28

图1.29

调整后的照片已经初步具有暖调效果，但不够强烈，下面继续调整其参数。

03 向右拖动“密度”滑块以增强暖调，如图2.30所示，直至得到如图2.31所示的效果。

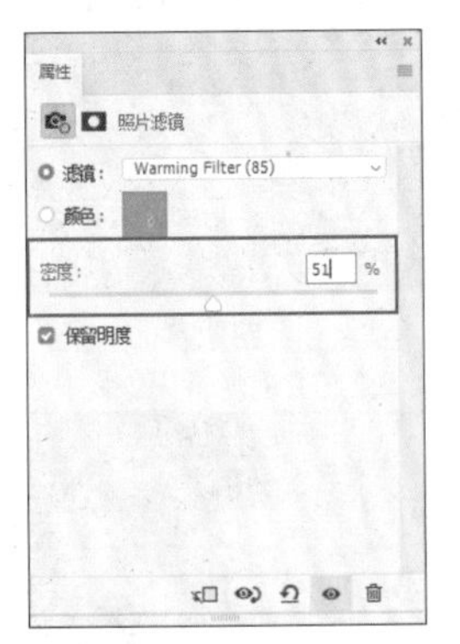

图2.30

图1.31

通过前面的调整，画面整体已经具有较为强烈的暖调效果，但在本例的素材中存在人物，上面的调整使人物皮肤显得不自然，因此需要消除一部分调整过度的暖调色彩。

04 选择“画笔工具”并在其工具选项栏中设置适当的参数，如图2.32所示。

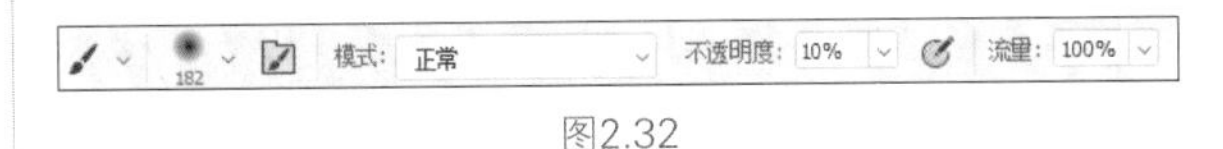

图2.32

05 选择“照片滤镜1”的图层蒙版，设置前景色为黑色，选择“画笔工具”并在人物皮肤的区域涂抹，以适当消除对皮肤的色彩调整，如图2.33所示。

图2.33

06 按住Alt键单击“照片滤镜1”的图层蒙版，可以单独查看其状态，如图2.34所示。

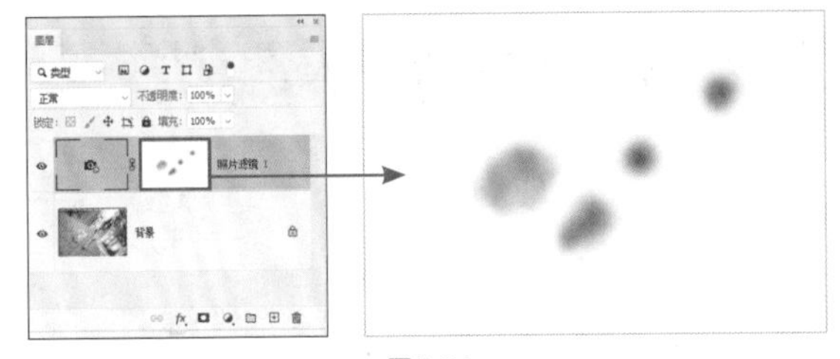

图2.34

2.5 色相 / 饱和度——替换照片的色彩

2.5.1 “色相/饱和度”命令调色原理

“色相 / 饱和度”命令可以依据不同的颜色分类进行调色处理，常用于改变照片中某一部分图像的颜色（如将绿叶调整为红叶、替换衣服颜色等）及其饱和度、明度等属性。另外，此命令还可以直接为照片进行统一的着色操作，从而得到单色照片效果。

按快捷键 Ctrl+U 或执行“图像”→“调整”→“色相 / 饱和度”命令即可调出“色相 / 饱和度”对话框，如图 2.35 所示。

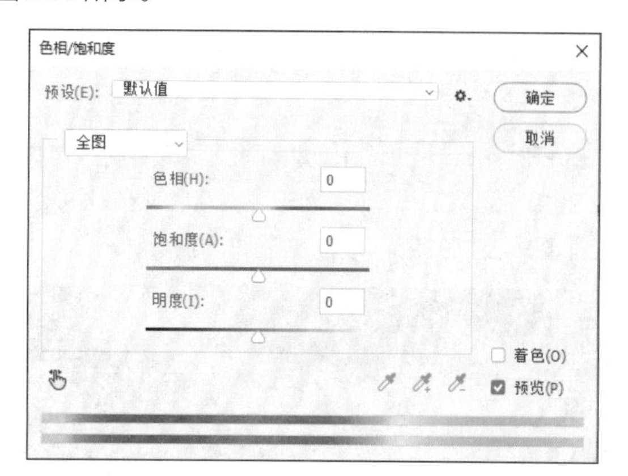

图2.35

在“色相 / 饱和度”对话框顶部的下拉列表中选择“全图”选项，可以同时调整图像中的所有颜色，或者选择某一颜色成分（如“红色”等）进行单独调整。

另外，也可以使用位于“色相 / 饱和度”对话框底部的“吸管工具”，在图像中吸取颜色并修改颜色范围。使用“添加到取样工具”可以扩大颜色范围；使用“从取样中减去工具”可以缩小颜色范围。

提示

可以在选择“吸管工具”时按住Shift键扩大颜色范围，按住Alt 键缩小颜色范围。

“色相 / 饱和度”对话框中主要参数释义如下。

- 色相：可以调整图像的色调，无论是向左还是向右拖动滑块，都可以得到新的色相。
- 饱和度：可以调整图像的饱和度。向右拖动滑块可以增加饱和度，向左拖动滑块可以降低饱和度。
- 明度：可以调整图像的亮度。向右拖动滑块可以增加亮度，向左拖动滑块可以降低亮度。
- 颜色条：在对话框的底部有两个颜色条，代表颜色在色轮中的次序及选择范围。上面的颜色条显示调整前的颜色，下面的颜色条显示调整后的颜色。
- 着色：选中此复选框时，可以将当前图像转换为某一种色调的单色调图像。图2.36和图2.37所示为将照片处理为单色的效果对比。

图2.36

图2.37

另外，当在选择除“全图”选项外的任意一种颜色时，颜色范围控件就会被激活，如图 2.38 所示。

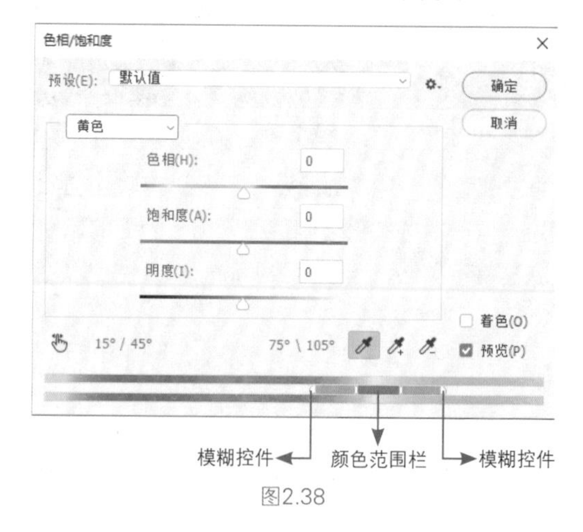

图2.38

下面来讲解颜色控件的功能。

- 颜色范围栏：拖动该栏可以控制要调节的主颜色范围。拖动颜色范围栏左右两侧的模糊控件可以增大或减小颜色调整的范围。
- 模糊控件：拖动左右两侧模糊控件中的滑块，可以在不影响主颜色范围的情况下，增加或减少调整的颜色范围。

2.5.2 快速调整照片颜色

本例将使用“色相 / 饱和度”调整图层针对照片中绿树的色彩进行调整，其操作步骤如下。

01 打开素材文件夹中的“第2章\2.5.2-素材.jpg”文件，如图2.39所示。

图2.39

在本例中，将原照片中绿色的树木调整为具有一定超现实感的橙红色，并增强照片整体的饱和度。

02 单击“创建新的填充或调整图层”按钮，在弹出的菜单中选择“色相/饱和度”选项，得到“色相/饱和度1”调整图层，在“属性”面板中的“全图”下拉列表中选择要调整的颜色。首先，调整照片中的树木区域，因此需要在其中选择“绿色”选项，并调整参数，如图2.40所示，从而将绿色调整为橙色，如图2.41所示。

图2.40

图2.41

对于大部分照片中的绿色来说，尤其是受阳光照射的草地、树木等，其实际的颜色构成都存在一定量的红色，因此在对绿色进行调整后，照片整体的色彩变化并不十分明显，这是由于我们所看到的“绿色”实际上大部分是由“黄色”构成的。下面再针对黄色进行调整，使其变为我们所需要的橙红色。

03 保持选中“色相/饱和度1”调整图层，在“全图”下拉列表中选择“黄色”选项，并拖动“色相”及“饱和度”滑块，如图2.42所示，使其颜色变得更鲜艳，如图2.43所示。

图2.42

图2.43

通过上面的操作，已经改变了绿树的色彩。当然，也可以根据自己的需要进行调整，例如只是将绿树的饱和度提高一些，让色彩更鲜艳，此时选择“黄色”和“绿色”选项并只调整“饱和度”参数即可。

通过上一步的调整，大部分树木都已经变成具有超现实感的红色，但树木之间仍有一些绿色没有变化，这些都是原图中的深绿色。经过试验，此时已经无法再继续使用“色相/饱和度 1”调整图层中的参数进行修改了。此时还有另一种方法，就是再创建一个“色相/饱和度”调整图层，对绿色进行调整。但经过试验，由于此处的颜色较为复杂，调整的结果并不好。下面使用另一种方法，就是使用“画笔工具” 绘制红色图像并设置混合模式，改变剩余的绿色。

04 新建一个图层得到“图层1”，并设置其混合模式为“颜色”，从而让后面在该图层中绘制的图像，将其颜色叠加在下方图像上。设置前景色的颜色值为892d30，选择“画笔工具” 并在其工具选项栏上设置参数，如图2.44所示。

模式：正常　不透明度：20%　流量：100%

图2.44

05 使用“画笔工具” 在绿色的叶子上进行涂抹，使其变为红色即可。若涂抹了多余的区域，可以使用“橡皮擦工具” 进行擦除，得到如图2.45所示的图像效果，此时的“图层”面板如图2.46所示。

图2.45　　图2.46

2.6 色彩平衡——校正照片偏色的利器

2.6.1 “色彩平衡”命令调色原理

使用“色彩平衡”命令可以通过增加某一颜色的补色，达到去除某种颜色的目的，例如，增加红色时，可以消除照片中的青色，当青色完全消除时，即可为照片叠加更多的红色。此命令常用于校正照片的偏色，或者为照片叠加特殊的色调。

按快捷键 Ctrl+B 或执行“图像”→“调整”→“色彩平衡”命令，调出“色彩平衡”对话框，如图 2.47 所示。

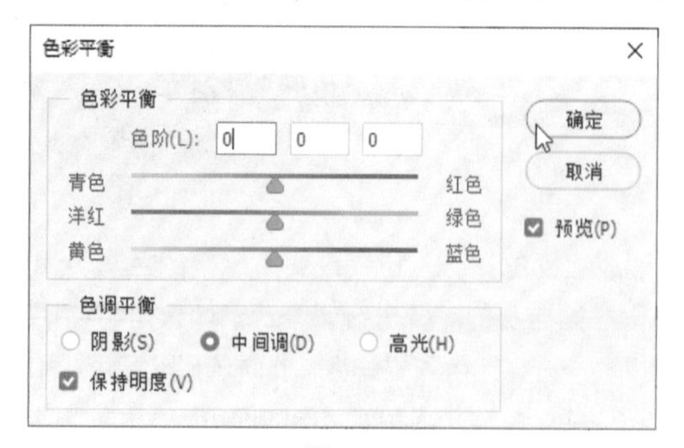

图2.47

“色彩平衡”对话框中的主要参数含义如下。

- 阴影：选中此单选按钮，调整阴影部分的颜色。
- 中间调：选择此单选按钮，调整中间调的颜色。
- 高光：选择此单选按钮，调整高亮部分的颜色。
- 保持明度：选择此复选框，可以保持照片原来的亮度，即在操作时仅有颜色值被改变，像素的亮度值不变。

2.6.2 快速调整温馨暖调照片效果

在本例中，主要使用“色彩平衡”命令，将一张冷色调的人像照片调整为暖调色彩效果，其操作的步骤如下。

01 打开素材文件夹中的“第2章\2.6.2-素材.jpg”文件，如图2.48所示。

图2.48

02 单击“创建新的填充或调整图层”按钮 ，在弹出的菜单中选择“色彩平衡”选项，得到“色彩平衡1”调整图层，在“属性”面板的“色调”下拉列表中分别选择“阴影”和“中间调”选项，并设置参数，如图2.49和图2.50所示，以调整图像的颜色，如图2.51所示。

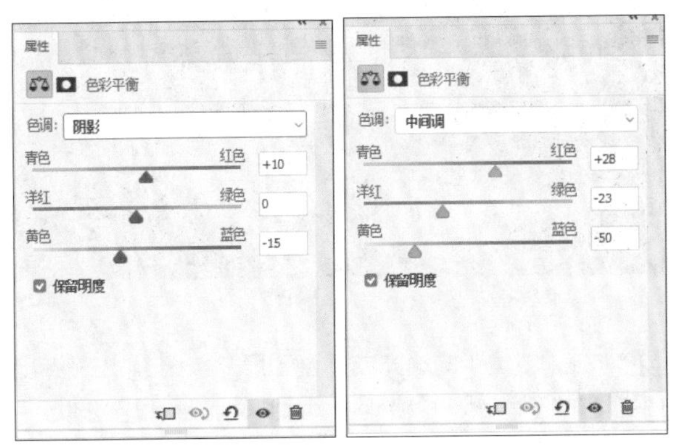

图2.49　　图2.50

图2.51

前面调整的参数，分别对照片的阴影和中间调区域增加暖色，而对于高光区域，通常不做调整或根据情况做细微的调整，原因之一是在当前照片中，人物身上存在较多的高光区域，调整后会使皮肤显得怪异。另外，即使是其他的照片，对高光区域的调整也容易产生问题，因此调整时需要特别谨慎。

通过前面的调整，照片整体已经变为暖调效果，但画面整体显得较沉闷，缺少一种通透的感觉，这主要是由于照片的中间调较暗，下面就来解决此问题。

03 单击“创建新的填充或调整图层”按钮 ，在弹出的菜单中选择“色阶”选项，得到“色阶1”调整图层，在“属性”面板中向左侧拖动输入色阶区域中的灰色滑块，或者在下面对应的文本框中输入数值，如图2.52所示，以提高照片中间调区域的亮度，直至得到如图2.53所示的效果。

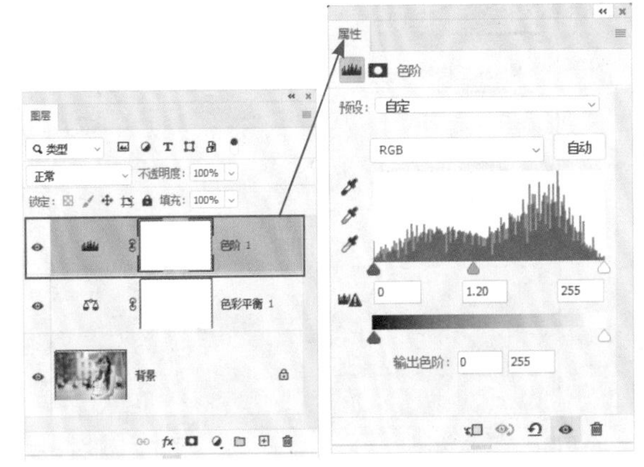

图2.52

图2.53

2.7 黑白——多层次灰度与单色照片处理

2.7.1 “黑白”命令调色原理

“黑白”命令可以将照片处理为灰度或者单色调的效果，在人文类或需要表现特殊意境的照片中经常会用到此命令。

执行“图像”→“调整”→“黑白”命令，弹出“黑白”对话框，如图 2.54 所示。

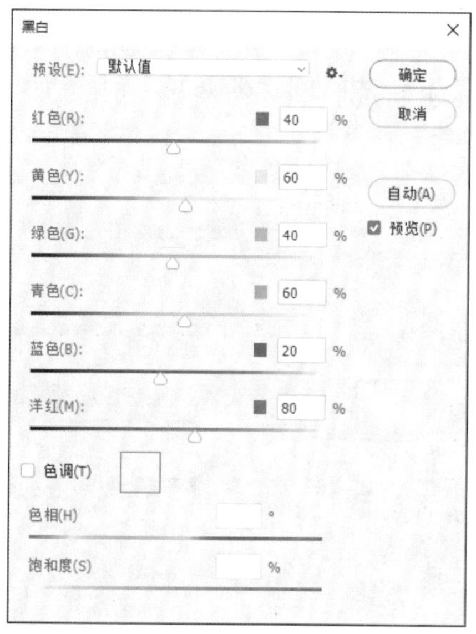

图2.54

“黑白”对话框中的主要参数释义如下。

■ 预设：在此下拉列表中，可以选择Photoshop自带的多种图像处理选项，从而将图像处理为不同程度的灰度效果。

■ 红色、黄色、绿色、青色、蓝色、洋红：分别拖动各颜色滑块，即可对原图像中对应的颜色区域进行灰度处理。

■ 色调：选择此复选框后，对话框底部的两个色条及右侧的色块将被激活，两个色条分别代表了“色相”和“饱和度”参数，可以拖动其滑块或者在其文本框中输入数值以调整出要叠加到图像中的颜色；也可以直接单击右侧的色块，在弹出的“拾色器（色调颜色）”对话框中选择需要的颜色。

2.7.2 调整富有情怀的人文黑白照

下面使用“黑白”命令将照片调整为具有人文气息的黑白照片效果，其操作步骤如下。

01 打开素材文件夹中的“第2章\2.7.2-素材.jpg”文件，如图2.55所示。

图2.55

02 单击“创建新的填充或调整图层”按钮 ，在弹出的菜单中选择“黑白”选项，得到“黑白1”调整图层，如图2.56所示，此时将以默认参数将照片处理为黑白色，如图2.57所示。

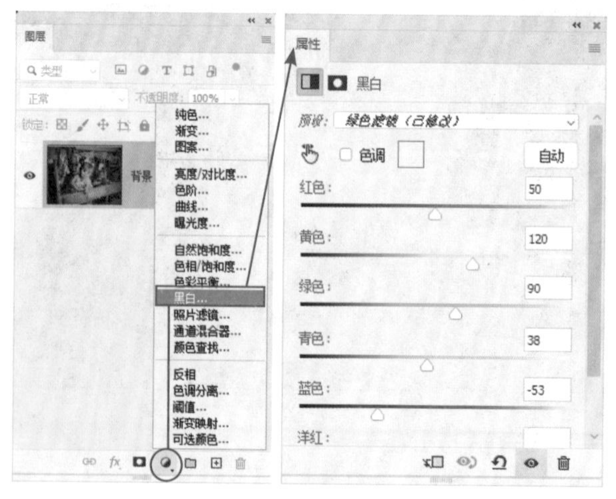

图2.56

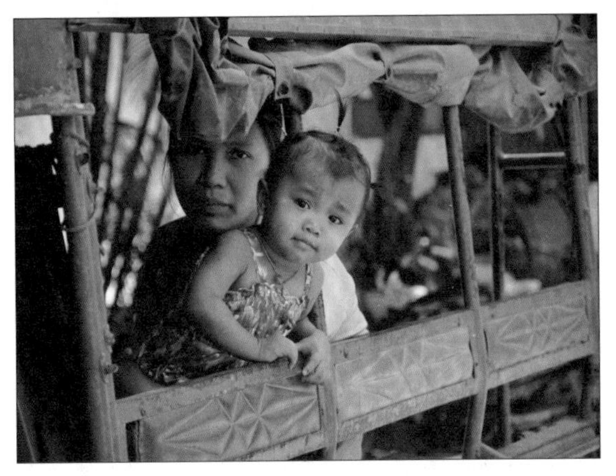

图2.57

03 在“属性”面板的“预设”下拉列表中选择“绿色滤镜”选项，如图2.58所示，从而初步完成对照片黑白效果的处理，如图2.59所示。

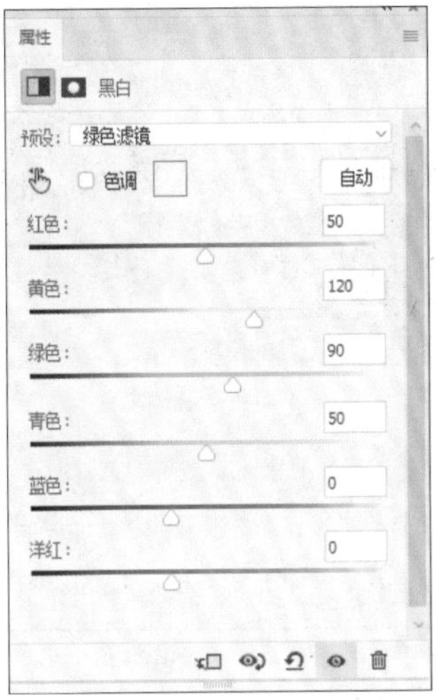

属性
黑白
预设：绿色滤镜
色调
自动
红色：50
黄色：120
绿色：90
青色：50
蓝色：0
洋红：0

图2.58

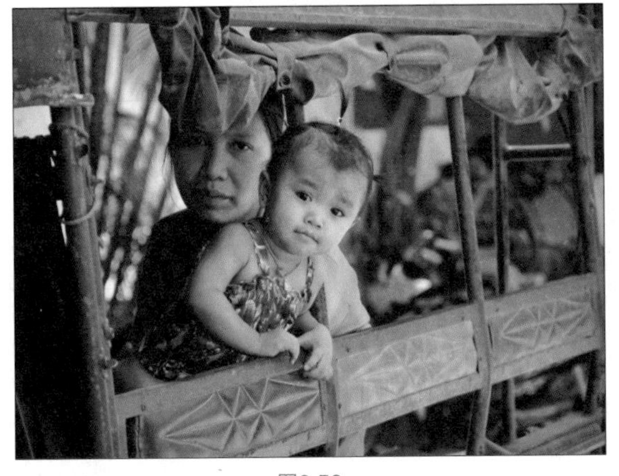

图2.59

通常情况下，我们都是先利用预设对照片进行快速处理，从而快速得到较好的效果，再在此基础上继续进行调整。选择“绿色滤镜”预设，这也是尝试了多个预设后才决定使用的。

下面将在此基础上，继续对照片中孩子面部以外的图像进行降暗处理。由于照片存在较多的蓝色，下面将对与之相关的颜色进行调暗处理。

04 保持在“黑白”调整图层的“属性”面板中，分别向左拖动“青色”和“蓝色”滑块，如图2.60所示，以调暗相应的色彩，如图2.61所示。

属性
黑白
预设：绿色滤镜（已修改）
色调
自动
红色：50
黄色：120
绿色：90
青色：38
蓝色：-53
洋红：0

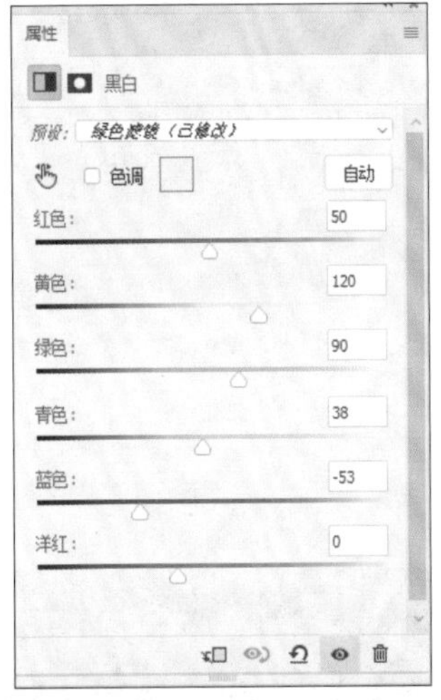

图2.60

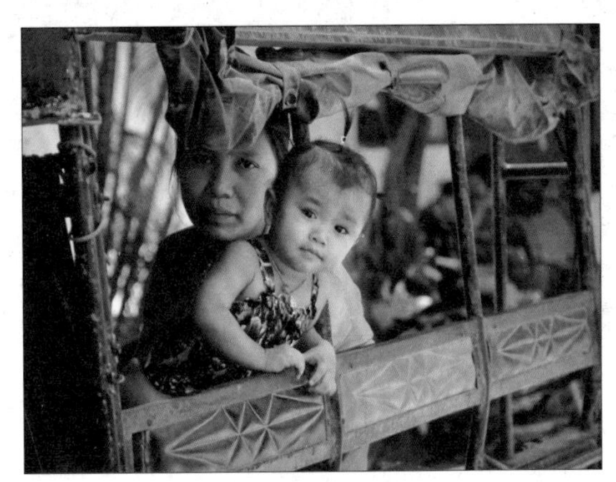

图2.61

通过前面的调整，照片中蓝色相关的颜色已经变暗，但由于这些颜色集中在孩子的衣服上，而围栏上的颜色较淡，调整的效果并不太明显。此时孩子周围的亮色较多，显得焦点不够突出，下面将通过增加暗角的方式解决此问题。

05 选择“背景”图层，执行“滤镜”→“镜头校正”命令，在弹出的“镜头校正”对话框中选择“自定”选项卡，并调整“晕影”选项区域的参数，如图2.62所示，直至孩子在画面中显得较为突出，如图2.63所示。

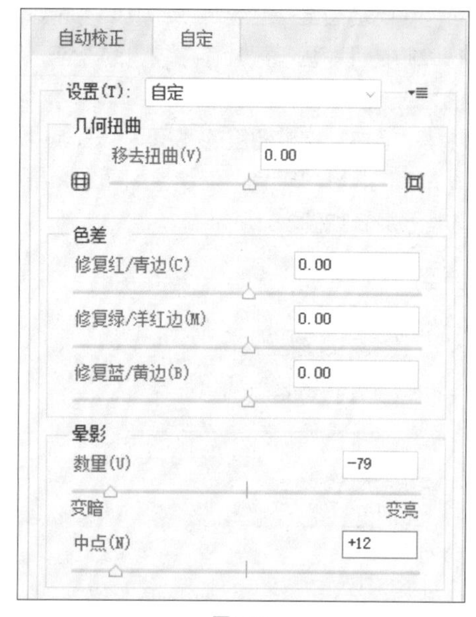

图2.62

图2.63

在将照片转为灰度后，整体容易显得灰暗，而且前面还增加了暗角，会显得对比度更加不足，下面就来解决此问题。

06 单击“创建新的填充或调整图层”按钮 ，在弹出的菜单中选择“亮度/对比度”选项，得到“亮度/对比度1”调整图层，在“属性”面板中设置其参数，如图2.64所示，以调整图像的亮度及对比度，如图2.65所示。

图2.64

图2.65

07 执行“滤镜”→“锐化”→“USM锐化”命令，在弹出的“USM锐化”对话框中设置适当的参数，如图2.66所示，以提高细节的表现力，如图2.67所示。

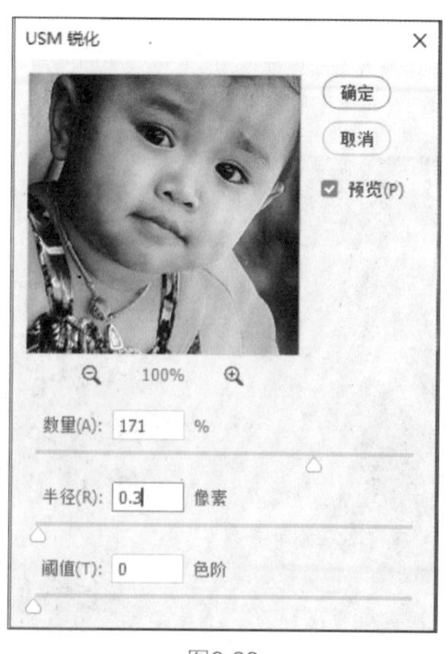

图2.66

图2.67

在锐化时，应注意尽量增加眼睛的细节，因为这里是照片整体的视觉中心，但同时要注意避免其他区域锐化过度的问题。

图 2.68 所示为锐化前后的对比效果。

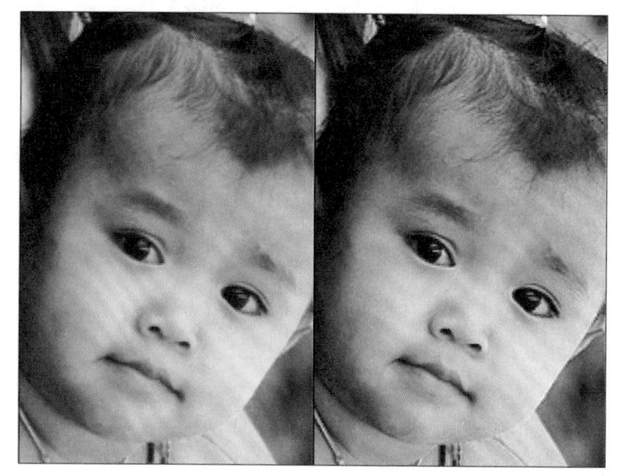

图2.68

2.8 色阶——高级调光命令

2.8.1 “色阶”命令调色原理

“色阶”命令是照片调整过程中使用最频繁的命令，它可以调整照片的明度、中间色和对比度。在调色时，常使用此命令中的“设置灰场工具” 进行校正偏色处理。此外，在“通道”下拉列表中选择不同的通道，也可以对照片的色彩进行调整。

按快捷键 Ctrl+L 或执行“图像”→“调整”→“色阶”命令，即可调出“色阶”对话框，如图 2.69 所示。

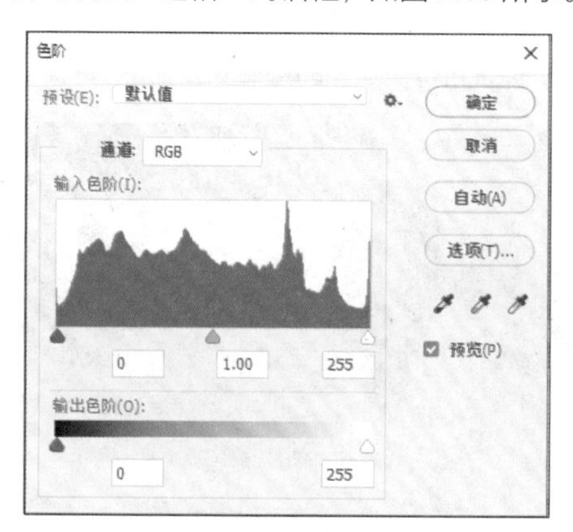

图2.69

下面来分别讲解“色阶”命令各功能的用法。

1. 调整照片亮度

在对照片进行调色的过程中，或多或少都会涉及亮度的调整，而亮度的调整也会在一定程度上影响色彩的表现，这也是在照片调整过程中，通常先调整亮度再调整颜色的原因。

下面以图 2.70 所示的照片为例，讲述使用“色阶”命令调整照片亮度的基本操作方法。

图2.70

通常来说，调整照片亮度的操作主要是使用“输入色阶”区域中的三个滑块。

■ 如果要增加照片的明度，可以向左拖动“输入色阶”区域中的白色滑块。

■ 如果要增加照片的暗度，可以向右拖动“输入色阶”区域中的黑色滑块。

■ 拖动“输入色阶”区域中的灰色滑块，可以对照片的中间调进行调整。若向左拖动“输入色阶”的灰色滑块，可以提亮照片的中间调；若向右拖动，则可以调暗照片的中间调。

图 2.71 所示为调整各个滑块后的对话框状态。

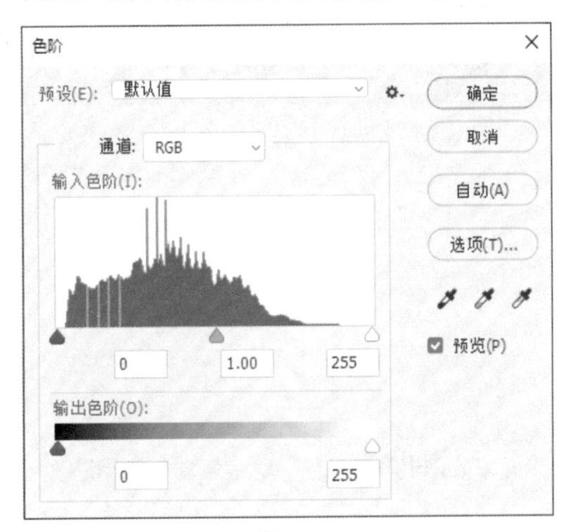

图2.71

图 2.72 所示为调整后的效果，可以看出，照片的亮度和对比度均有很大提升，且变得更加通透、美观。

图2.72

另外，拖曳“输出色阶”区域中的滑块，可以实现提亮阴影区域图像或降暗高光区域图像的目的。

如要降低照片的明度，可以向左拖动“输出色阶”区域的白色滑块，如图 2.73 所示。

图2.73

如果要降低照片的暗度，可以向右拖动“输出色阶”区域的黑色滑块，如图 2.74 所示。

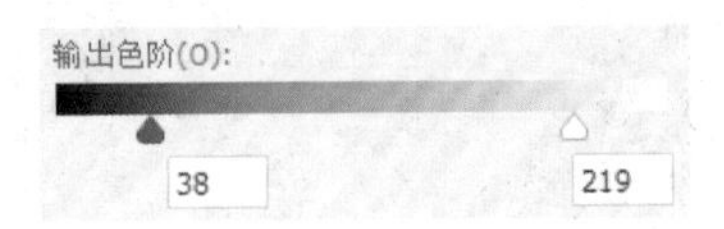

图2.74

2. 调整照片的灰场以校正偏色

在调整照片的过程中，不可避免地会遇到一些偏色的照片，而使用“色阶”对话框中的“设置灰场工具”可以轻松解决这个问题。

“设置灰场工具”纠正偏色操作的方法很简单，只需要使用“设置灰场工具”单击照片中的某种颜色，即可在照片中消除或减弱此种颜色，从而纠正照片中的偏色状态。图 2.75 所示为原照片。

图2.75

图 2.76 所示为使用“设置灰场工具”在照片中单击后的效果，可以看出由于去除了部分蓝色像素，照片中的人像面部呈现红润的颜色。

图2.76

注意

使用“设置灰场工具” 单击的位置不同，得到的效果也会不同，因此需要特别注意。

3. 调整通道以改变照片颜色

在“通道”下拉列表中，可以选择不同通道进行调整，从而改变照片的颜色。通常情况下，照片的颜色模式为RGB模式，因此在此下拉列表中会显示“RGB”“红”“绿”和“蓝”4个选项，默认情况下选择的是RGB选项，此时可对照片整体进行亮度调整，同时对颜色产生一定的影响。若选择“红”“绿”或“蓝”通道，则可以调整对应的颜色。

以图2.77所示的照片为例，图2.78所示为选择“红”通道并向左拖动灰色滑块进行提亮处理后，即可增加照片中间调的红色，如图2.79所示。

图2.77

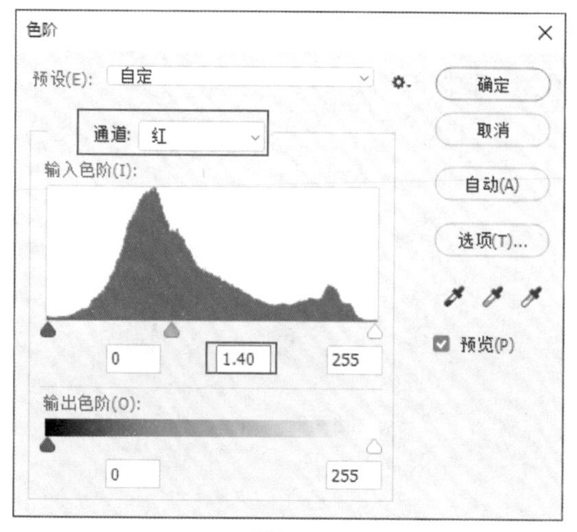

图2.78

图2.79

仍以“红”通道为例，若要减少照片中间调区域的红色，可以向右拖动，直至红色完全消失，若继续向右拖动，则可以增加红色的补色——青色，如图2.80所示，其效果如图2.81所示。

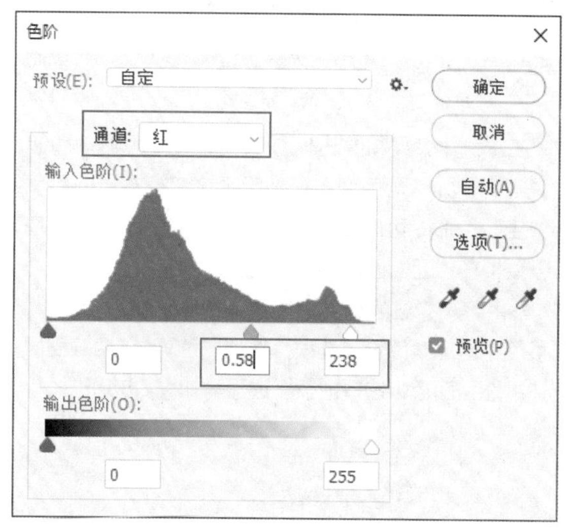

图2.80

图2.81

2.8.2 快速调整为经典的蓝黄色调

在本例中，将主要使用“色阶”命令，并对不同的“通道”进行调整，以制作经典的蓝黄色调照片效果，其操作步骤如下。

01 打开素材文件夹中的“第2章\2.8.2-素材.jpg”文件，如图2.82所示。

图2.82

在本例中，要将高光区域调整为暖黄色调，而暗部区域则调整为冷蓝色调。在确定了这个基本方向后，结合“色阶”命令可以分析出，蓝色和黄色属于互补色，可以直接在“蓝”通道中进行调整。

02 单击“创建新的填充或调整图层”按钮，在弹出的菜单中选择“色阶”选项，得到“色阶1”调整图层，在“属性”面板中选择“蓝”通道，如图2.83所示。

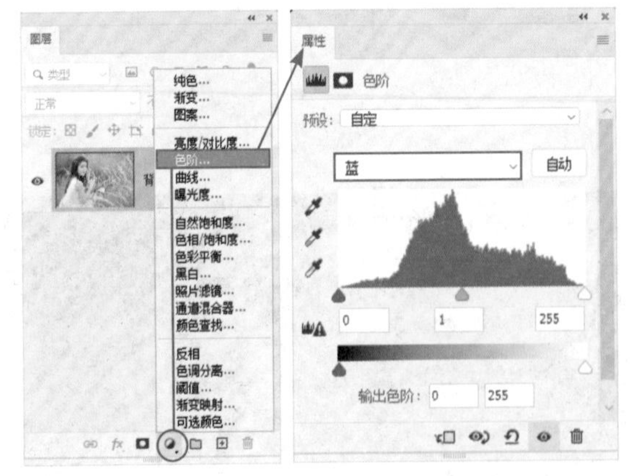

图2.83

通过“色阶”命令的调色原理可知，要将高光区域调整为暖黄色，可以通过在“蓝”通道中降低高光区域的亮度得到，此时就可以在“色阶”对话框中的“输出色阶”区域进行调整。

03 在“属性”面板中向左侧拖动“输出色阶”区域中的白色滑块，如图2.84所示，以降低“蓝”通道中高光区域的亮度，从而为高光区域增加暖黄色，如图2.85所示。

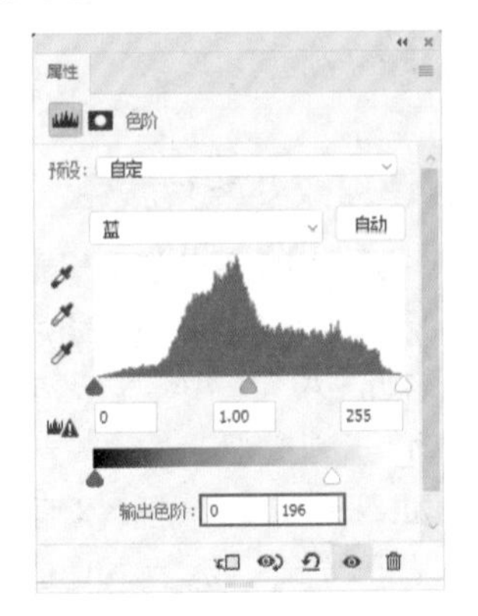

图2.84

图2.85

下面继续为照片的暗部增加冷蓝色调，其原理与为高光增加暖黄色调基本相同，也就是通过提亮“蓝”通道的暗部来实现。

04 在“属性”面板中，向右拖动“输出色阶”区域中的黑色滑块，如图2.86所示，以提亮暗部，从而为其增加蓝色，如图2.87所示。

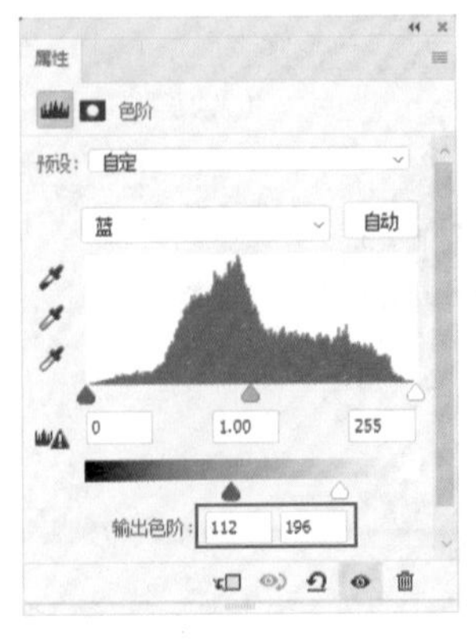

图2.86

图2.87

通过上一步的操作，已经基本制作出蓝黄色调的照片效果，下面继续对其进行美化。

05 在“属性”面板中选择“红”通道，并分别调整“输入色阶”区域中的各个滑块，如图2.88所示，从而进一步强化高光与暗部区域中的暖调与冷调色彩，如图2.89所示。

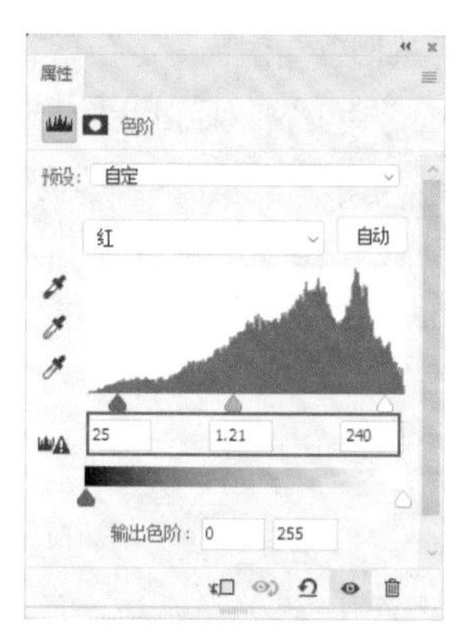

图2.88

图2.89

2.9 曲线——全方位精细调整

2.9.1 “曲线”命令调色原理

“曲线”命令是Photoshop中调整照片最为精细的命令，在调整照片时可以通过在对话框中的调节线上添加节点并调整其位置，对照片进行精细的调整。使用此命令除了可以精确地调整照片亮度与对比度，还经常会通过在“通道”下拉列表中选择不同的通道选项，以进行色彩调整。

按快捷键Ctrl+M或执行“图像”→“调整”→“曲线”命令，即可调出“曲线”对话框，如图2.90所示。

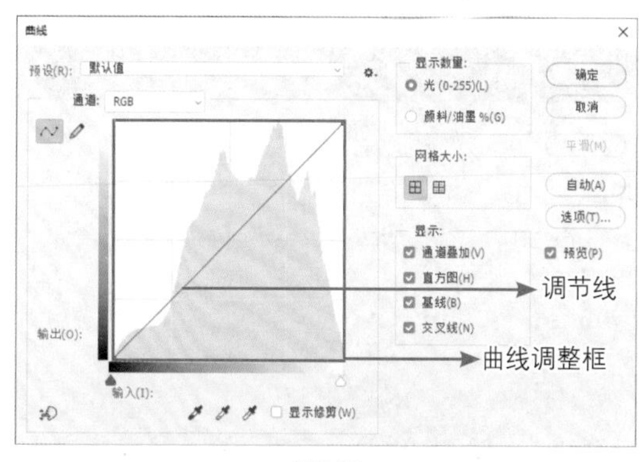

图2.90

下面来分别讲解“曲线”命令主要部分的功能。

1．“曲线”命令的基本用法

“曲线”命令最基本的用法就是通过拖动调节线，

改变照片各部分的明度与对比度。在调节线上可以添加最多不超过 14 个节点，将鼠标指针置于节点上时，就可以拖动该节点对照片进行调整，如图 2.91 所示。

要删除节点时，可以选中并将节点拖至对话框外部，或者在选中节点的情况下，按 Delete 键即可。

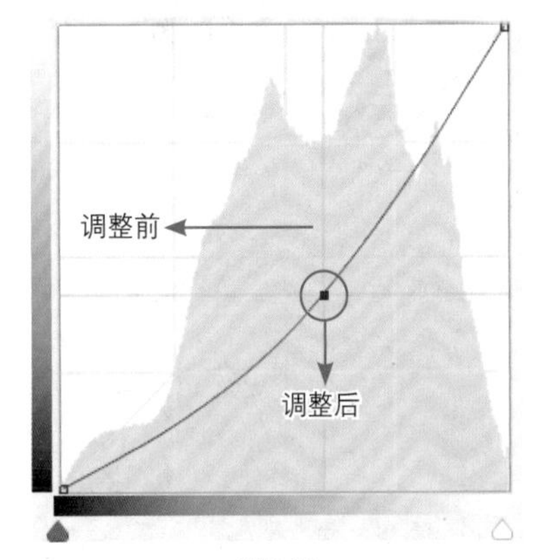

图2.91

以图 2.92 所示的照片为例，图 2.93 和图 2.94 所示为分别在右上方（对应高光区域）和左下方（对应暗部区域）添加节点并调整为 S 形曲线，以提高照片对比度后的效果。

图2.92

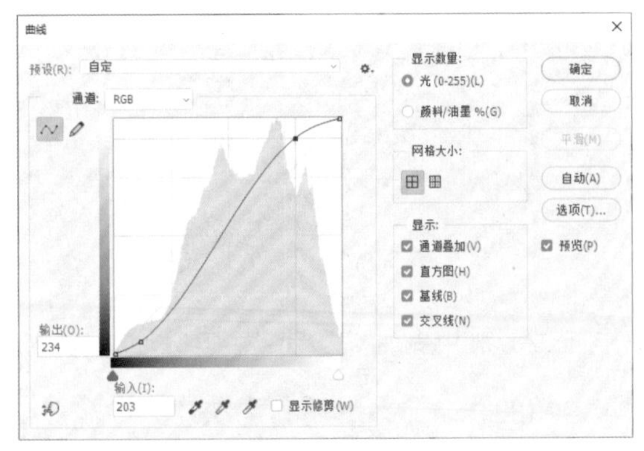

图2.93

图2.94

2. 使用“曲线”命令调整颜色

使用“曲线”命令调整照片色调的原理与“色阶”命令基本相同，二者都是选择不同的通道进行调整的，从而达到改变颜色的目的。仍以讲述“色阶”命令时的照片为例，图 2.95 和图 2.96 所示为使用“曲线”命令将其调整为类似色调时的曲线状态及其效果。

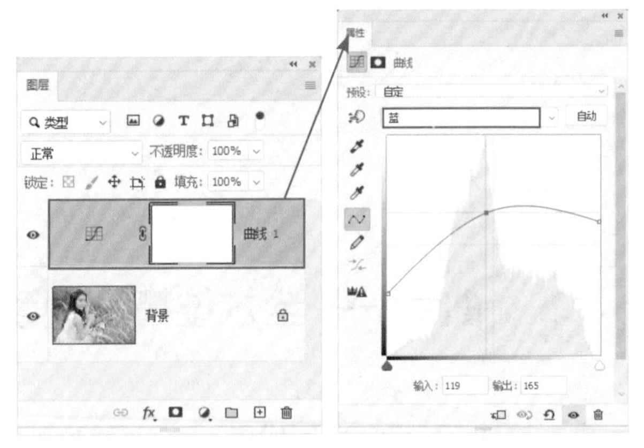

图2.95

图2.96

2.9.2 调整日系胶片色调

本例将主要使用“曲线”命令对照片进行亮度及色彩的调整，并结合“颗粒”滤镜制作日系胶片色调效果，其操作步骤如下。

01 打开素材文件夹中的“第2章\2.9.2-素材.jpg”文件，如图2.97所示。

图2.97

02 单击“创建新的填充或调整图层”按钮 ，在弹出的菜单中选择“曲线”选项，得到“曲线1”调整图层，在“属性”面板中设置其参数，如图2.98所示，以调整图像的颜色及亮度，如图2.99所示。

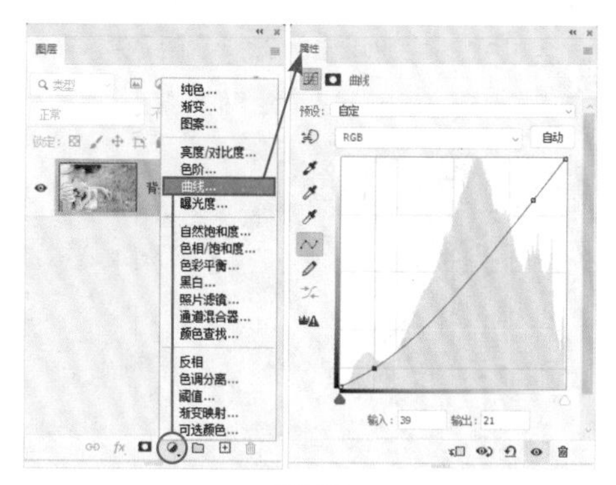

图2.98

图2.99

在初步调整照片的亮度后，还需要继续根据胶片照片成像的特点进行深度调整。总体来说，早期的胶片相机往往对高光和暗部的表现力偏弱，最典型的效果就是高光呈现较浅的灰色，而暗部则呈现较深的灰色，整体偏向于对比度不足的感觉，下面就继续调整曲线，以达到类似的效果。

03 在“属性”面板中分别选择右上角和左下角的节点并拖曳，如图2.100所示，以降低高光的亮度、提高暗部区域的亮度，使其呈现对比度不足的效果，如图2.101所示。

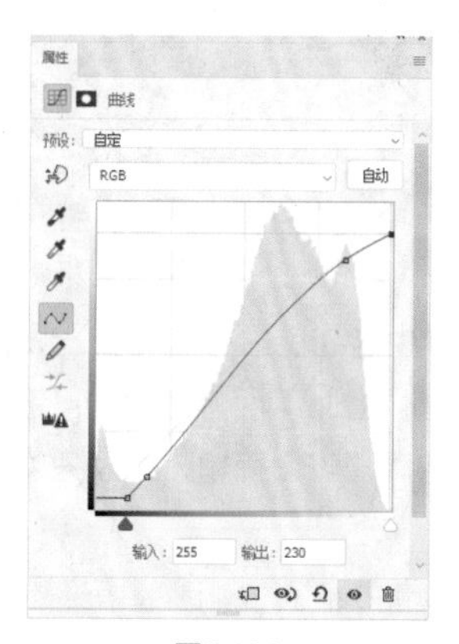

图2.100

图2.101

通过上一步的调整，已经基本得到胶片照片的曝光效果，但现在照片整体略显偏黄，下面就使用“曲线”命令来解决此问题。

04 选择“曲线1”图层，在“属性”面板中选择“绿”通道并调整曲线，如图2.102所示，以校正偏色问题，如图2.103所示。

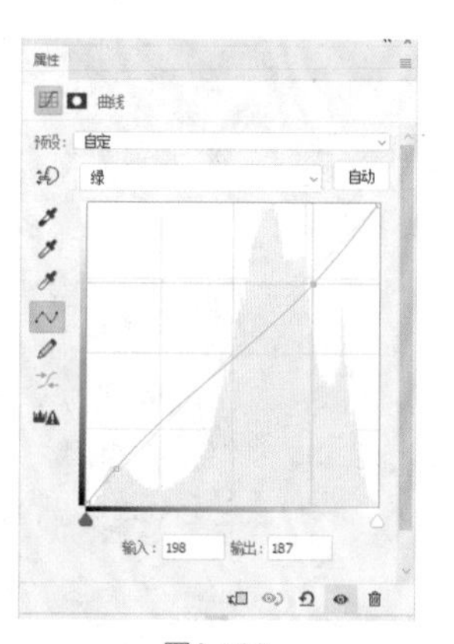

图2.102

图2.103

此时，照片中的红色显得较为突出，因而缺少日系照片的淡雅感觉，因此下面将使用“可选颜色”命令进行调整。此处的调整较为简单，大家只须跟随步骤进行操作即可。

05 单击“创建新的填充或调整图层”按钮 ，在弹出的菜单中选择“可选颜色”选项，得到“选取颜色1”调整图层，在“属性”面板中选择“红色”选项并设置参数，如图2.104所示，从而将红色调整为橙黄色，如图2.105所示。

图2.104

图2.105

胶片照片的另一个特点就是经常会包含较多的噪点，我们可以使用“杂色”滤镜为照片添加类似的效果。

06 选择“图层”面板顶部的图层，按快捷键Ctrl + Alt + Shift + E执行“盖印”命令，从而将当前所有的可见图像合并至新图层中，得到“图层1”，如图2.106所示。

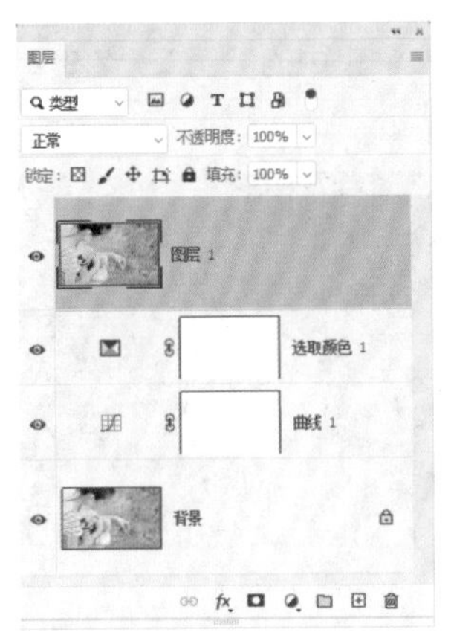

图2.106

07 执行“滤镜”→“杂色”→“添加杂色”命令，在弹出的“添加杂色”对话框中设置参数，如图2.107所示，以适当为照片添加噪点，满意后单击“确定”按钮关闭对话框即可，得到如图2.108所示的效果。

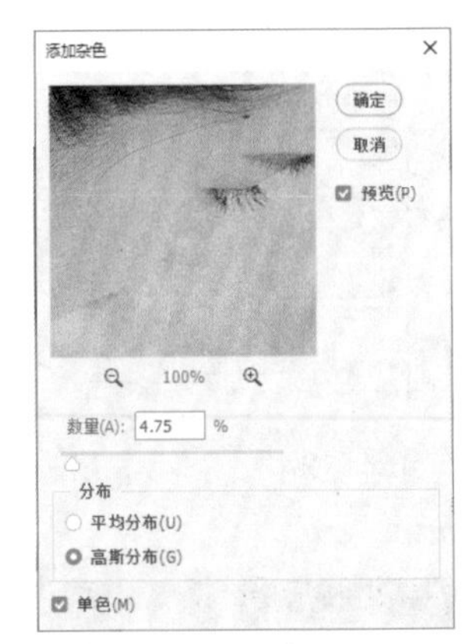

图2.107

图2.108

2.10 可选颜色——多层次调色功能

2.10.1 “可选颜色”命令调色原理

相对于其他调整命令，“可选颜色”命令的原理较难理解。具体来说，它是通过为一种选定的颜色增减青色、洋红、黄色及黑色，从而实现改变该色彩的目的。在掌握了此命令的用法后，可以实现极为丰富的调整效果，因此常用于制作各种特殊色调的照片效果。

执行“图像”→“调整”→“可选颜色”命令，即可调出“可选颜色”对话框，如图 2.109 所示。

图2.109

下面将以图 2.110 所示的 RGB 三原色示意图为例，讲解此命令的工作原理。

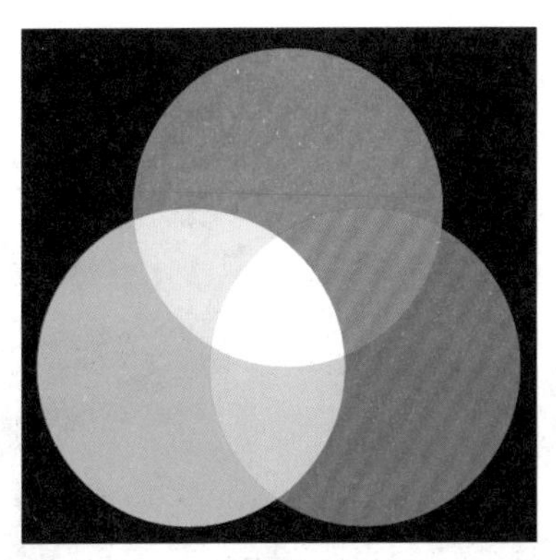

图2.110

在“颜色”下拉列表中选择“红色”选项，表示对该颜色进行调整，并在选中“相对”单选按钮时，向右拖动“青色”滑块至 100%，如图 2.111 所示。

图2.111

由于红色与青色是互补色，当增加了青色时，红色就会相应变少，当增加青色至 100% 时，红色完全消失变为黑色，如图 2.112 所示。

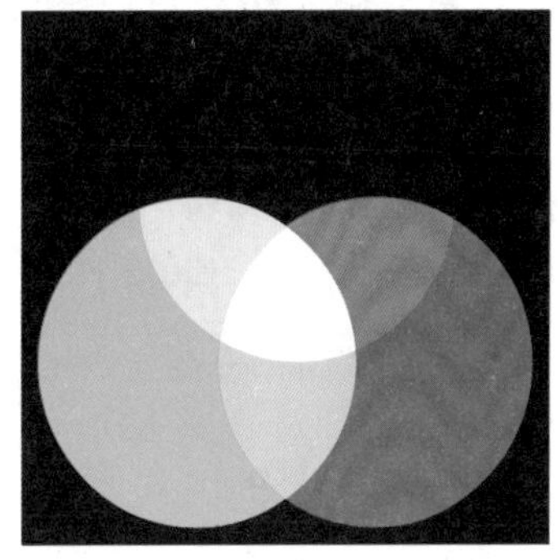

图2.112

虽然该命令在使用时没有其他调整命令那么直观，但熟练掌握之后，就可以实现非常多样化的调整。图 2.113 所示为使用此命令进行色彩调整前后的效果对比。

图2.113

2.10.2　有针对性地美化照片色彩

在本例中，将结合“曲线”命令对照片的对比度进行适当调整，然后再使用“可选颜色”命令针对照片的色彩分别进行调整处理，其操作步骤如下。

01 打开素材文件夹中的“第2章\2.10.2-素材.jpg”文件，如图2.114所示。

图2.114

02 单击“创建新的填充或调整图层”按钮 ，在弹出的菜单中选择“曲线”命令，得到“曲线1”调整图层，在“属性”面板中设置其参数，如图2.115所示，以调整照片的颜色及亮度，如图2.116所示。

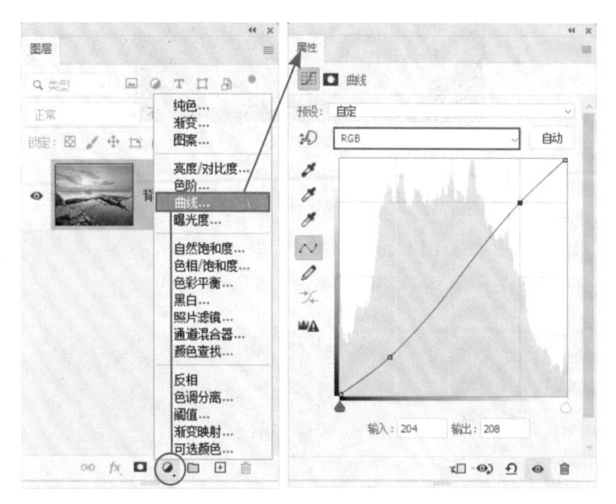

图2.115

在调整好照片的亮度与对比度后，即可开始对色彩进行润饰处理。在本例中，由于画面是以冷色、暖色为主的，在后面的调整中，就在此基础上进行强化处理。在上一步应用的“曲线”调整图层就可以对这两种色彩进行调整，因此下面就在该调整图层中进行编辑，以初步润饰照片的色彩。

图2.116

03 选择“曲线1”调整图层，在“属性”面板中选择“蓝”通道并编辑其中的曲线，如图2.117所示，以调整照片的色彩，如图2.118所示。

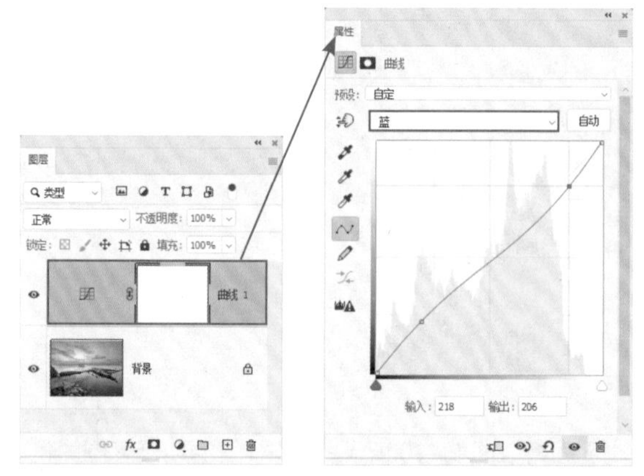

图2.117

图2.118

前面是对“蓝”通道调整了一个反 S 形的曲线，表示在高光区域减少蓝色并增加黄色，使夕阳区域的暖调更为强烈，而暗调区域则增加蓝色。

04 单击“创建新的填充或调整图层”按钮◕，在弹出的菜单中选择“可选颜色”选项，得到“可选颜色1”调整图层，在“属性”面板中选择“红色”和“黄色”选项并设置参数，如图2.119和图2.120所示，以强化暖调色彩效果，如图2.121所示。

图2.119

图2.120

图2.121

05 继续在“属性”面板中选择“青色”和“蓝色”选项并设置参数，如图2.122和图2.123所示，强化冷调色彩效果，如图2.124所示。

图2.122　　图2.123

图2.124

第3章

制作创意效果必学的高级技巧

3.1 合成 HDR 照片的技巧

HDR 是近年来极为流行的摄影表现手法，准确地说，它是一种后期照片处理技术，而所谓的 HDR，英文全称为 High-Dynamic Range，指“高动态范围”，简单来说，就是让照片无论高光还是阴影部分都能够显示充分的细节。

用于合成 HDR 照片的素材照片会使用“包围曝光”功能，通过设置曝光参数、曝光等级增量以及拍摄张数，来获得不同曝光参数所拍摄出来的照片，然后通过 Camera Raw 中的“合并到 HDR”命令进行合成，这样合成出来的照片能够完美地展现从最暗的地方一直到最亮的地方的所有细节，这就是 HDR 照片存在的意义。下面讲解详细操作步骤及注意事项。

01 打开“第3章\3.1-素材”文件夹中的全部照片，以启动Camera Raw软件，如图3.1所示。

图3.1

02 在下方列表中选中任意一张照片，按快捷键Ctrl+A选中所有的照片。按快捷键Alt+M，或者单击照片缩略图右上角的 ··· 图标 ，在弹出的菜单中选择“合并到HDR”选项，如图3.2所示。

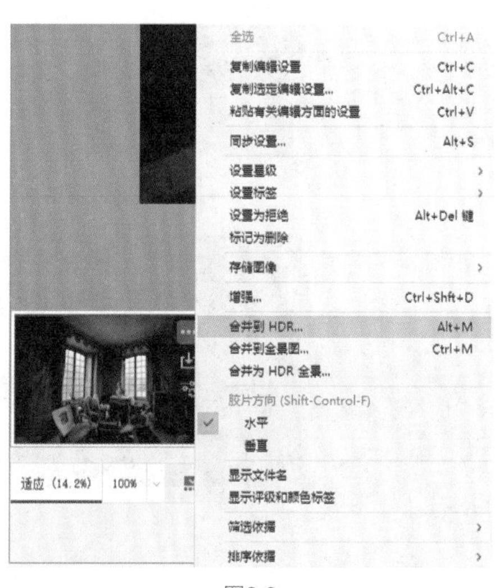

图3.2

03 在经过一定的处理后，将显示“HDR合并预览”对话框，通常情况下，以默认参数进行处理即可，如图3.3所示。

图3.3

注意

“HDR合并预览”对话框中的参数，可以根据素材照片灵活设置。如果素材照片是手持相机拍摄的，那就可以选中“对齐图像”复选框；如果希望自动调整图像，则可以选中“应用自动设置”复选框；如果素材照片中有动态的对象，例如移动的人、车、鸟或水流等，那么就要开启“消除重影”功能，而且要根据运动对象的移动范围以及大小来选择消除重影的级别。在本例中，由于是固定机位和视角拍摄的照片，在“消除重影”下拉列表中选择“关”选项。

04 单击“合并”按钮，在弹出的对话框中选择文件保存的位置，并以默认的DNG格式保存，保存后的文件会与之前的素材一起显示在下方的列表中，如图3.4所示。

图3.4

合并后的照片还存在一定的曝光问题，因此下面来对整体进行一定的校正处理。

05 选择“基本”面板，减小“高光”和“白色”的数值，如图3.5所示，使窗外的景物恢复一定的细节，如图3.6所示。

图3.5　　图3.6

06 单击“蒙版”按钮，然后选择“画笔工具”，对窗户进行涂抹，在右侧的参数面板中降低“高光”和“白色”数值，如图3.7所示，得到如图3.8所示的效果。

图3.7　　图3.8

注意

即使减小“白色”和“高光”值，窗外的景观仍是过曝的，实际上在所有照片的拍摄过程中，这块区域都是过曝的，所以即使合成为HDR照片，窗户外的景观也找不回细节，这就提示我们在前期拍摄时要多加注意。

07 在“基本”面板中，分别增大“阴影”“自然饱和度”和“饱和度”值，如图3.9所示，以增强画面的色彩，如图3.10所示。

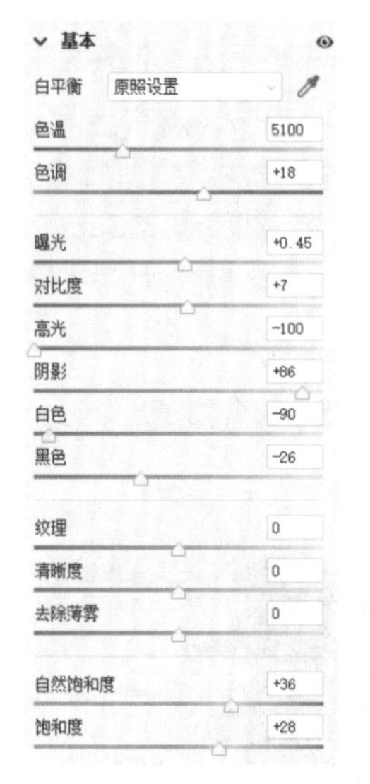

图3.9　　图3.10

08 在“光学”面板中，选中“删除色差”和“使用配置文件校正”复选框，如图3.11所示，以校正画面的边缘色差及畸变。删除色差前后的对比效果如图3.12所示。接着选择“手动”选项卡，调整“晕影”数值，如图3.13所示，以减少画面四周的阴影，得到如图3.14所示的图像效果，单击“完成”按钮保存文件。

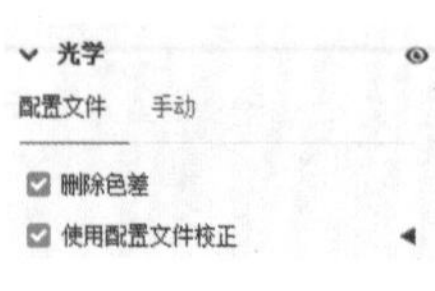

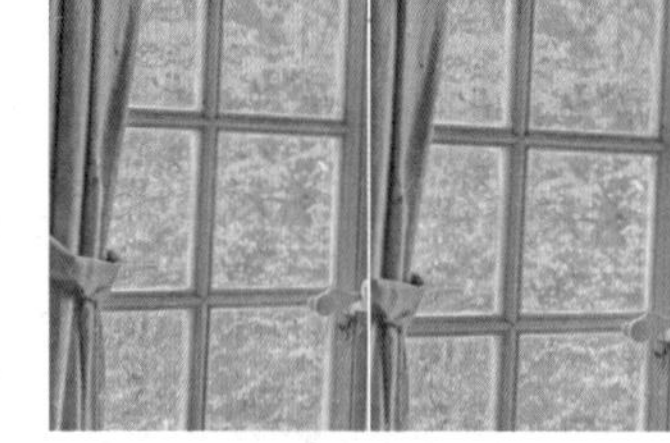

图3.11　　图3.12

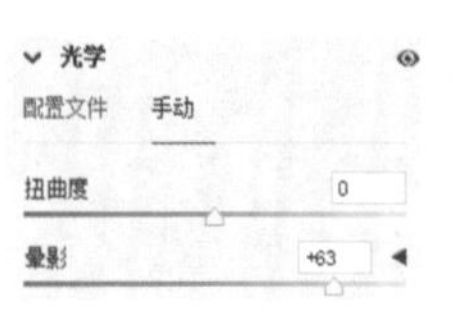

图3.13　　图3.14

3.2 合成全景照片的技巧

使用“合并到全景图”命令能够拼合具有重叠区域的连续照片，使其拼合成一张连续的全景图像。使用此命令拼合全景图像，要求拍摄几张在边缘有重合区域的照片。比较简单的方法是，拍摄时手持相机保持高度不变，身体连续旋转，从不同角度将要拍摄的景物分成几个部分拍摄，然后在 Camera Raw 中使用“合并到全景图”命令拼接为全景照片。

下面将一组风光照片拼合成全景照片，其操作步骤如下。

01 打开素材文件夹中的“第3章\3.2-素材”文件夹中的全部照片，以启动Camera Raw软件，所有的照片将显示在下方列表中，如图3.15所示。

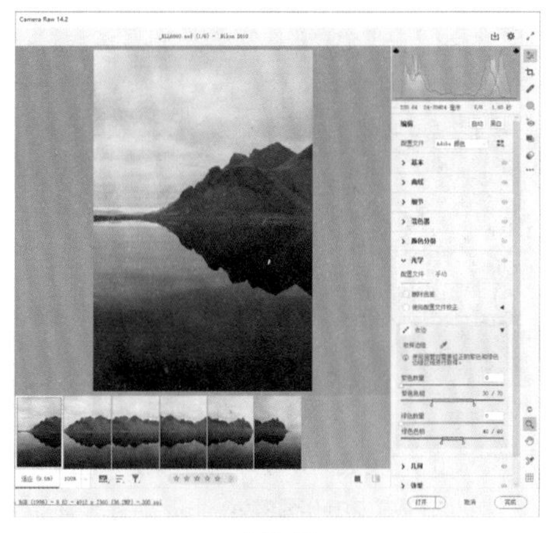

图3.15

02 选择一张照片，按快捷键Ctrl+A选中所有的照片，按快捷键Ctrl+M或者单击照片缩略图上的…图标，在弹出的菜单中选择“合并到全景图”选项，如图3.16所示。

图3.16

03 稍等片刻弹出“全景合并预览”对话框，现在需要选择投影方式，在不能预先判断选择“透视”“球面”还是“圆柱”哪个选项效果好的情况下，需要把每个选项都试一下，在本例中选择的是“球面”选项，然后选中“填充边缘”复选框，使画面四周露出来的一些空白可以进行智能填充，然后调整“边界变形”值，如图3.17所示。

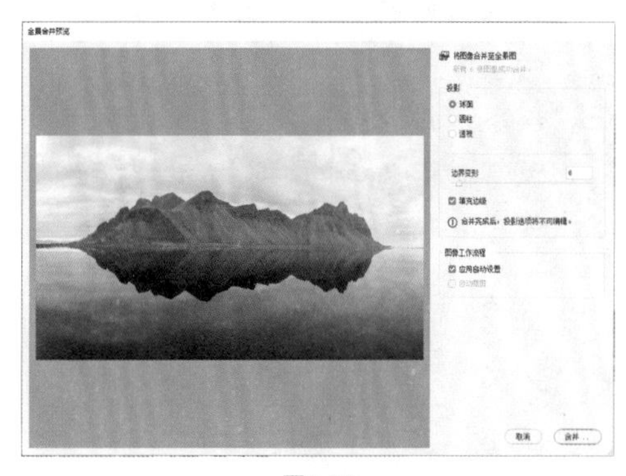

图3.17

04 单击“合并”按钮存储文件，此时还可以对画面的曝光、色彩和细节各方面细节进行修改。

05 对画面的色彩进行调整。在“基本”面板中，调整“色温”值如图3.18所示，得到如图3.19所示的效果。

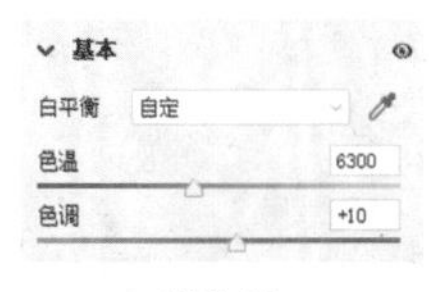

图3.18

图3.19

06 在“基本”面板中，调整“曝光”值如图3.20所示，得到如图3.21所示的效果。

图3.20

图3.21

07 在“基本”面板中，分别调整“高光”“阴影”“白色”“黑色”值如图3.22所示，得到如图3.23所示的效果。

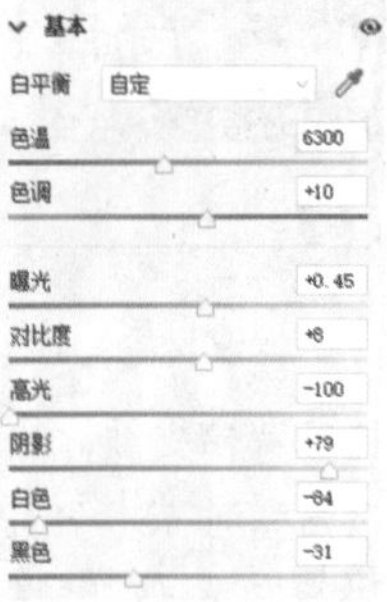

图3.22

图3.23

08 在“基本”面板中，分别调整“自然饱和度”和“饱和度”值，如图3.24所示，得到如图3.25所示的效果。

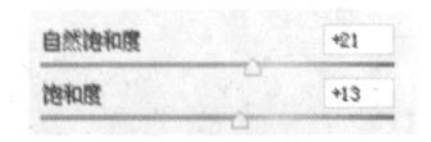

图3.24

09 在“细节”面板中，分别调整“纹理”“清晰度”和“去除薄雾”参数，如图3.26所示，增强画面的清晰度和通透感，如图3.27所示。

图3.25

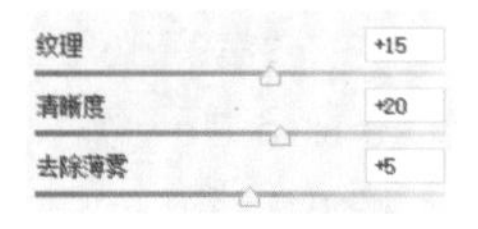

图3.26

图3.27

10 在“光学”面板中，分别选中“删除色差”和“使用配置文件校正”复选框，并在“手动”选项卡中调整“晕影”值，如图3.28和图3.29所示，减少画面的色差及畸变，得到如图3.30所示的图像效果。

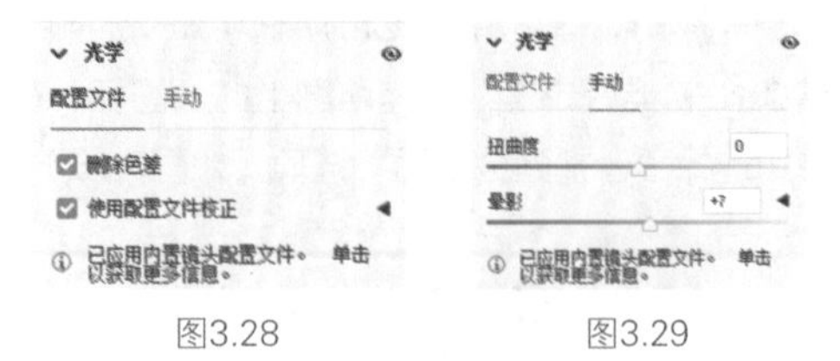

图3.28 图3.29

图3.30

注意

除了可以使用Camera Raw中的“合并到全景图”命令拼合全景照片，还可以执行“文件”→“自动”→“Photomerge”命令来合成全景照片。

3.3 堆栈合成

3.3.1 什么是堆栈

堆栈是一个比较抽象的概念，实际上其功能非常简单，就是将一组图像叠加为一幅图像（每幅图像一个图层）。执行“文件”→“脚本”→“将文件载入堆栈”命令，即可弹出“载入图层”对话框，如图 3.31 所示，将 50 多张照片堆栈在一起时的“图层”面板，如图 3.32 所示。

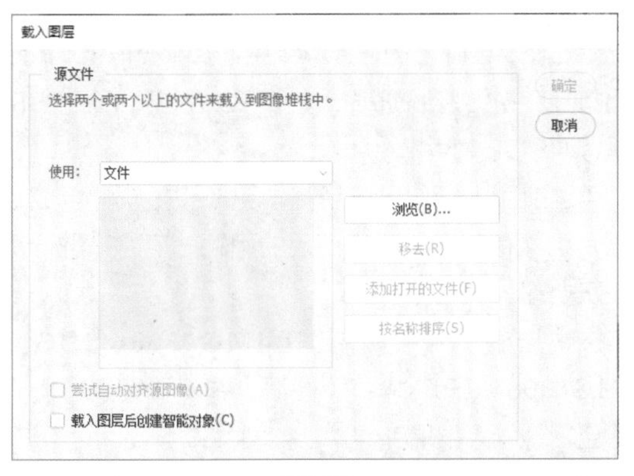

图3.31

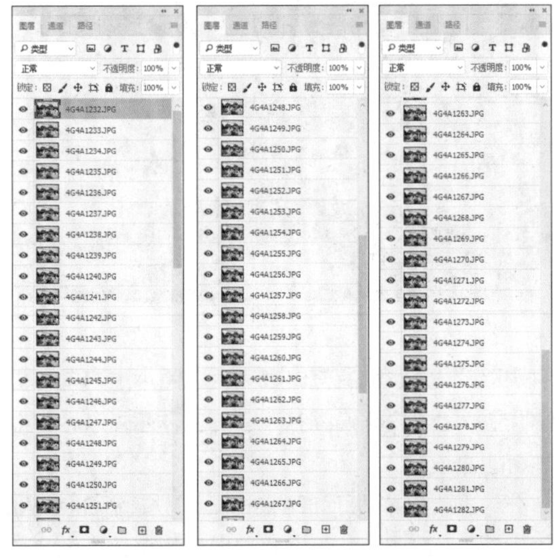

图3.32

当然，仅叠加起来是没有任何意义的，通常是将载入的图像转换为智能对象，然后利用堆栈模式，让图像之间按照指定的堆栈模式进行合成，从而形成独特的图像效果。该功能在摄影后期处理领域应用得最为广泛，如星轨、流云、无人风景区等照片都可以通过此功能进行合成。

3.3.2 使用堆栈合成星轨

下面详细讲解如何使用堆栈功能合成星轨。

提示

使用堆栈功能合成星轨是近年非常流行的一种拍摄星轨的技术。摄影师可以以固定的机位及曝光参数，连续拍摄成百上千张照片，然后通过后期处理合成星轨效果。使用这种方法合成的星轨，可以有效避免采用传统方法拍摄的问题。通常来说，单张照片曝光的时间越长，照片的数量越多，那么最终合成的星轨数量也就越多，弧线也越长。但要注意的是，如果原片有明显的问题，如存在大量噪点、意外出现的光源等，应提前进行处理，以免影响合成效果。尤其是噪点多的情况，可能最终会导致出现由噪点组成的伪星轨。

01 执行“文件”→“脚本”→“将文件载入堆栈”命令，在弹出的“载入图层”对话框中单击“浏览”按钮，如图3.33所示。

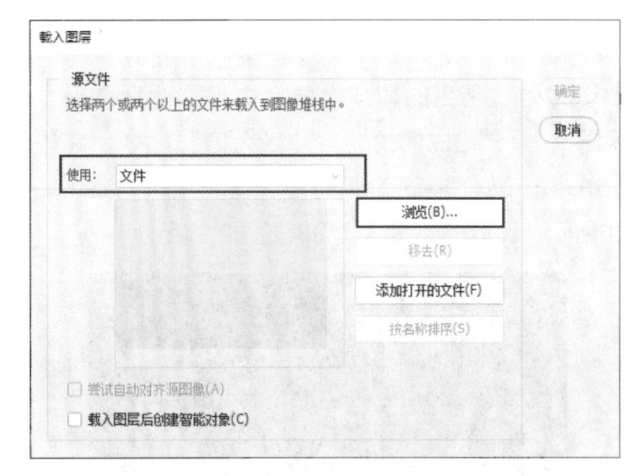

图3.33

02 在弹出的“打开”对话框中，打开素材文件夹中的“第3章\3.3.2-素材”文件，按快捷键Ctrl+A，选中所有要载入的照片，再单击“打开”按钮，将其载入“载入图层”对话框，并且一定要选中“载入图层后创建智能对象”复选框，如图3.34所示。

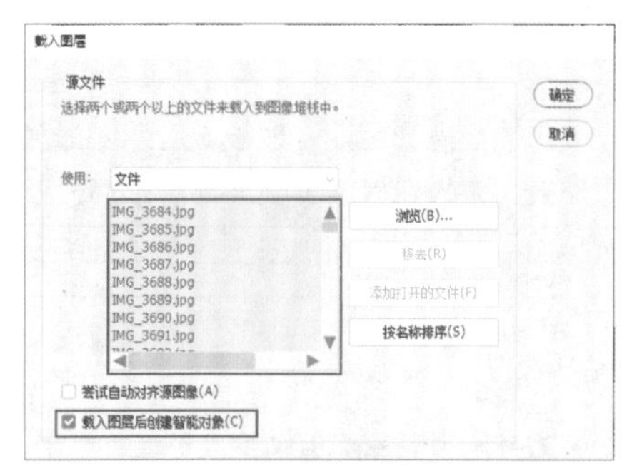

图3.34

03 单击“确定”按钮即可将载入的照片堆栈在一起并转换为智能对象，如图3.35所示。

图3.35

提示

若在“载入图层”对话框中，忘记选中“载入图层后创建智能对象”复选框，可以在完成堆栈后，执行“选择”→“所有图层”命令，选中全部的图层，再在任意一个图层名称上右击，在弹出的快捷菜单中执行“转换为智能对象”命令即可。

04 选中堆栈得到的智能对象，执行“图层”→“智能对象”→“堆栈模式”→“最大值”命令，并等待Photoshop处理完成，即可初步得到星轨效果，如图3.36所示，此时的“图层”面板如图3.37所示。

图3.36

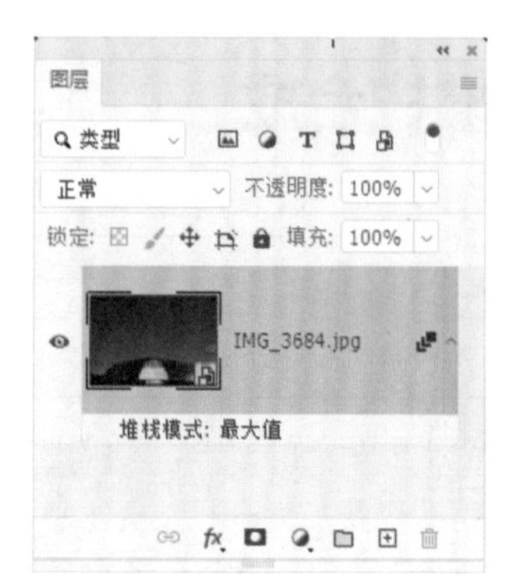

图3.37

当前智能对象图层将所有的照片文件都包含其中，因此该图层会极大地增加文件的大小，在设置了堆栈模式并确认不需要对该图层做任何修改时，可以在其图层名称上右击，在弹出的快捷菜单中选择“栅格化”命令，从而将其转换为普通图层，这样可以大幅降低以PSD格式保存时的文件大小。

通过前面的操作，已经基本完成了星轨的合成，此时照片仍然存在严重曝光不足的问题，下面来进行初步的校正处理。

05 按快捷键Ctrl+J复制图层IMG_3684.JPG得到“IMG_3684.JPG 拷贝”图层，并设置其混合模式为“滤色”，以大幅提亮照片，如图3.38所示。

图3.38

在初步调整照片的整体曝光后，照片中的星轨仍然不够明显，因此先来增强各元素的立体感，以尽可能显现更多的星轨。

06 选择“图层”面板顶部的图层，按快捷键Ctrl+Alt+Shift+E进行盖印，从而将当前所有的可见图像合并至新图层中，得到“图层1”。

07 执行“滤镜”→“其他”→“高反差保留”命令，在弹出的对话框中设置“半径”值为3，单击“确定”按钮关闭对话框，得到如图3.39所示的效果。

图3.39

08 设置“图层1”的混合模式为“强光”，以大幅提高各元素的立体感，如图3.40所示。

图3.40

图 3.41 所示为锐化前后的局部对比效果。

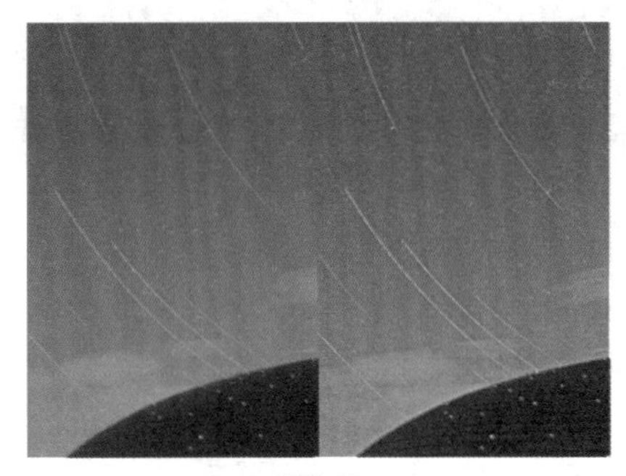

图3.41

通常情况下，要增强各元素的立体感，只需设置“柔光”或“叠加”混合模式即可，但因为此处的操作目的是希望尽量显示更多、更明显的星轨，所以设置为效果最明显的“强光”混合模式。

通过前面的处理，画面中的星轨线条变得更明显了，但随之而来的是，噪点也变得更明显了，这个问题会留在最后进行统一处理。

至此，我们已经初步调整好画面的曝光，且尽可能地强化了星轨的线条，此时画面的最大问题就是色彩非常灰暗，且对比度不足，下面就来对其进行润饰处理。需要注意的是，由于天空和地面建筑物之间的曝光差异较大，无法一次性完成对二者的处理，这里将先对天空进行处理，暂时不用理会对建筑物的影响。

09 单击“创建新的填充或调整图层”按钮 ◐.，在弹出的菜单中选择“曲线”选项，得到“曲线1”调整图层，在“属性”面板中设置其参数，如图3.42所示，以提高画面的对比度，如图3.43所示。

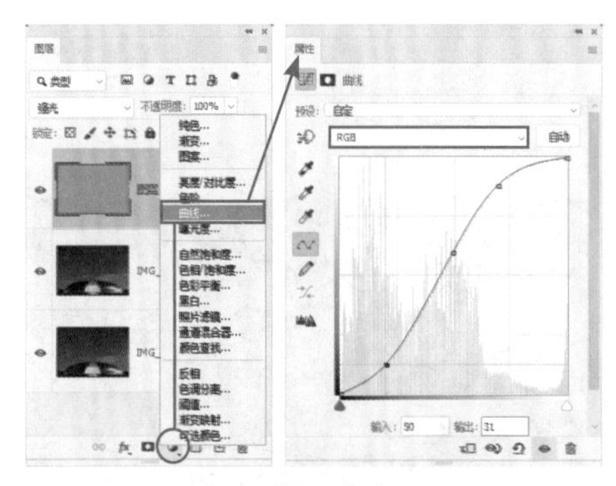

图3.42

图3.43

在初步调整好画面的对比度后，继续调整其色彩，这里仍然在“曲线 1”调整图层中完成。

10 双击“曲线1”调整图层的缩略图，在其“属性”面板中分别选择“红”“绿”和“蓝”通道并调整曲线，如图3.44~图3.46所示，直至得到满意的色彩效果，如图3.47所示。

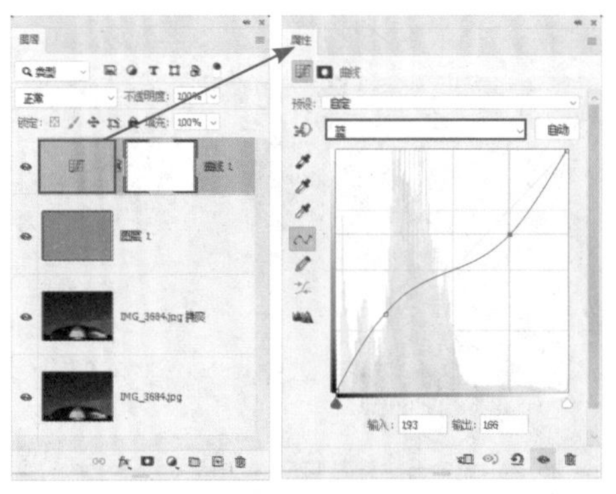

图3.44

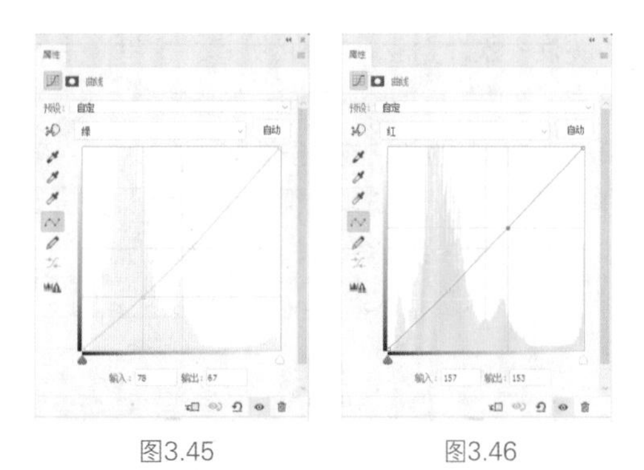

图3.45　　　图3.46

图3.47

下面进一步强化画面的色彩。

11 单击“创建新的填充或调整图层”按钮 ◐.，在弹出的菜单中选择“自然饱和度”选项，得到“自然饱和度1”调整图层，在“属性”面板中设置其参数，如图3.48所示，以调整图像整体的饱和度，如图3.49所示。

图3.48

图3.49

观察照片可以看出，此时的天空仍然显得比较“平”，缺少具有层次感的亮度渐变过渡，下面就来模拟这种效果。

12 设置前景色为黑色，单击“创建新的填充或调整图层”按钮 ◐.，在弹出的菜单中选择“渐变”选项，在弹出的“渐变填充”对话框中设置参数，如图3.50所示，单击“确定”按钮关闭对话框，同时得到“渐变填充1”调整图层，得到如图3.51所示的效果。

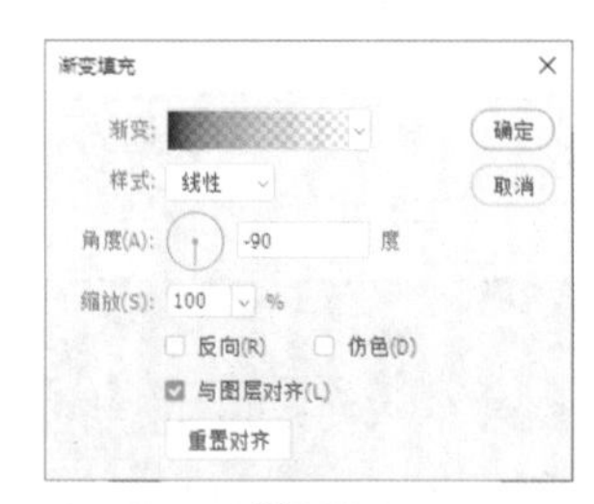

图3.50

图3.51

在前面的操作中，提前将前景色设置为黑色，是因为在创建“渐变填充”调整图层后，会自动用“从前景色到透明”渐变进行填充，也就是我们所需要的从黑色到透明的渐变，这样可以快速设置好渐变，提高工作效率。

13 设置“渐变填充1”调整图层的混合模式为“柔光”，“不透明度”值为30%，制作天空明暗过渡的效果，如图3.52所示。

图3.52

至此，我们已经基本完成了对天空的处理，在下面的操作中，将开始调整建筑物的曝光与色彩。这里使用原始的照片进行处理。

14 隐藏除底部IMG_3684.JPG外的图层。选择“磁性套索工具”，并在工具选项栏中设置相应的参数，如图3.53所示。

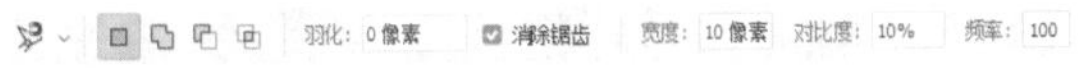

羽化：0 像素　消除锯齿　宽度：10 像素　对比度：10%　频率：100

图3.53

15 使用“磁性套索工具”沿着建筑物边缘绘制选区，将其选中，如图3.54所示。

图3.54

16 选择底部的IMG_3684.JPG图层，按快捷键Ctrl+J将选区中的图像复制到新图层中，得到“图层2”，将其移至所有图层的顶部，并显示其他图层，如图3.55所示。

图3.55

下面调整建筑物的曝光。当前的建筑物较暗，因此先来显示更多的暗部细节。

17 执行“图像”→“调整”→“阴影/高光”命令，在弹出的“阴影/高光”对话框中设置参数，如图3.56所示，以显示更多的暗部细节，如图3.57所示。

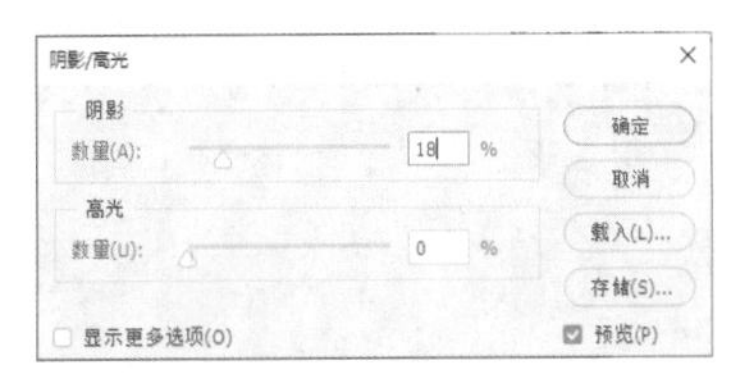

图3.56

图3.57

在初步调整建筑物的曝光后，对其色彩进行调整。需要注意的是，除了要对建筑物本身的色彩进行强化，还需要根据天空的色彩，适当地匹配调整。

18 单击“创建新的填充或调整图层”按钮，在弹出的菜单中选择“曲线”选项，得到“曲线2”调整图层，按快捷键Ctrl + Alt + G创建剪贴蒙版，从而将调整范围限制在下面的图层中，在“属性”面板中设置其参数，如图3.58所示，以调整建筑物的色彩，如图3.59所示。

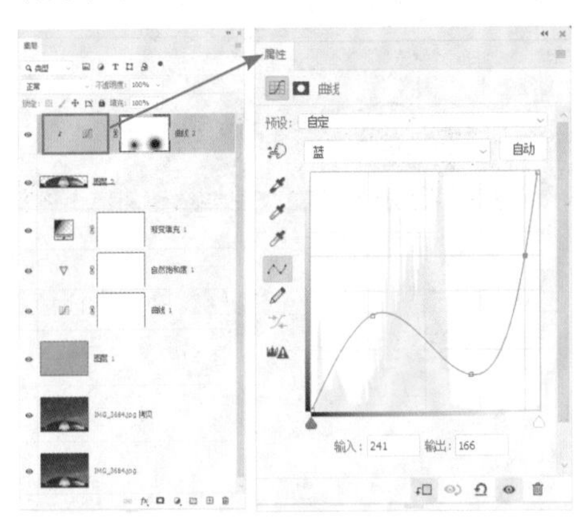

图3.58

图3.59

调整后的建筑物色彩，偏蓝的部分过多，且右侧高光区域的黄色也较多，因此要进行局部的弱化处理。

19 选择“画笔工具”并在其工具选项栏中设置适当

的参数，如图3.60所示。

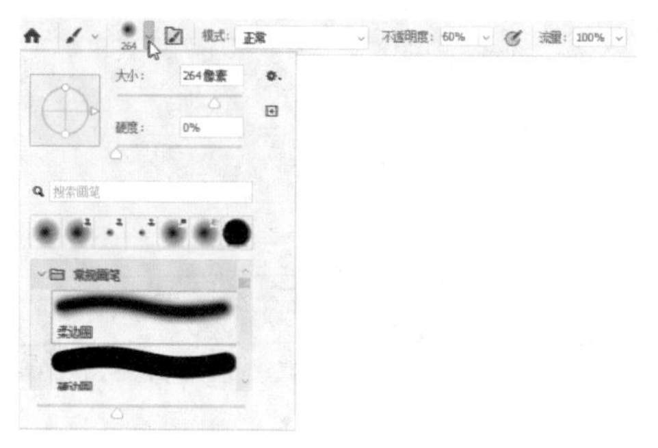

图3.60

20 选择“曲线2”的图层蒙版，设置前景色为黑色，使用“画笔工具” 在左右两侧的建筑物上进行涂抹，直至得到满意的效果，如图3.61所示。

图3.61

21 按住Alt键单击“曲线2”的图层蒙版，可以查看其中的状态，如图3.62所示。

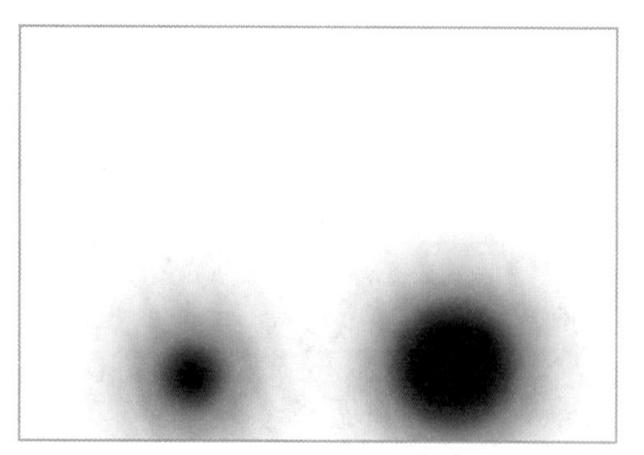

图3.62

下面继续调整色彩，使建筑物上略带一些紫色调效果，与画面整体效果更加匹配。

22 单击“创建新的填充或调整图层”按钮 ，在弹出的菜单中选择“色彩平衡”选项，得到“色彩平衡1”调整图层，按快捷键Ctrl+Alt+G创建剪贴蒙版，从而将调整范围限制在下面的图层中，然后在“属性”面板中设置参数，如图3.63所示，以调整建筑物的颜色，如图3.64所示。

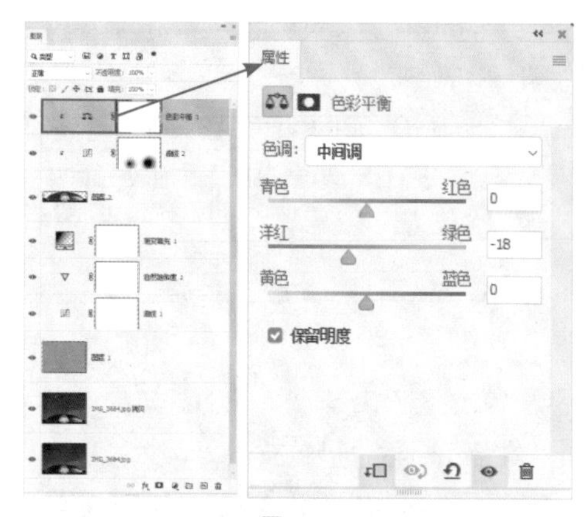

图3.63

图3.64

至此，画面的色彩基本调整好了，但从整体看来，其对比度仍显得有些不足，下面进行适当的强化处理。

23 单击“创建新的填充或调整图层”按钮 ，在弹出的菜单中选择“亮度/对比度”选项，得到“亮度/对比度1”调整图层，按快捷键Ctrl+Alt+G创建剪贴蒙版，将调整范围限制在下面的图层中，然后在“属性”面板中设置其参数，如图3.65所示，以调整图像的亮度及对比度，如图3.66所示。

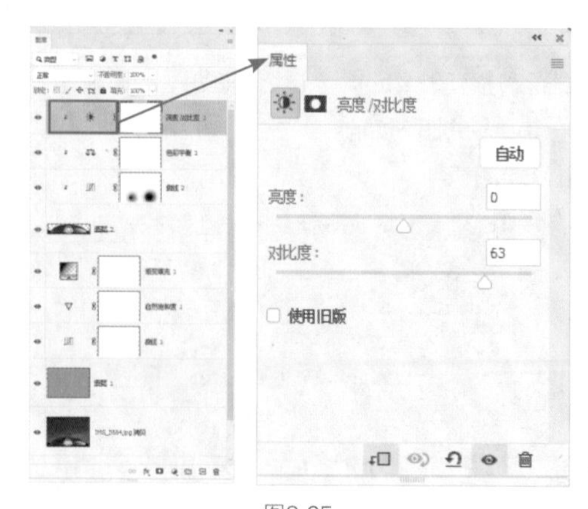

图3.65

图3.66

至此，已经基本完成了对星轨照片的处理，以 100% 显示比例仔细观察照片可以看出，其中存在一定的噪点，天空部分尤为明显，下面就来解决这个问题。

24 选择“图层”面板顶部的图层，按快捷键Ctrl＋Alt＋Shift＋E盖印图层，将当前所有的可见图层合并至新的图层中，得到“图层3”。

25 在“图层3”的名称上右击，在弹出的快捷菜单中选择“转换为智能对象”选项，将其转换成为智能对象图层，以便下面对该图层中的照片应用滤镜。

26 执行“滤镜”→“杂色”→“减少杂色”命令，在弹出的“减少杂色”对话框中设置参数，如图3.67所示，即可消除照片中的一些噪点，并能够较好地保留细节，如图3.68所示。

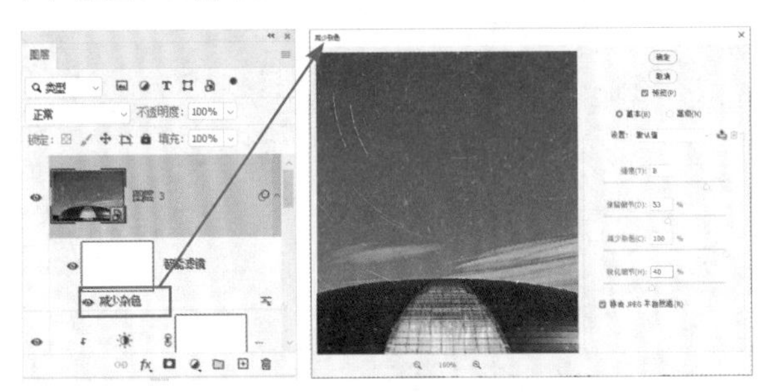

图3.67

图3.68

图 3.69 所示为消除噪点前后的局部对比效果。

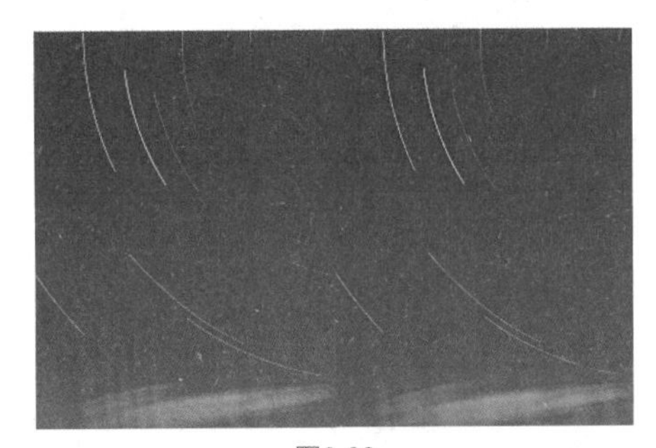

图3.69

3.3.3 使用堆栈合成故宫流云效果

下面详细讲解如何使用堆栈功能合成流云效果。

01 执行“文件”→“脚本”→“将文件载入堆栈”命令，在弹出的“载入图层”对话框中单击“浏览”按钮，如图3.70所示。

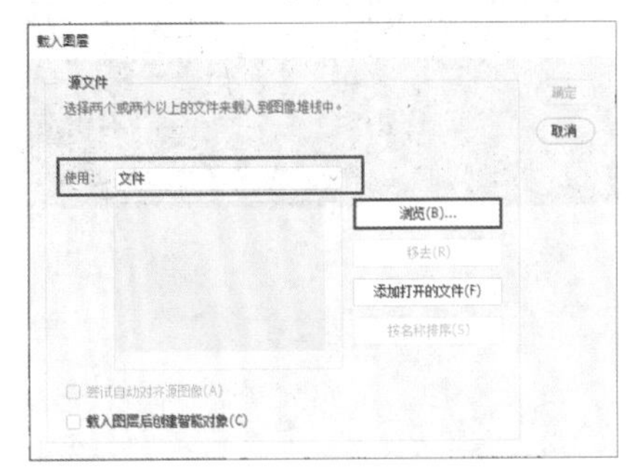

图3.70

02 在弹出的“打开”对话框中，打开素材文件夹中的“第3章\3.3.3-素材”文件，按快捷键Ctrl+A，选中所有要载入的照片，再单击“打开”按钮，将其载入“载入图层”对话框，并且选中“载入图层后创建智能对象”复选框，如图3.71所示。

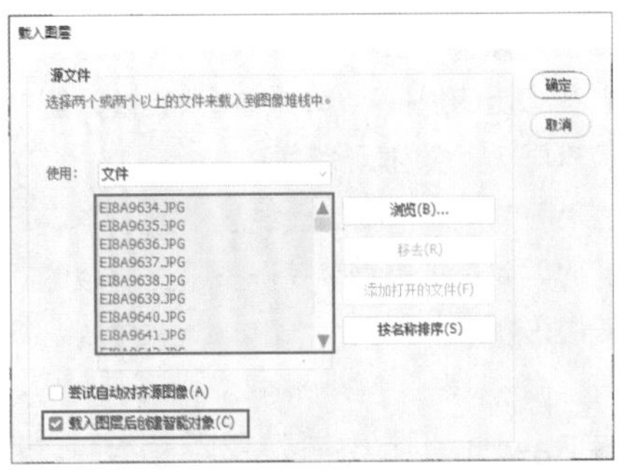

图3.71

03 单击“确定”按钮开始将载入的照片堆栈在一起并转换为智能对象，如图3.72所示。

图层
类型
正常
不透明度：100%
锁定：
填充：100%
EI8A9634.JPG

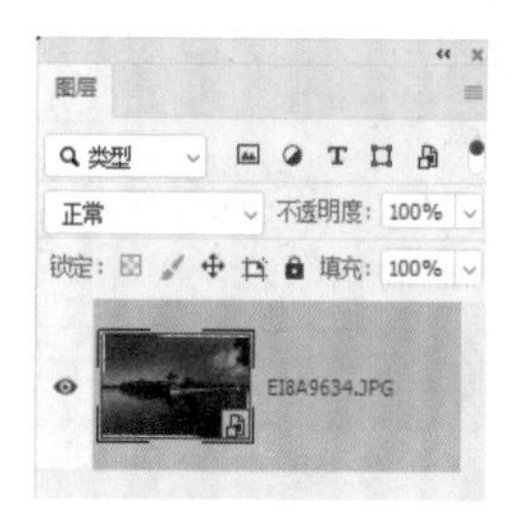

图3.72

04 选中堆栈得到的智能对象，执行“图层”→“智能对象”→“堆栈模式”→“平均值”命令，并等待Photoshop处理完成，得到流云效果，如图3.73所示，此时的“图层”面板如图3.74所示。

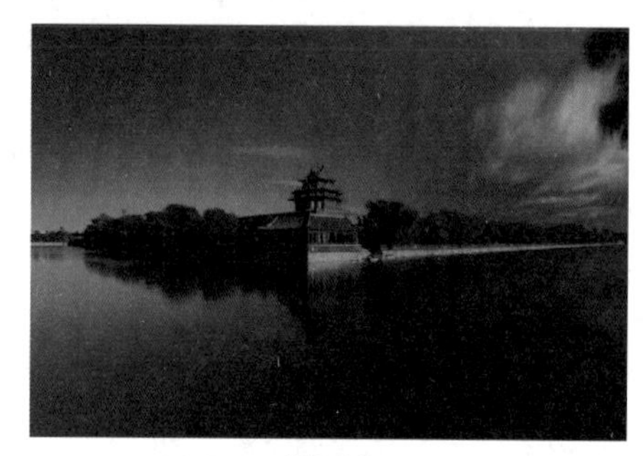

图3.73

图层
类型
正常
不透明度：100%
锁定：
填充：100%
EI8A9634.JPG
堆栈模式：平均值

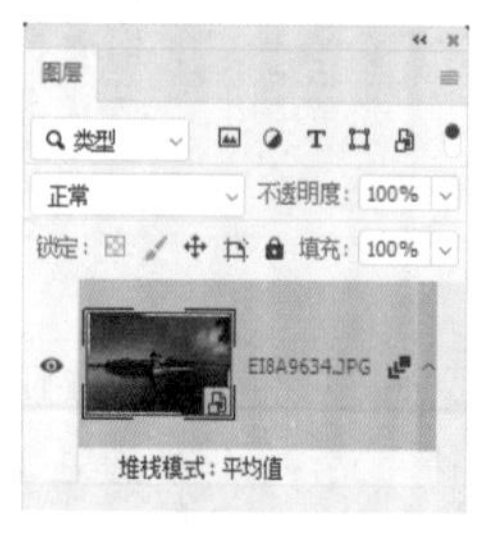

图3.74

在设置了堆栈模式，确认不需要对该图层做任何修改时，可以在其图层名称上右击，在弹出的快捷菜单中选择“栅格化图层”选项，将其转换为普通图层，然后再右击，在弹出的快捷菜单中选择“转换为智能对象”选项，将其再次转换为智能对象。

通过上面的操作，我们已经基本完成了流云效果的合成，此时照片整体仍然存在严重曝光不足的问题，下面来进行校正处理。

05 执行“滤镜”→“Camera Raw”命令，进入Camera Raw界面，首先在“基本”面板中，大幅度增加“曝光”值，如图3.75所示，使曝光不足的画面获得正常的曝光，如图3.76所示。

基本
白平衡
原照设置
色温
0
色调
0
曝光
+2.35
对比度
0

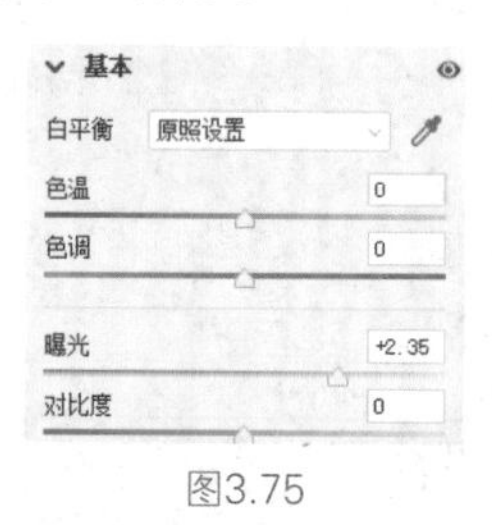

图3.75

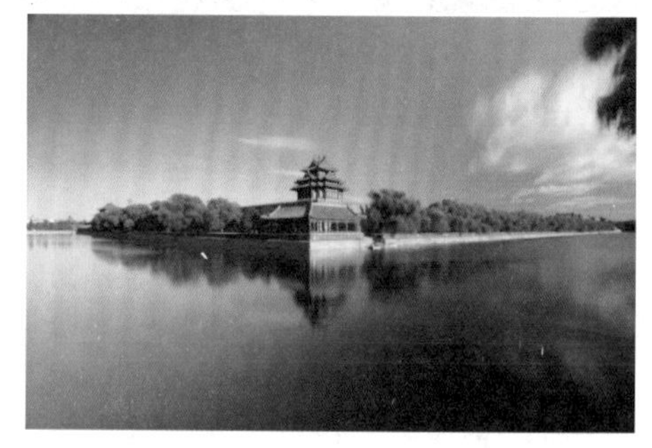

图3.76

06 提亮曝光后发现画面中阴影部分还是偏暗，需要继续调整。在“基本”面板中，分别调整“阴影”“高光”“黑色”和“白色”值，如图3.77所示，得到如图3.78所示的效果。

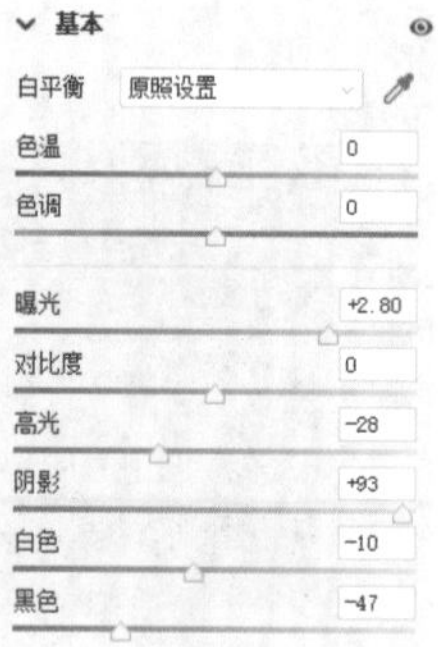
基本
白平衡
原照设置
色温
0
色调
0
曝光
+2.80
对比度
0
高光
-28
阴影
+93
白色
-10
黑色
-47

图3.77

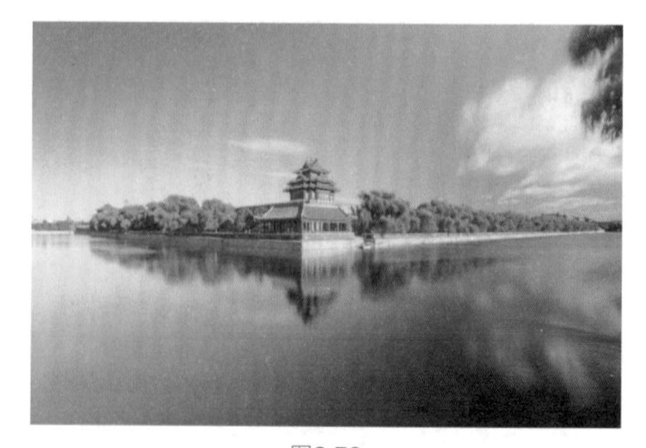

图3.78

07 接下来修改“纹理”“清晰度”及“去除薄雾”参数如图3.79所示，得到如图3.80所示的效果。

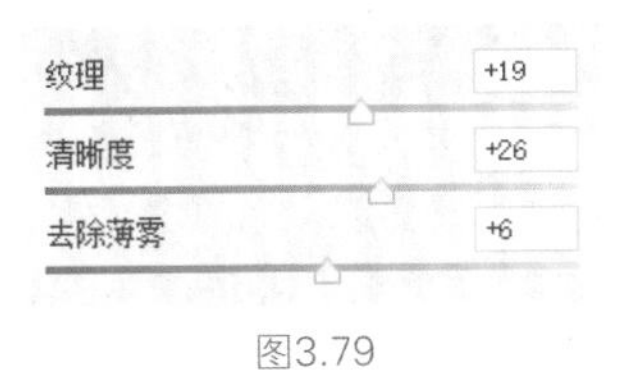

图3.79

图3.80

08 最后增大“自然饱和度”和“饱和度”值，如图3.81所示，增强画面的色彩感，得到如图3.82所示的最终效果。

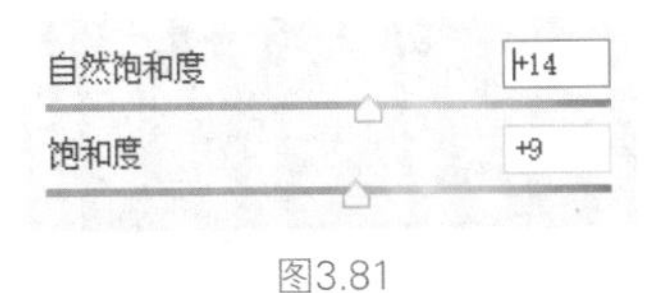

图3.81

图3.82

3.4 打造奇幻风格流云黑白风光照片

在网络上经常会看到两类黑白照片，第一类黑白照片的所有细节都清晰可见，给人一种和风细雨的感觉，画面的对比不会特别强烈，但所有的景物都是清晰可见的，只是用深浅不一的灰调进行展示；另一类黑白照片的对比反差比较大，画面比较有戏剧性和张力，但很多细节都会淹没在暗调中。在本例中，将详细讲解将一张在阳光下拍摄的非常亮丽的照片调修为明暗对比强烈、张力十足的黑白照片，详细的操作步骤如下。

01 在Photoshop中打开素材文件夹中的“第3章\3.4-素材.jpg”文件，如图3.83所示，在画面中右击，在弹出的快捷菜单中选择“转换为智能对象”选项，得到“图层0”，按快捷键Ctrl+J复制“图层0”图层得到“图层0拷贝”图层。

图3.83

02 选中素材照片中的云彩，制成流云效果。选择“图层0拷贝”图层，然后使用“快速选择工具”，将天空部分选中，如图3.84所示。

图3.84

03 执行“滤镜”→“模糊画廊”→“路径模糊”命令，在弹出的对话框中绘制两条如图3.85所示的路径，在右侧设置如图3.86所示的参数，得到如图3.87所示的效果。

图3.85

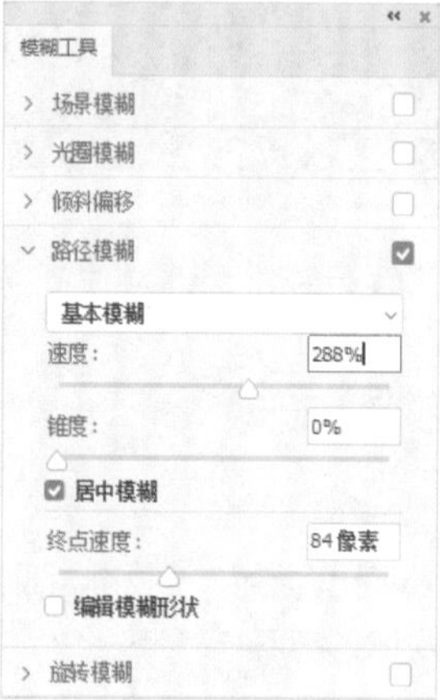

图3.86

图3.87

04 单击“创建新的填充或调整图层”按钮，在弹出的菜单中选择“黑白”选项，得到“黑白1”调整图层，在弹出的对话框中选择工具，在蓝天区域向左拖动，使蓝天变成黑色，此时的参数如图3.88所示，得到如图3.89所示的效果。

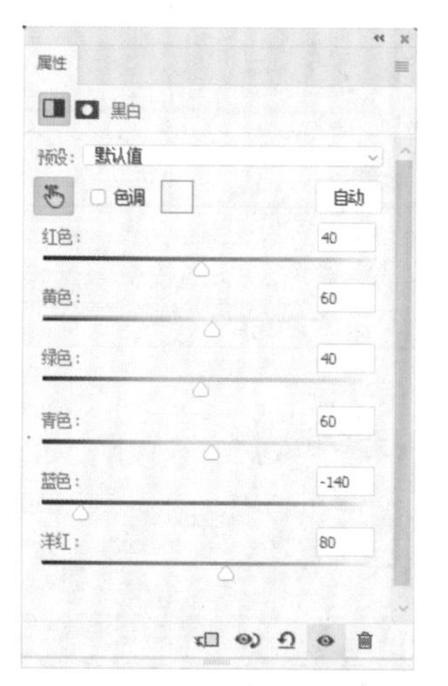

图3.88

图3.89

05 增强画面左侧1/3区域的明暗对比，单击“创建新图层”按钮，按快捷键Ctrl+Shift+Alt+E盖印图层，得到“图层1”，设置图层混合模式为“叠加”。按住Alt键单击“添加图层蒙版”按钮为“图层1”添加黑色蒙版。设置前景色为白色，选择“画笔工具”并设置合适的画笔大小，涂抹左侧的山峰，得到如图3.90所示的效果，此时的“图层”面板和蒙版如图3.91所示。

图3.90

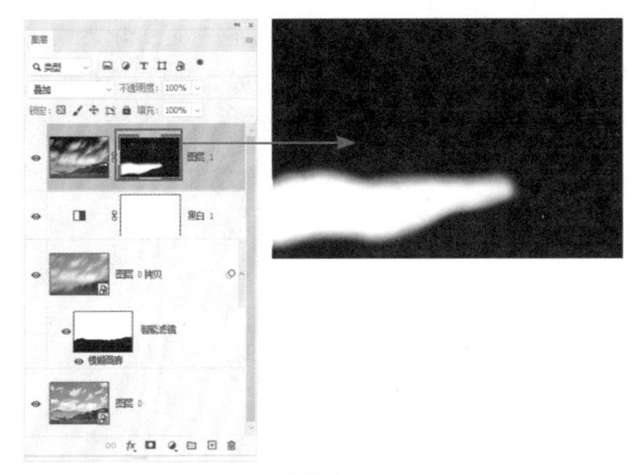

图3.91

06 单击“创建新图层”按钮得到“图层2”，设置图层混合模式为“柔光”，设置前景色为黑色，选择“画笔工具”并设置合适的画笔大小，涂抹前景的平地，然后设置图层不透明度为76%，得到如图3.92所示的效果。

图3.92

07 观察画面发现右侧的山峰偏黑了，需要改善，单击“创建新图层”按钮得到“图层3”，设置图层混合模式为“柔光”，设置前景色为白色，选择“画笔工具”并设置合适的画笔大小、“流量”值为13%，涂抹右侧的山峰，得到如图3.93所示的效果。

图3.93

08 对左侧山峰区域进行压暗处理，单击“创建新图层”按钮得到“图层4”，选择“渐变工具”，设置前景色为深灰色，如图3.94所示，在工具选项栏中选择前景色到透明的线性渐变，然后在左侧山峰处由上至下拖一条直线，调整渐变图层使其渐变覆盖山峰，然后设置图层混合模式为“颜色加深”，并将图层不透明度降低，如图3.95所示。

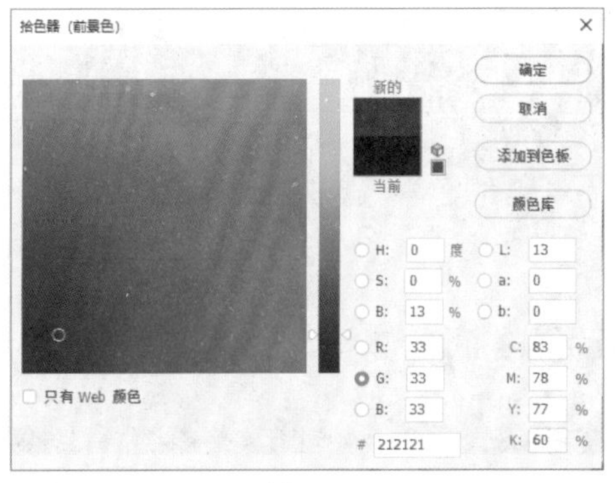

图3.94

图3.95

09 创建选区，使渐变只作用于山峰区域。选择“图层0拷贝”图层的蒙版，按住Ctrl键单击蒙版，载入选区，然后选择“图层4”，单击“添加图层蒙版”按钮创建蒙版，在蒙版“属性”面板中选择“反相”复选框，得到如图3.96所示的效果。

图3.96

10 现在的渐变覆盖范围超出了山峰需要加深的范围，所以需要恢复一些区域。设置前景色为黑色，选择“画笔工具”并设置合适的画笔大小、“流量”值为66%，涂抹需要恢复的山峰，得到如图3.97所示的效果，此时的蒙版如图3.98所示。

图3.97

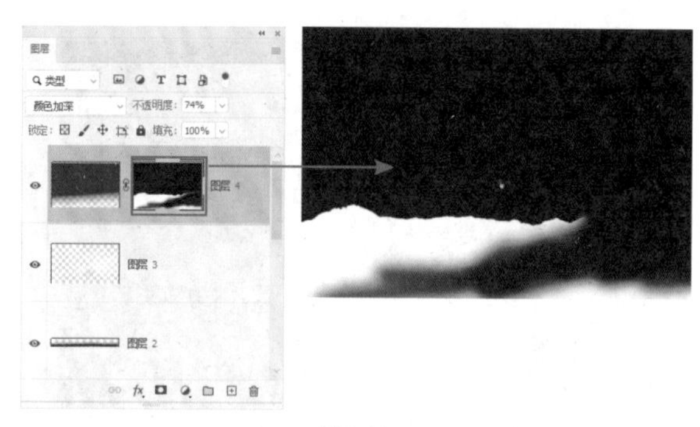

图3.98

11 再提亮一些右侧山峰光线照射到的地方，这样能够形成特别明显的明暗反差。单击“创建新图层”按钮得到“图层5”，设置前景色为白色，选择“画笔工具”并设置合适的画笔大小、“流量”值为66%，单击光线照射到的地方，使白色覆盖所需区域，如图3.99所示。

图3.99

12 在上一步画笔点涂操作后，右击并在弹出的快捷菜单中选择“混合选项”选项，因为需要将白色区域落在下方的山峰上，因此在弹出的“图层样式”对话框中选择“下一图层”，按住Alt键使滑块分开，调整滑块位置如图3.100所示，单击“确定”按钮关闭对话框，得到自然的受光效果，如图3.101所示。

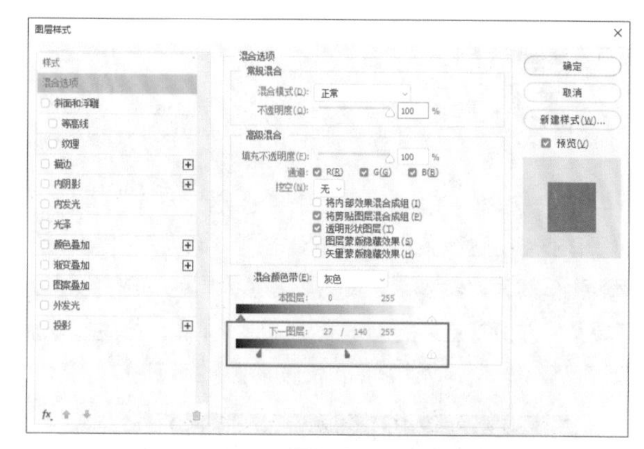

图3.100

图3.101

13 经过上一步操作后，发现左侧的两个受光面效果不强，使用“套索工具”将两个受光面选中，然后按快捷键Ctrl+J复制图层，得到“图层6”，调整图层“不透明度”值为39%，得到如图3.102所示的效果。

图3.102

14 为了凸显山坡上的羊群，使它们变为画面的兴趣中心，隐藏除“图层0拷贝”外的所有图层。使用“套索工具”圈选羊群并单击“创建新的填充或调整图层”按钮，在弹出的菜单中选择“曲线”选项得到“曲线1”调整图层，在弹出的“属性”面板中选择“蒙版”选项卡，单击“颜色范围”按钮，在弹出的“色彩范围”对话框中设置参数，如图3.103所示，使星星点点的羊刚好被选中，单击“确定”按钮关闭对话框。

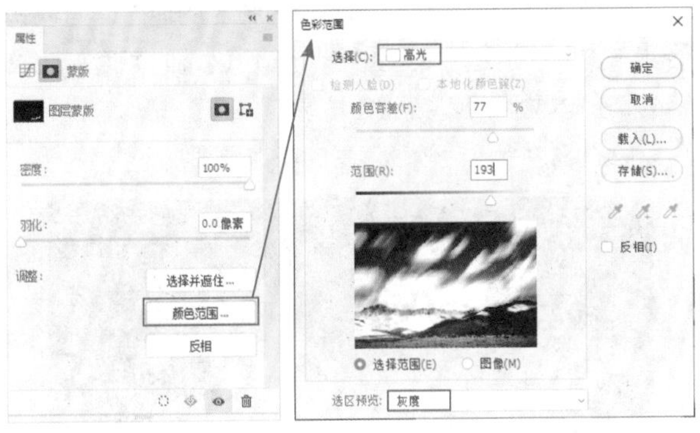

图3.103

15 将“曲线1”调整图层拖至“图层”面板的顶部，然后进入其“属性”面板，调整曲线为如图3.104所示的状态。显示隐藏的图层，观察应用“曲线”调整图层后的效果。如果觉得效果不明显，可以再复制一个“曲线1”调整图层，以增强羊群的提亮效果。通过以上所有步骤的操作，得到了一幅在明暗对比上非常强烈，且有戏剧性和张力的黑白风光照片，如图3.105所示，最终的“图层”面板如图3.106所示。

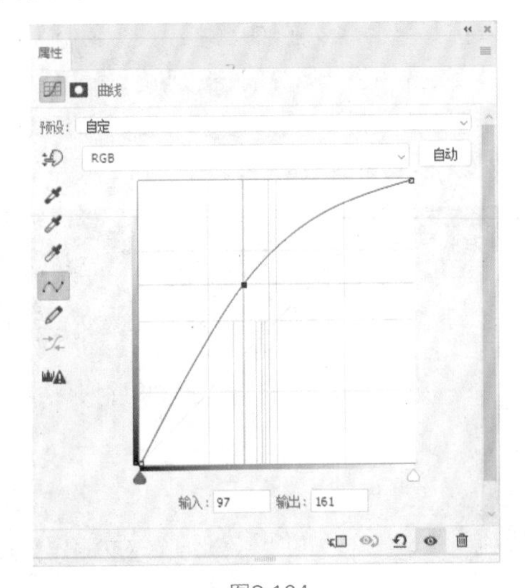

图3.104

图3.105

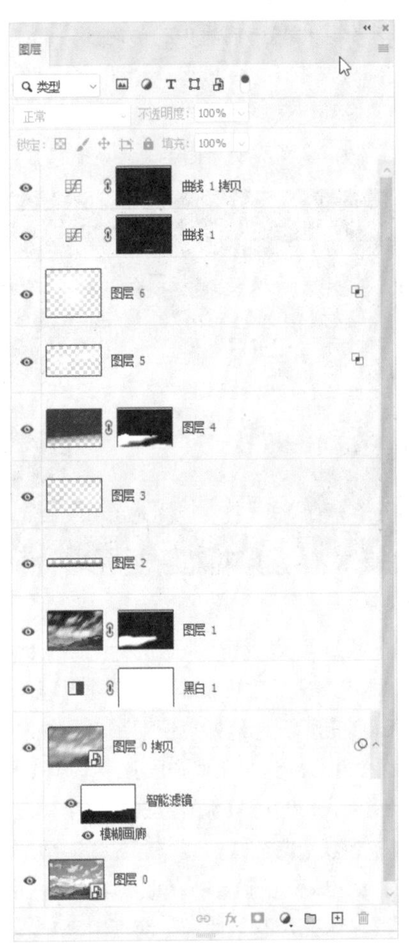

图3.106

3.5 亮度蒙版

3.5.1 什么是亮度蒙版

亮度蒙版是从 Photoshop 中的图层蒙版功能衍生出来的一个近几年用得比较多的功能，具体来说，是利用“通道”面板中所提供的各个通道，载入图像的亮度信息转为选区，再利用这个选区在“图层”面板中创建调整图层。

以图 3.107 所示的照片为例，可以尝试利用通道中的一些基本亮度信息，将其中的黄色部分选中，或者尝试将天空部分选中，之后即可在“图层”面板中，对某一部分的图像利用调整图层结合这个选区所生成的蒙版，就是亮度蒙版，从而实现对指定范围的调整。

图3.107

当然，调整图层和亮度蒙版的搭配属于比较常见的组合，除此之外，亮度蒙版其实和普通图层蒙版相同，也适用于其他的情况，例如需要对某个图像进行一定的合成，那么就可以对这个普通图层应用亮度蒙版。总之，可以按照使用正常图层蒙版的方式来使用亮度蒙版。只不过亮度蒙版获取的方式主要是通过通道中已有色彩的基本信息，经过一定的调整，获取的某一部分的选区。

进入某一张照片的“通道”面板中，一般都有四个通道，第一个是 RGB 复合通道，其他三个是原色通道（即 R 红、G 绿、B 蓝）。单击相应的通道后，它也会根据画面中所包含的相应颜色的信息，产生了不同亮度的通道。

仍然以图 3.106 所示的照片为例，单击 RGB 通道查看整体效果，可以看到中间天空的区域有比较多的蓝色，建筑物上有比较多的黄色，那么对于蓝通道来说，可以看到除中间的蓝天白云区域外，其他蓝色的区域就表现得非常亮，如图 3.108 所示，也就是说，在蓝通道中，所包含的蓝色信息是比较多的。对于建筑物上的黄色区域，由于黄色和蓝色是对比色，有黄色的地方，蓝色就会非常少，在通道中也能够看到黄色区域的亮度是比较暗的，整体说明所包含蓝色信息的分布情况，这就是各个原色通道中所包含颜色信息的基本原理。

图3.108

在绿色和红色通道中，像建筑物上的黄色区域，所包含的红色还有绿色相对会多一些，所以在建筑物对应的区域就会显得亮一些，如图 3.109 和图 3.110 所示。

依据通道呈现亮度图像的基本原理，我们可以根据需要，例如要选中蓝天以外的一定范围，就可以利用它现有的通道信息，进行一定的编辑，从而得到亮度蒙版，然后再对图像相应的区域进行调修。

图3.109

图3.110

以当前图像的蓝通道为例，按住 Ctrl 键单击缩略图载入其选区，然后返回 RGB 复合通道，再切换到“图层”面板中，接下来就可以利用这个选区进行调整，例如创建一个曲线调整图层，如图 3.111 所示，拖动曲线后可以看到，受影响的区域就是中间的天空部分，因为刚刚载入的选区就是天空的区域比较多，所以创建亮度蒙版后，相应的调整幅度就要大一些，其他区域调整的幅度就会很小，如图 3.112 所示。

图3.111

图3.112

对于“图层”面板中“曲线 1 ”调整图层的蒙版，就可以称为“亮度蒙版”，和图层蒙版一样，可以按住 Alt 键来单击该蒙版，进入查看图层蒙版内容的状态。

如果将曲线复位，再按住 Alt 键单击该蒙版，可以发现它和蓝通道是没有任何区别的，因为在没有进行任何编辑的情况下，直接载入了蓝通道的选区，然后将其创建成“曲线 1 ”调整图层的图层蒙版，这就是一个最基本的创建亮度蒙版的过程。同理，绿色和蓝色及 RGB 复合通道，也是相同的，包括载入选区的方法。

3.5.2 掌握能分区精细调色的亮度蒙版的基本用法

本小节讲述亮度蒙版的一些基本操作流程。当我们处理一幅照片时，并不是一开始就要用亮度蒙版对各个区域进行一定的处理，而是像平时调整照片一样，先对照片的整体进行初步分析，查看其存在哪些问题。对于亮度蒙版来说，主要是选择某一个范围，也就是针对照片的局部来进行处理，所以如果在整体上存在一定校正的必要性，那么可以先对整体做一个初步处理。如果整体初步处理好后，没有进一步优化的必要了，而这张照片的局部还存在一些问题，此时再考虑使用亮度蒙版进行局部处理。下面详细讲解具体的操作步骤。

01 打开素材文件夹中的“第3章\3.5.2-素材.png”文件，如图3.113所示。在这张照片中可以看到画面的整体存在一定的偏色，对于这张照片来说，可能会在后续的处理过程中，对山体的暗部进行处理，并增强天空中暖调和冷调的色彩，使其形成冷暖对比效果，所以会先从校正整体的偏色开始。

图3.113

02 单击“创建新的填充或调整图层”按钮 ，在弹出的菜单中选择“曲线”选项，得到“曲线1”调整图层，在“属性”面板中选择绿通道，调整绿色通道的曲线，如图3.114所示，然后选择蓝通道，调整蓝色通道的曲线如图3.115所示，增强画面整体蓝色色调，得到如图3.116所示的画面效果。

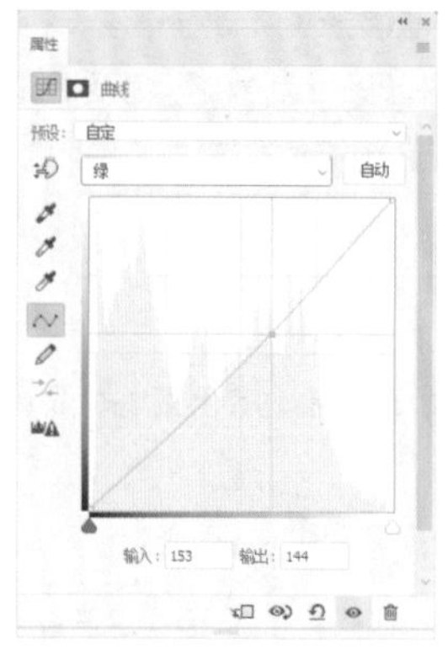

图3.114

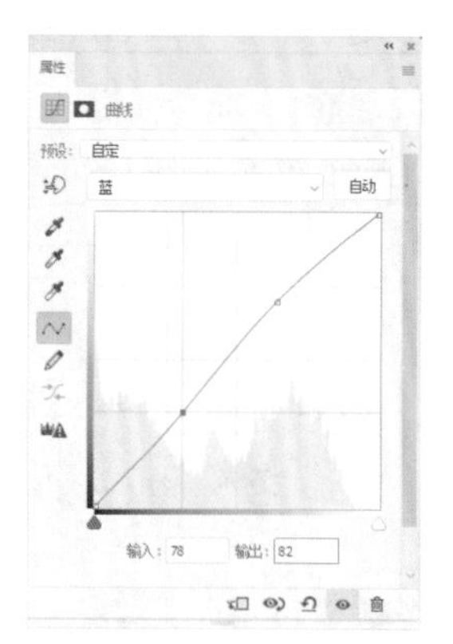

图3.115

图3.116

初步对整体的色彩进行调整后，山崖部分还有一些偏绿色，这种情况就很难通过整体调整将偏绿的色彩校正过来，此时可以考虑使用亮度蒙版对局部区域进行处理。包括暖调色彩区域也要单独进行增强处理，下面从暖调色彩区域开始处理。

03 选中“曲线1”调整图层的缩略图，在不选中图层蒙版的状态下，打开“通道”面板，选择一个暖调色彩和周围图像对比最强烈的通道，分别选择三个通道后发现红色通道相对比较好，如图3.117所示。

注意

在进行第3步操作时要注意，如果选中了“曲线1”调整图层的图层蒙版，在“通道”面板中单击各个通道时，无法直接观察每个通道的状态，所以在“图层”面板中，不要选中“曲线1”调整图层的图层蒙版。

图3.117

04 以红色通道为基础，制作一个新通道作为后面处理的亮度蒙版。将红通道拖至“创建新通道”按钮上得到“红 拷贝”通道，按快捷键Ctrl+L调出“色阶”对话框并调整参数，如图3.118所示，让黑色区域更多一些，保留暖色区域，将其变为较亮的效果，如图3.119所示。

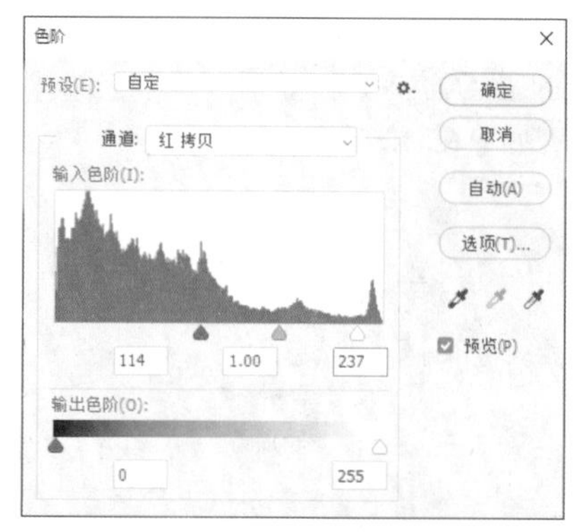

图3.118

图3.119

应用“色阶”后，发现山体部分也包含了一定的暖色，所以通过色阶调整，仍然有一些多余的图像，此时单纯使用调整命令也无法将这些多余图像去除，所以可以考虑使用绘图工具编辑此区域。在此处的编辑又可以使用两种方法，第一种是直接使用绘图工具来编辑当前的“红拷贝”通道；第二种是先应用这个亮度蒙版，在蒙版中对范围进行编辑。相对来说，在蒙版中进行编辑更好，因为在调整了一定的效果后，编辑时进行观察可能会更直观。此处，选择第二种方法。

05 按住Ctrl键单击“红 拷贝”通道的缩略图，载入选区，如图3.120所示，单击 RGB 复合通道返回图像编辑状态，再切换回“图层”面板。

图3.120

06 单击“创建新的填充或调整图层”按钮 ，在弹出的菜单中选择“色彩平衡”选项，得到“色彩平衡1”调整图层，在弹出的“属性”面板中分别调整“中间调”“高光”和“阴影参数”，如图3.121~图3.123所示，得到如图3.124所示的效果。

图3.121

图3.122

图3.123

图3.124

接下来调整山崖的暗部区域。同样作为暗部区域，如左侧的海面，在处理的过程中，也会受到一定的影响，还是先进入“通道”面板，选择一个对比明显的通道。

07 切换到“背景”图层，进入“通道”面板，依次单击各个通道，找出山崖和其他图像对比较强烈的通道，可以看到蓝通道比较合适，复制蓝通道得到“蓝 拷贝”通道，按快捷键Ctrl+I执行反向操作，得到山崖较亮的效果，如图3.125所示。

图3.125

08 按快捷键Ctrl+L调出“色阶”对话框并调整参数，如图3.126所示，得到如图3.127所示的效果。

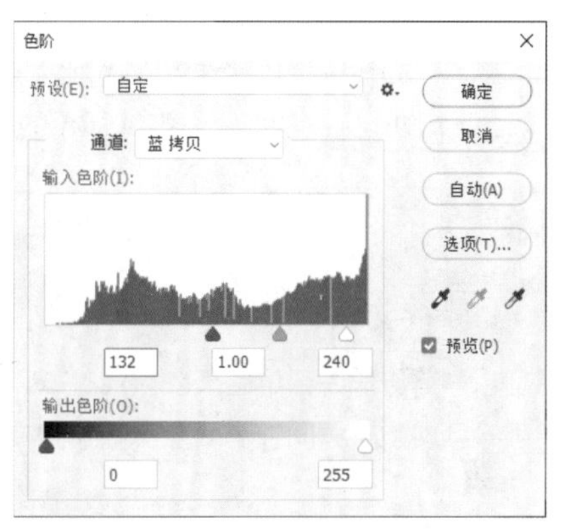

图3.126

图3.127

注意

一般在调整亮度蒙版时，除非是特殊需要，否则在选择局部区域时，都会在其中保留一定的灰色，而不是将图像调整为纯黑或纯白的效果，这样调整出来效果越强烈，那么图像边缘的过渡就会很生硬。一般我们都是希望画面能有比较柔和、自然的过渡，所以要保留一定的灰色，以减弱调整效果，使其呈现比较自然的过渡。

09 按住Ctrl键单击“蓝 拷贝”通道的缩略图，载入选区，如图3.128所示，然后单击 RGB 复合通道返回图像编辑状态，再切换回“图层”面板，选择顶部图层。

图3.128

10 单击“创建新的填充或调整图层”按钮 ，在弹出的菜单中选择“曲线”选项，得到“曲线2”调整图层，在弹出的“属性”面板中选择绿通道，将绿色通道曲线向下压，如图3.129所示，得到如图3.130所示的效果。

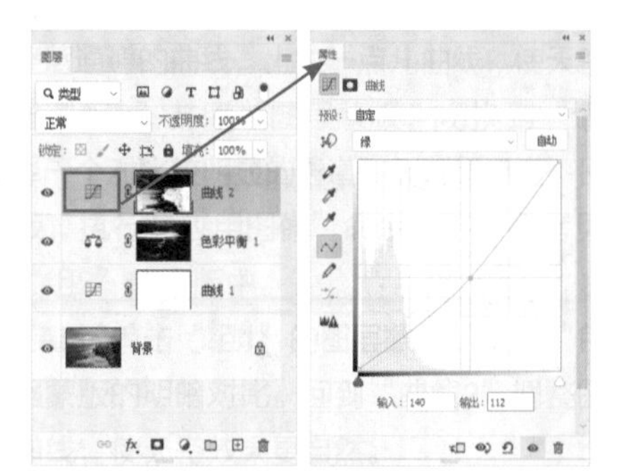

图3.129

图3.130

观察应用“曲线 2”的画面时可以看出，左侧海面有一些泛紫色，有些像绿色调整过度了，因为海面本身包含的绿色就很少，减到一定程度绿色被减没了，就会增加洋红色，最终使海面呈现偏紫色的现象。有两种解决方法，第一种是继续利用现有的亮度蒙版，建立调整图层，然后再对海面单独进行校正颜色处理；第二种是在“曲线 2”的调整图层蒙版中，将海面区域涂抹掉。

11 在选中“曲线2”调整图层蒙版的状态下，按住Alt键单击蒙版缩略图进入其调整状态，设置前景色为黑色，选择“画笔工具”，右击并设置合适的画笔大小、“硬度”值为66%，对左侧海面和天空区域进行涂抹，得到如图3.131所示的效果。单击“图层”面板中的其他缩略图退出图层蒙版编辑状态，此时画面中海面的紫色减弱了，如图3.132所示。

图3.131

图3.132

虽然海面的偏紫色问题减弱了，但是还有一些色彩偏差的问题，还存在偏灰的问题，我们可以进一步做优化处理。在此可以利用前面制作的“蓝拷贝”通道，利用该通道的选区，将海面部分选中进行色彩优化处理。

12 在“通道”面板中，选择“蓝拷贝”通道，按住Ctrl键载入选区，回到“图层”面板，单击“创建新的填充或调整图层”按钮 ，在弹出的菜单中选择“曲线”选项，得到“曲线3”调整图层，现在可以明确知道右侧的山崖部分是不需要处理的，按住Alt键单击蒙版缩略图进入其调整状态。设置前景色为黑色，选择“画笔工具”，右击并设置合适的画笔大小、“硬度”值为66%，将右侧的山崖全部涂抹掉，得到如图3.133所示的效果，单击“图层”面板中的其他缩略图，退出图层蒙版编辑状态。

图3.133

13 调出“曲线3”的“属性”面板，分别调整绿、蓝和RGB曲线，如图3.134~图3.136所示，得到如图3.137所示的效果。

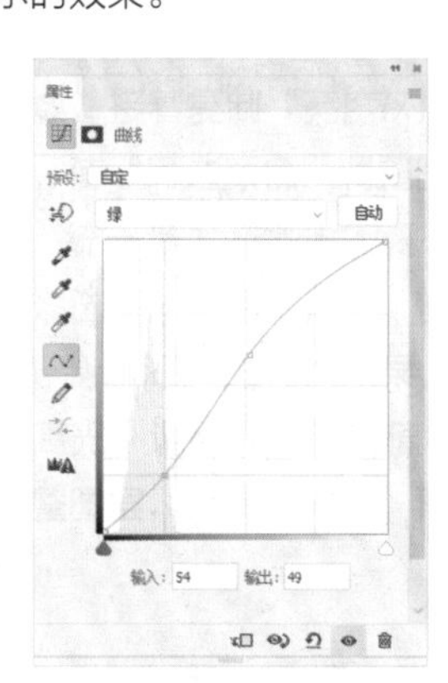

图3.134

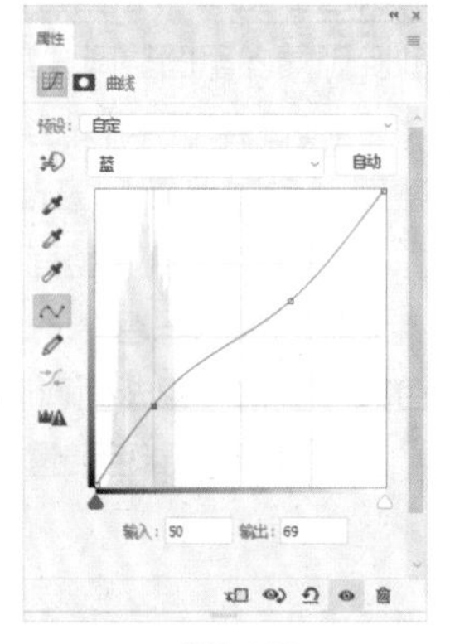

图3.135

到此，整张照片的调整和针对大片区域的局部处理，就大致完成了，还剩下一些细节的调整，这些调整在没有亮度蒙版参与的情况下，基本上也能完成，这里就不做演示了。图 3.138 所示为对画面进一步优化后的最终图像效果，最终的“图层”面板如图 3.139 所示。

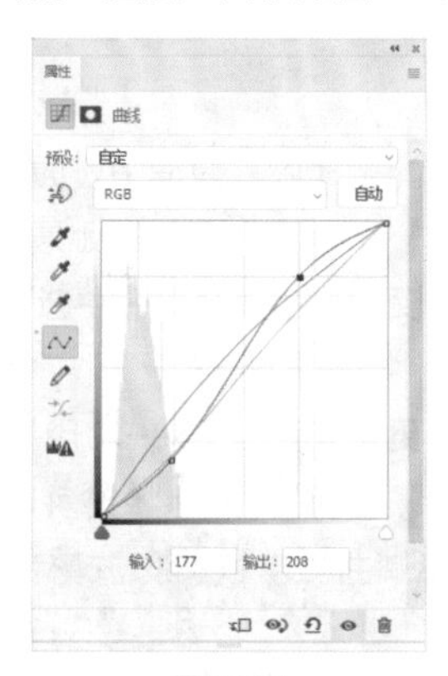

图3.136

图3.137

图3.138

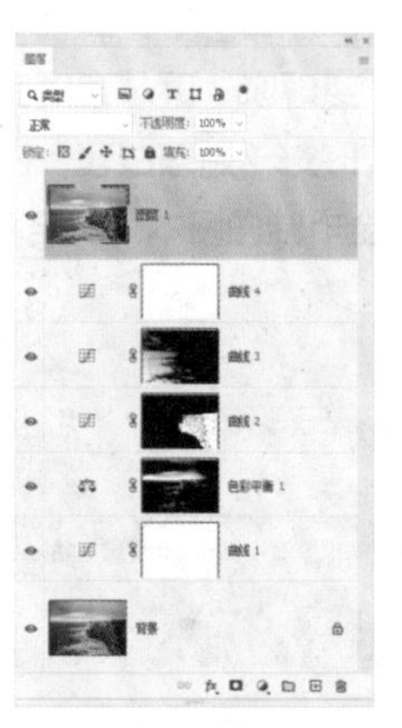

图3.139

3.5.3 用调色命令辅助生成亮度蒙版

在本小节中，学习通过使用调整命令得到亮度蒙版的方法。

这个调整命令实际上是在编辑通道的过程中，常用的一种工作方式。基本上就是先挑选一个能够初步满足选择需要的基础通道，然后在该通道的基础上利用调整命令增强其对比度，一直调整到能够将所需要的区域选中为止。下面讲述使用调整命令得到亮度蒙版的具体操作步骤。

01 打开素材文件夹中的“第3章\3.5.3-素材.png”文件，如图3.140所示。在本例中，需要选中素材照片中的植物范围来创建亮度蒙版。

图3.140

要选中植物的范围，就要将其和周围图像保持最大的对比效果。最直接的方法就是在通道中将植物的范围处理成白色，然后其他区域处理成黑色。在实际处理过程中，这张照片可能无法直接实现，此时需要找到一个让植物和其他区域有最强烈对比的通道，而不是绿色是最亮的，其他区域都是暗的通道。

02 打开“通道”面板，分别观察红、绿、蓝三个通道，发现在蓝通道中，绿色和其他区域的对比是最强烈的，如图3.141所示。

图3.141

03 将蓝色通道拖至“创建新通道”按钮上，得到“蓝 拷贝”通道，按快捷键Ctrl+I执行反相操作，再按快捷键Ctrl+L调出“色阶”对话框，设置参数如图3.142所示，尽可能将植物区域变为白色，其他区域变成黑色，如图3.143所示。

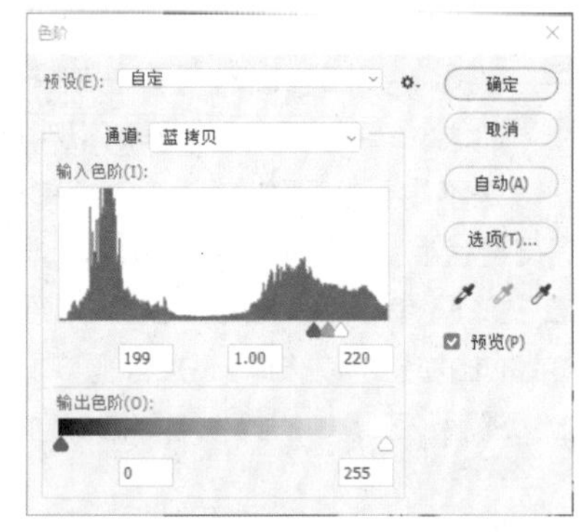

图3.142

图3.143

04 按住Ctrl键单击“蓝 拷贝”通道载入选区，选择RGB通道，返回“图层”面板，单击“创建新的填充或调整图层”按钮 ，在弹出的菜单中选择“色彩平衡”选项，得到“色彩平衡1”调整图层，在“属性”面板中调整“中间调”和“阴影”参数如图3.144和图3.145所示，得到如图3.146所示的效果。

图3.144

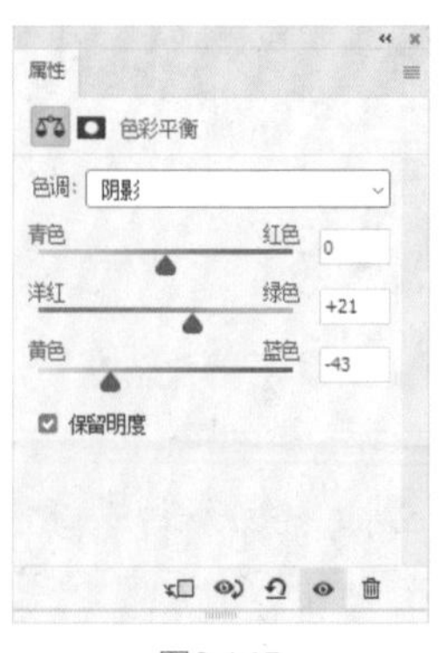

图3.145

图3.146

仔细观察画面，可以看到右下角的区域多选择了一部分，或多或少也有一些被多选或少选的范围。在这种情况下，可以看到对整体的效果有比较大的负面影响，接着对画面做进一步编辑。

05 在选中亮度蒙版的状态下，设置前景色为黑色，选择“画笔工具”并右击，设置合适的画笔大小，“硬度”值为0%，放大画面，在多选的绿色图像上涂抹，以去除对这部分的影响，处理后的效果如图3.147所示。

图3.147

06 设置前景色为白色，用“画笔工具”在没有选中的植物上涂抹，以增加这部分的调整效果，处理后的效果如图3.148所示。

图3.148

注意

用“画笔工具”涂抹的过程中，对于比较大的区域，可以使用很大的画笔，对于比较细致的区域，就需要使用小一些的画笔，还要设置“不透明度”参数，主要是为了得到过渡比较柔和的边缘。

以上就是用调色命令辅助生成亮度蒙版的操作方法。基本的思路通常都是在通道中选取一个需要选中的范围和其他区域对比最强烈的通道，然后可能需要结合反向命令将所需要的范围变成亮部，其他区域变成暗部，再结合调整命令对其进行强化对比，中间也会涉及细节的取舍，对于要选中的区域和无须选中的区域，二者之间要取得平衡，并比较仔细地去调整参数，从而获取到一个最佳的选择范围。

3.5.4 用“计算”命令生成亮度蒙版

在本小节中，讲述使用通道计算来获取亮度蒙版的方法。通道计算是一个相对比较复杂、抽象的功能，其基本工作原理是由指定的两个通道，然后利用混合模式和不透明度设置来进行计算，将两个通道融合到一起。

当选中一个合适的通道后，执行“图像”→“计算”命令，弹出“计算”对话框，如图 3.149 所示。

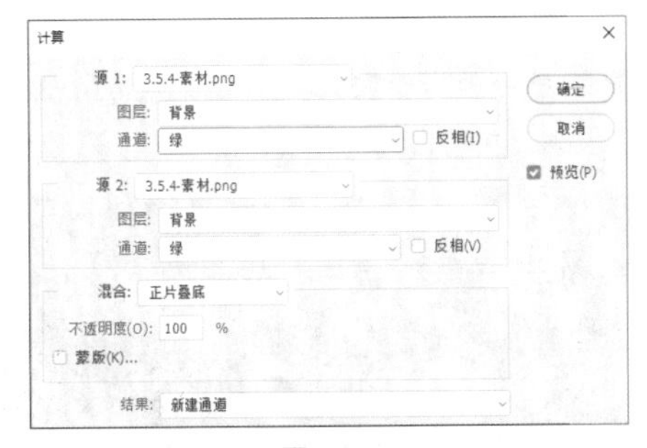

图3.149

“计算”对话框中的主要参数用法如下。

- 源1、源2：选择用于通道混合的源始文件。
- 图层：如果源文件是拼合图像，只可以选择背景图层。如果源文件是分层图像，则在下拉列表中选择要用于计算的通道所在的图层，此时只对当前图层对应的通道进行计算处理。当然，在多个图层的情况下，也可以选择“合并”选项，无论照片中有多少个图层，都将其视为一个整体，相当于合并图层的结果，然后再对相应的通道进行混合。

■ 通道：根据调整需要，在此下拉列表中选择相同的通道或不同的两个通道进行混合。

■ 反相：是否对所选通道执行反向操作，然后再进行融合。

■ 混合：默认为“正片叠底”，可以根据调整需要，在此下拉列表中选择其他的混合模式。此处的混合模式与“图层”面板中的混合模式用法相同，如“源1”是变暗类型，就让两个图像相计算，将它们的暗部进行叠加，从而让暗部变得更暗。“源2”是变亮类型，刚好与变暗相反，会将整体的亮度处理得更亮。

■ 不透明度：滚动鼠标滚轮，可以快速调整该参数。“不透明度”值越低，混合模式所混合出来的效果越弱，一般情况下设置为100%。

■ 蒙版：和图层蒙版的使用方法类似，只不过在计算得到的结果中，可以选择某一个通道对混合的结果作为图层蒙版。利用这个蒙版将效果进行一定的隐藏，是一个较少用到的功能。

■ 结果：在该下拉列表中可以选择在新文档中生成计算结果、选择新通道，或者直接将计算的结果生成为选区，一般选择“新建通道”选项。

了解了“计算”对话框中的基本参数用法后，下面讲述使用“计算”命令生成亮度蒙版的具体操作步骤。

01 打开配套资源素材文件夹中的“第3章\3.5.4-素材.png”文件，如图3.150所示。

图3.150

素材照片中有一些曝光过度的区域，这些区域在视觉上有一定的负面影响，还要对暖调色彩的区域进行色彩优化的调整，所以综合这两方面来对画面进行相应的调整。

02 打开“通道”面板，观察三个通道，发现绿色通道所呈现的明暗对比最强烈，所以选择它为基础。执行“图像”→“计算”命令，在弹出的“计算”对话框中设置参数，如图3.151所示，得到Alpha 1通道，如图3.152所示。

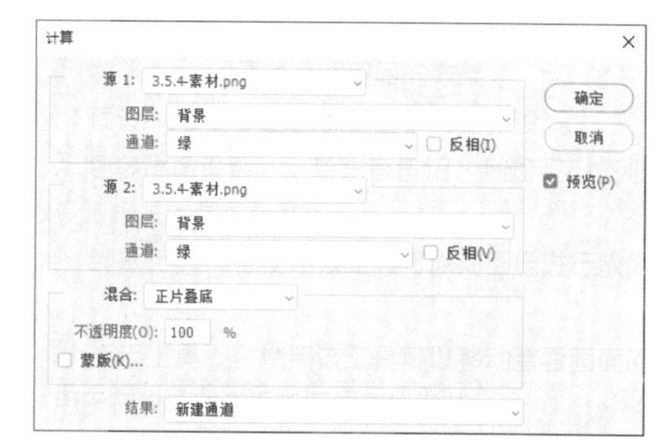

图3.151

图3.152

观察计算后的结果，再观察原图像，可以看出亮度基本上覆盖了照片中偏暖调的色彩范围。当然，我们主要想对光源附近的暖调色彩进行调整，此时使用“计算”命令很难达到预期的效果，因此还需要在这个计算结果的基础上，对画面做进一步的调整，此处使用图像调整命令。

03 将Alpha 1通道拖至“创建新通道”按钮上，得到“Alpha 1 拷贝”通道，在这个基础上进行调整。按快捷键Ctrl+L调出“色阶”对话框并设置参数，如图3.153所示，初步得到暖调光源的区域，如图3.154所示。

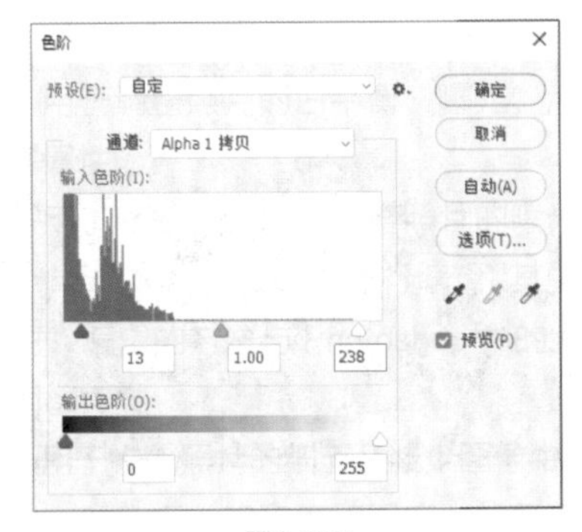

图3.153

图3.154

现在剩下的问题在于天空。对于这张照片来说，山体是非常规则的，其和暖调光源之间也有比较清晰的界线，所以直接使用“画笔工具”涂抹，或者使用“套索工具”选中去除。

04 选择“套索工具”，沿着天空区域绘制其选区，然后设置前景色为黑色，按快捷键Alt+Delete将选区填充为黑色，按快捷键Ctrl+D取消选区。通过这样操作，就调整好了暖调光源部分的选择范围，如图3.155所示。

图3.155

05 按住Ctrl键单击“Alpha 1 拷贝”通道载入选区，选择RGB通道，返回“图层”面板。单击“创建新的填充或调整图层”按钮 ◉.，在弹出的菜单中选择“色彩平衡”选项，得到“色彩平衡1”调整图层，调整“中间调”参数，如图3.156所示，得到如图3.157所示的效果。

图3.156

图3.157

06 按住Ctrl键单击“色彩平衡1”调整图层的蒙版，或者进入“通道”面板，再次载入“Alpha 1拷贝”通道的选区，在“图层”面板下方单击“创建新的填充或调整图层”按钮 ◉.，在弹出的菜单中选择“曲线”选项，得到“曲线1”调整图层，分别调整RGB和蓝曲线，如图3.158和图3.159所示，得到校正高光曝光过度且增强暖调色彩的图像效果，如图3.160所示。

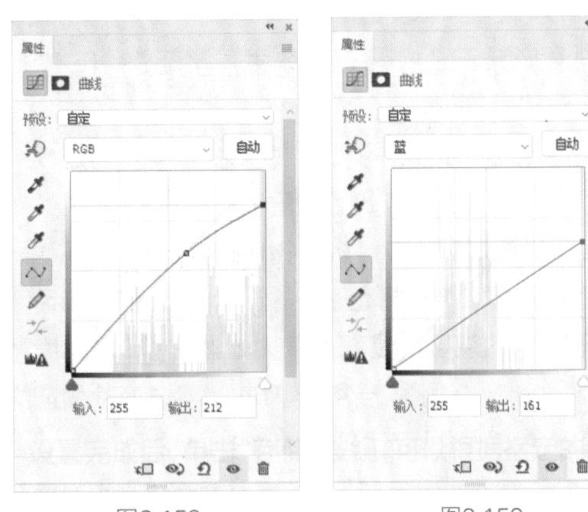

图3.158　图3.159

图3.160

至此，使用“计算”命令得到亮度蒙版的操作完毕，对于本例照片来说，还可以对其进行更多的调整，在此就不做详细讲解了。

3.5.5 直接用选区运算功能制作10级亮度蒙版的技巧

在本小节中，讲述利用选区的运算功能，制作 10 级亮度蒙版的方法。10 级亮度蒙版是分别针对照片中的亮部和暗部进行创建的，也就是分别对亮部和暗部创建 5 级的亮度蒙版。

简单来说，一般在调整照片的过程中，越复杂的画面要求越高，这样在调整时，往往会创建很多亮度蒙版，对于这些亮度蒙版，其实没有必要在用到时才逐个去创建，因为很多蒙版使用的频率都比较高，所以可以在调整之初就将其创建出来，然后在调整过程中想用就用。

在这种情况下，10 级亮度蒙版就显得比较有必要了，当然，所谓的 10 级只是一个比较常用的等级，我们可以根据照片的调整需要，根据创建过程中得到的结果，判断是否有必要创建 10 级，又或者有没有必要在 10 级的基础上再进行扩展。

下面以图 3.161 所示照片的亮度为例，创建 5 级的亮度蒙版，具体的操作步骤如下。

01 在“通道”面板中，按住Ctrl键单击RGB 通道的缩略图，载入整张照片高光区域的选区，如图3.162所示。这些不规则的选区就是以亮度为依据制作5级亮度蒙版的基础，单击“通道”面板下方的“将选区存储成为通道”按钮，保存该选区为Alpha 1通道。

图3.161

图3.162

现在针对亮度创建了第一个亮度蒙版，它相当于直接调用了照片默认的亮度。在这个基础上，继续创建更多的级别，那么每次都是将这个亮度的范围缩小一定的幅度，缩小的操作就是利用选区之间的运算实现的。

02 执行“选择”→“载入选区”命令，可以看到当前存在一个选区，在“载入选区”对话框中，可以根据需要在“文档”下拉列表中选择某一个要载入选区的源文件，在“操作”选项区域选中一个运算选项，按照本例的需要，选中“与选区交叉”单选按钮，也就是前面所说的相交选区的运算方式，如图3.163所示。

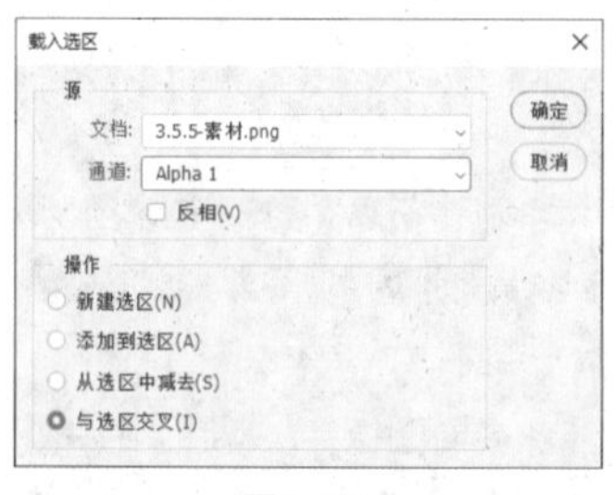

图3.163

注意

如果每次都执行“选择”→“载入选区”命令来进行选区运算，效率会比较低，可以按 Ctrl+Alt+Shift键，来执行相交选区的运算。

03 基于现有的第一级高光区域的亮度蒙版，和现有的亮度选区进行相交处理，在确定当前载入了亮度选区之后，按住Ctrl+Alt+Shift键，将鼠标放置在RGB通道的缩览图上单击，即可看到整个选区缩小了，如图3.164所示。以上操作表示在原有选区的基础上，和刚刚重新载入的选区进行相交运算，结果得到一个更小范围的选区。单击“通道”面板的“将选区存储成为通道”按钮◘，保存该选区为Alpha 2通道。

图3.164

04 进入Alpha 1和Alpha 2通道，观察画面效果，可以看到因为Alpha 2通道的范围变小了，所以其亮度要比Alpha 1低一些，如图3.165和图3.166所示。那么，另外三级的亮度蒙版，也按照类似的原理进行操作。

图3.165

图3.166

05 在创建Alpha 2通道，也就是第二级亮度蒙版后，始终要和上一个通道进行运算，也就是说，接下来的选区要和Alpha 2通道进行运算。仍然是按住Ctrl+Alt+Shift键，单击Alpha 2通道的缩略图，得到更小范围的选区，如图3.167所示，然后单击“通道”面板的“将选区存储成为通道”按钮◘，保存该选区为Alpha 3通道。

图3.167

06 继续按住Ctrl+Alt+Shift键，单击Alpha 2通道的缩略图，得到更小范围的选区，如图3.168所示，保存为Alpha 4通道。再执行一遍相同的操作，得到Alpha 5通道，如图3.169所示。

图3.168

图3.169

创建了 5 级之后，可以看到剩余的亮部范围，其实就只剩下最强烈的太阳光源的位置了，对于本例照片来说，基本上再继续做下一级亮度蒙版已经没有意义。关于高光部分的 5 级亮度蒙版，演示到这里就结束了。

07 接下来创建暗部选区，方法与亮度蒙版基本相同，唯一的区别就是先按Ctrl键再单击RGB通道略缩图，载入整体的亮部选区，然后执行“选择”→“反选”命令，进行反向选择。单击“通道”面板的“将选区存储成为通道”按钮，保存该选区为Alpha 6通道，如图3.170所示。

图3.170

08 按住Ctrl+Alt+Shift键，单击通道缩略图得到选区，保存得到Alpha 7通道，然后再对Alpha 7通道进行运算得到Alpha 8通道，再通过运算得到Alpha 9和Alpha 10通道，在得到Alpha 10时，就已经完成了暗部5级的运算，此时的“通道”面板如图3.171所示。

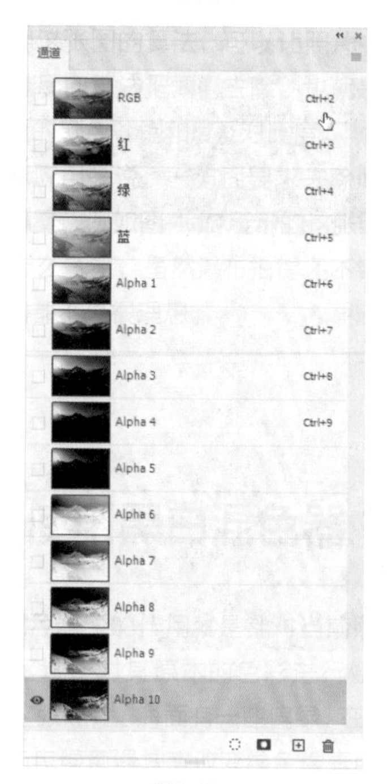

图3.171

对于本例照片来说，在创建10级亮度蒙版后，其实还有很大的增加级别的空间，此时可以根据调整需要进行处理。如果觉得有必要再创建更多的亮度蒙版，可以继续计算选区保存通道。

09 在对本例照片创建13级亮度蒙版时，弹出如图3.172所示的对话框，这是由于经过多次相交计算后，最后剩余的图像亮度没有超过50%灰，在这种情况下会提示当前选区我们看不到了，但它是真实存在的。

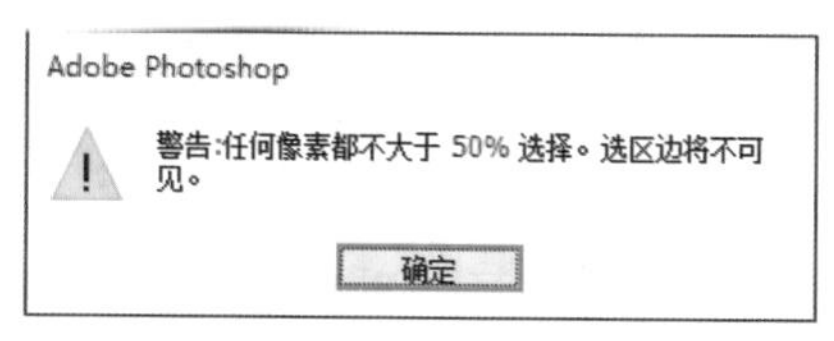

图3.172

前面演示的是以照片整体的亮部和暗部区域为主，然后创建13级亮度蒙版的方法，同理，也可以尝试分别为红、绿、蓝这三个原色通道，以它们为基础创建多级亮度蒙版，基本的方法和原理相似，在此就不做演示了。

10 在创建好多级亮度蒙版后，即可根据需要进行调整，例如想要对少量的天空高光区域做调整，可以选择某一个亮度蒙版，然后按Ctrl键单击该通道，将其选区载入，然后单击RGB通道，返回“图层”面板，再创建一些调整图层或者对图像做其他的处理即可。如图3.173和图3.174所示为载入Alpha 3通道选区后，对选区进行曲线调整后的“图层”面板及最终效果。

图3.173

图3.174

3.5.6 通过录制动作，快速制作10级以上的亮度蒙版

本小节学习利用“动作”功能快速制作 10 级甚至更多级亮度蒙版的方法。

这里所讲解的方法，是在上一小节的利用选区运算的功能结合通道，然后分别为亮部和暗部各制作 5 级亮度蒙版的基础上进行的。通过录制动作的方式，将一些重复的操作步骤录制成动作，然后在以后为其他照片创建多级亮度蒙版时，播放所录制的动作，就能快速完成这些比较烦琐、重复的操作，具体的操作步骤如下。

01 打开“动作”面板，单击“创建新组”按钮 ，在弹出的“新建组”对话框中进行重命名或使用默认名，单击“确定”按钮，得到“组1”，如图3.175所示。

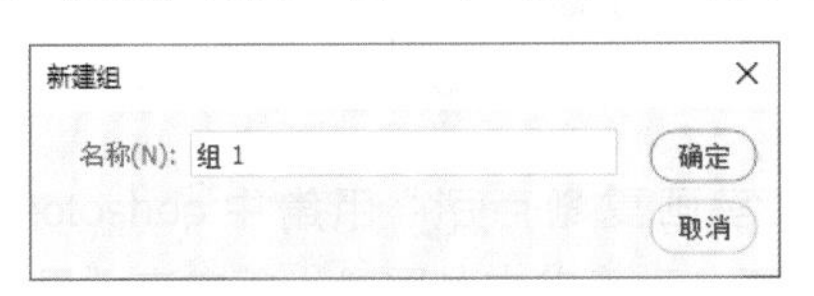

图3.175

02 创建一个具体的动作。直接单击“创建新动作”按钮 ，在弹出的“新建动画”对话框中命名为“10级亮度蒙版”，如图3.176所示，单击“记录”按钮开始记录。

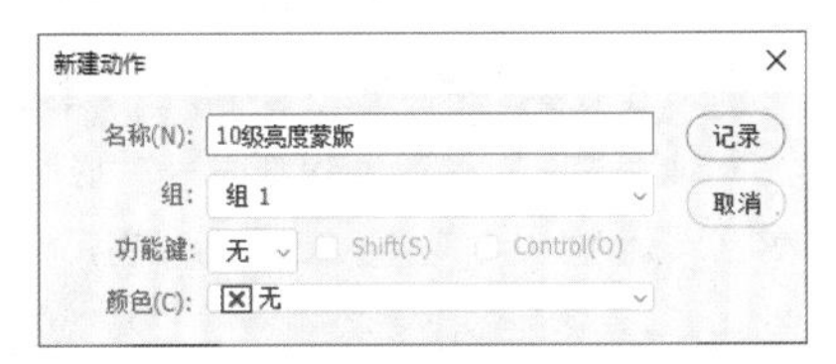

图3.176

注意

在录制动作的过程中，尽量不要出现差错，因为出现任何失误的操作，也都会被记录到动作中。如果实在要执行一些其他的编辑操作，可以先单击“停止播放/记录”按钮 ■，在停止录制后做完其他操作了，再单击“开始记录”按钮 ▸ 继续录制亮度蒙版的制作动作。

03 在动作正在录制的状态下，切换到“通道”面板，按住Ctrl键单击RGB复合通道的缩略图，载入其选区，此时可以看到在“动作”面板中，所做的操作都已经被录制上了，如图3.177所示。

04 单击“通道”面板下方的“将选区存储成为通道”按钮 ，保存该选区为Alpha 1通道。接着按住Ctrl+Alt+Shift键，单击Alpha 1通道的缩略图，得到它们相交之后的选区，接着保存为Alpha 2通道，重复此操作，最终创建Alpha 5通道，可以看到，上述的操作都被录制到动作中了，如图3.178所示。

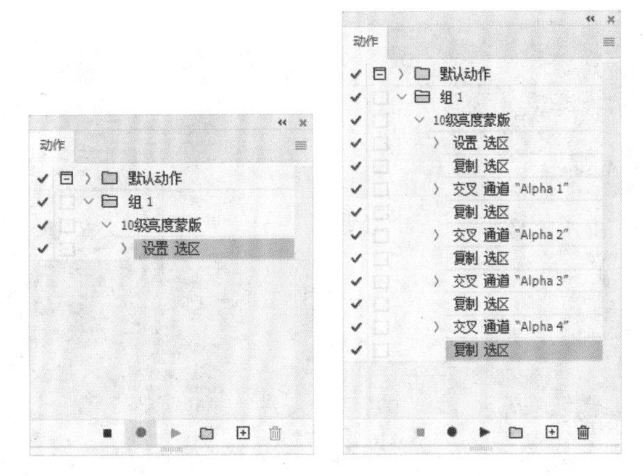

图3.177　　图3.178

05 创建暗部选区，按住Ctrl键单击RGB复合通道的缩略图，载入其选区，执行“选择”→“反选”命令，得到暗部的选区，接着单击“通道”面板下方的“将选区存储成为通道”按钮 ，保存该选区为Alpha 6通道。

06 总共利用动作录制功能，得到了累计创建10级亮度蒙版的动作。录制完毕后，单击“停止播放/记录”按钮 ■，完成整个动作的录制，可以看到所有的操作都记录在动作中了，如图3.179所示。

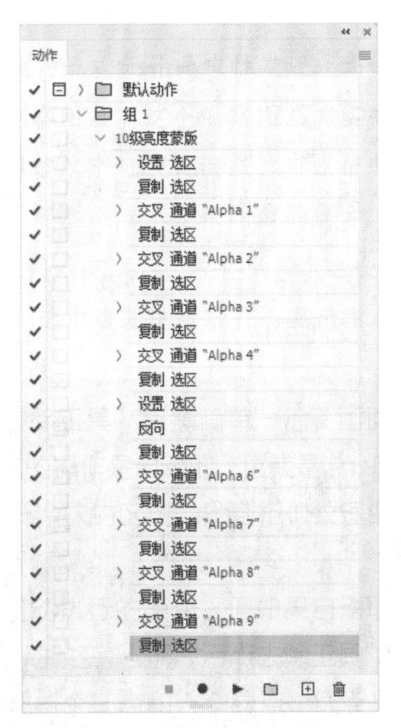

图3.179

07 下面打开其他照片，运用录制的“10级亮度模板”动作来快速创建亮度蒙版。执行“文件”→“打开”命

令，打开一张照片，如图3.180所示，然后展开“动作”面板，选择“10级亮度模板”动作，单击“播放选定的动作”按钮▸，可以看到根据动作快速创建了10个亮度蒙版的通道，如图3.181所示。

图3.180

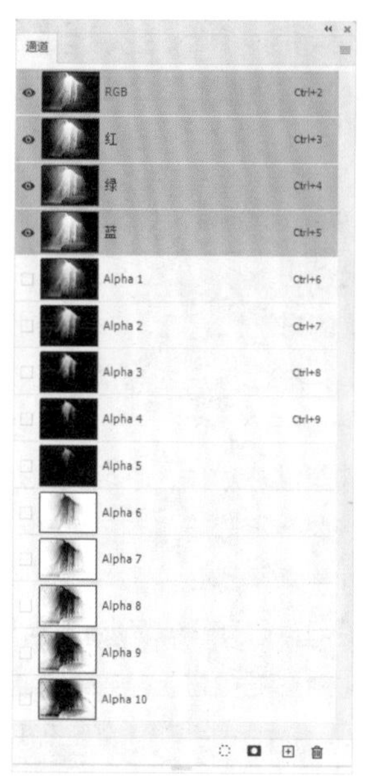

图3.181

3.6 利用通道计算的方法处理复杂的树林照片

本例素材是一张森林照片，后期处理的思路是想凸显被光线打亮的树叶，并改变这些树叶的颜色，由于树叶是没有明确边界的，想要选中树叶创建选区是非常困难的。比较好的方法是，利用通道计算的方法创建亮度蒙版，然后利用亮度蒙版配合调整功能改变树叶的色调，使画面形成冷暖或者明暗的对比反差，让照片的张力得到增强，下面讲解详细的操作步骤。

01 在Photoshop中打开素材文件夹中的“第3章\3.6-素材.jpg”文件，如图3.182所示。

图3.182

02 因为树林中露出蓝天的形状、大小以及分布都没有什么美感，所以先修补天空露出的部分。切换到“通道”面板，选择一个天空与树林对比最强烈的通道，此处的蓝通道对比最强烈，将蓝通道拖至“创建新通道”按钮上，得到“蓝 拷贝”通道，如图3.183所示。

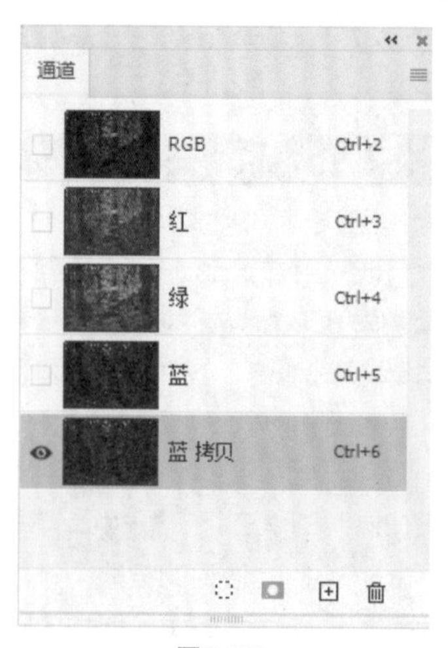

图3.183

03 执行“图像”→“调整”→“亮度/对比度”命令，在弹出的对话框中设置参数，如图3.184所示，得到蓝天变成白色、树林变暗色的效果，如图3.185所示。

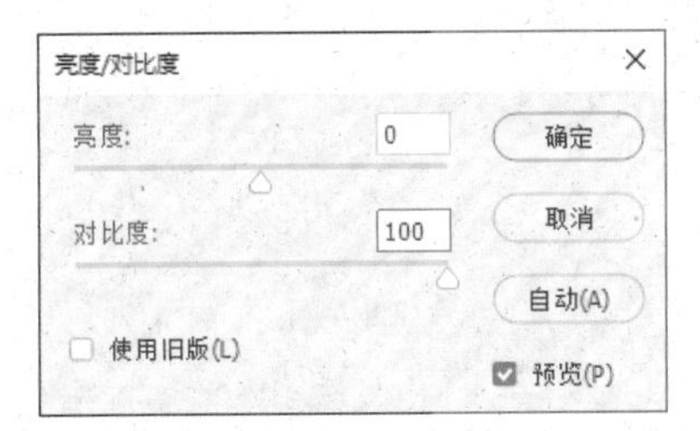

图3.184

图3.185

04 按住Ctrl键单击“蓝 拷贝”通道的缩略图，以载入选区，然后单击RGB复合通道，返回“图层”面板，单击“创建新图层”按钮⊞，创建“图层1”，选择“仿制图章”工具，右击设置适合的大小，按快捷键Ctrl+H隐藏选区线，然后按住Alt键在周边树叶处取样，对树林中的天空进行涂抹修补，全部修补后按快捷键Ctrl+D取消选区，得到如图3.186所示的效果。

图3.186

观察素材照片可以发现，画面中左右两边的树就像一个门框，形成了半封闭的框式构图，再配合底下的树干，可以让观者的视觉中心框定在中间的树叶上，所以接下来要对这两个树干做亮度处理。

05 单击“创建新图层”按钮⊞，创建“图层2”，在前景拾色器中设置色值为254326，选择“画笔工具”，在其工具选项栏中设置合适的画笔大小、“不透明度”值为63%，对两侧的树干进行涂抹，如图3.187所示，然后设置图层混合模式为“颜色减淡”，图层“不透明度”值为58%。

图3.187

接下来对中间倒下的树干进行处理，使其起到视觉延伸的作用，所以要稍微亮。

06 单击“创建新图层”按钮⊞，创建“图层3”，在前景拾色器中设置色值为a7e6a8，选择“画笔工具”，在其工具选项栏中设置合适的画笔大小、“不透明度”值为63%，对树干的亮面进行涂抹，然后设置图层混合模式为“叠加”，图层“不透明度”值为41%，得到如图3.188所示的效果。

图3.188

接下来改变树叶的颜色。树叶的调整有两个难点，第一是考虑如何选中它，第二是考虑它的颜色。在一处密林中，如果把树叶调成暖黄色，就会给人一种密林上方有强烈的光线照射下来，穿透了树叶的效果。

07 先把树叶选中，在“通道”面板中，发现红和绿通道中树叶与其他区域的对比较明显，执行“图像”→“计算”命令，在弹出的“计算”对话框中设置参数，如图3.189所示，单击“确定”按钮，得到Alpha1通道，如图3.190所示。

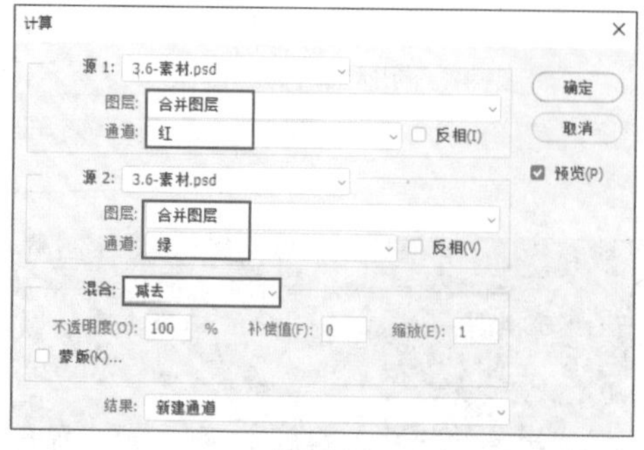

图3.189

图3.190

注意

例如，红和绿两个通道的亮度值都是230左右，当在“计算”对话框中选择“减去”选项后，那么它的亮度就会非常低，而有区别的地方就是树叶区域，减去后，它的亮度值还会相对高一些，这种差值能够帮助我们得到一个非常好的调整基础。

08 执行“图像”→“调整”→“色阶”命令，在弹出的“色阶”对话框中设置参数，如图3.191所示，单击“确定”按钮，不需要的树干部分变成黑色，而树叶的大部分变为白色，形成准确的选区，如图3.192所示。

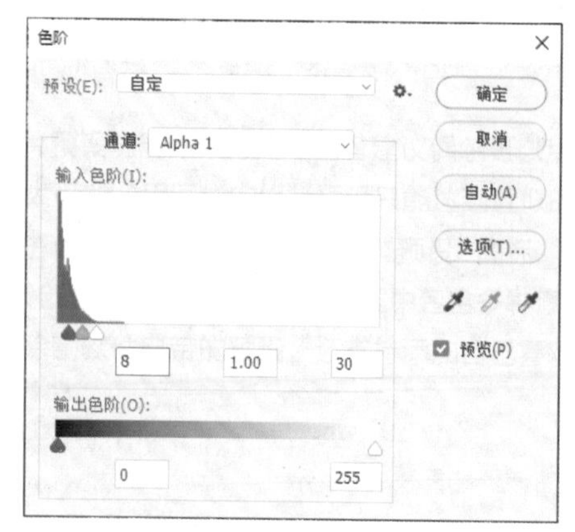

图3.191

图3.192

09 单击RGB通道，返回“图层”面板，单击“创建新的调整图层”按钮，在弹出的菜单中选择“色相/饱和度”选项，得到“色相/饱和度1”调整图层，在“属性”面板中设置参数，如图3.193所示，得到如图3.194所示的效果。

图3.193

图3.194

10 选中“色相/饱和度1”图层的图层蒙版，执行“图像”→“应用图像”命令，在弹出的“应用图像”对话框中将“通道”设置为Alpha1，如图3.195所示，单击“确定”按钮后得到如图3.196所示的效果。

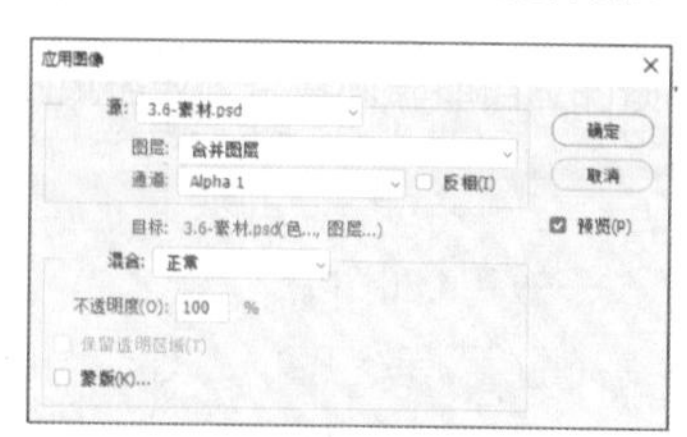

图3.195

图3.196

注意

除了“应用图像”的操作方法，还可以用前文讲解过的方法，在“通道”面板中按住Ctrl键单击Alpha1通道的缩略图载入选区，然后单击RGB复合通道，返回“图层”面板创建“色相/饱和度”调整图层。

应用“色相 / 饱和度”调整图层后的黄色树叶还有些暗淡，没有达到预期的灿烂金黄的效果，需要进一步调整。

11 单击“创建新的调整图层”按钮◉.，在弹出的菜单中选择“曲线”选项，得到“曲线1”调整图层，在“属性”面板中设置参数，如图3.197所示，得到如图3.198所示的效果。

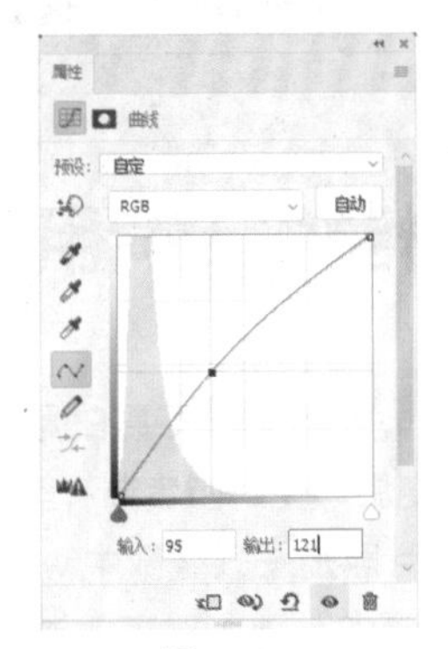

图3.197

图3.198

12 应用“曲线”调整图层后，画面整体的饱和度还是不够。继续单击“创建新的调整图层”按钮◉.，在弹出的菜单中选择“自然饱和度”选项，得到“自然饱和度1”调整图层，在“属性”面板中设置参数，如图3.199所示，然后设置图层混合模式为“颜色减淡”，“不透明度”值为42%，得到如图3.200所示的效果。

图3.199

图3.200

13 选中“色相/饱和度1”图层的图层蒙版，按住Alt键将该蒙版拖至“曲线1”调整图层的蒙版中，得到视觉中心明亮，四周稍暗的效果，如图3.201所示。

图3.201

14 应用蒙版后感觉画面四周又过暗了，需要稍微再亮一些，此时可以通过修改蒙版来改善。按住Alt键单击蒙版，然后按快捷键Ctrl+L调出“色阶”对话框，调整参数如图3.202所示，得到如图3.203所示的效果。

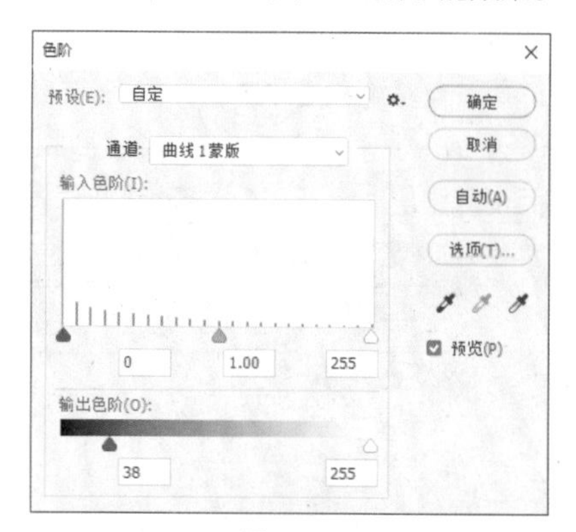

图3.202

图3.203

接下来希望整体画面在视觉上有一些辉光，模拟用柔光镜拍摄的效果。

15 在“图层”面板中单击“创建新图层”按钮⊞，然后按快捷键Ctrl+Alt+Shift+E盖印图层，得到“图层4”，右击并在弹出的快捷菜单中选择“转换为智能对象”选项，执行“滤镜”→“模糊”→“高斯模糊”命令，在弹出的“高斯模糊”对话框中设置参数，如图3.204所示，单击“确定”按钮关闭对话框，设置图层的“不透明度”值为22%，得到如图3.205所示的效果。

图3.204

图3.205

16 希望画面的辉光范围只在主体也就是黄叶子的区域，所以选中“图层4”，单击“添加图层蒙版”按钮◘创建蒙版，设置前景色为黑色，按快捷键Alt+Delete将蒙版填充为黑色，然后选择“渐变工具”▣，设置前景色为白色，在其工具属性栏中设置参数，如图3.206所示。由画面中心向周围拖一条水平线，创建一个圆形放射性渐变，得到如图3.207所示的效果，此时的“图层”面板如图3.208所示。

图3.206

图3.207

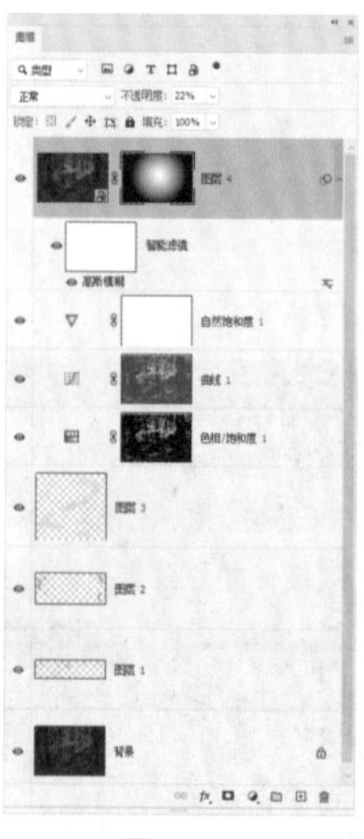

图3.208

17 调整画面整体的亮度。单击“创建新的调整图层”按钮 ◐.，在弹出的菜单中选择“曲线”选项，得到“曲线2”调整图层，在“属性”面板中设置参数，如图3.209所示。按住Alt键将“图层4”的蒙版拖至“曲线2”调整图层的蒙版中，按住Alt键单击进入“曲线2”图层蒙版，按快捷键Ctrl+L调出“色阶”对话框，调整参数，如图3.210所示，得到如图3.211所示的效果，最终的“图层”面板如图3.212所示。

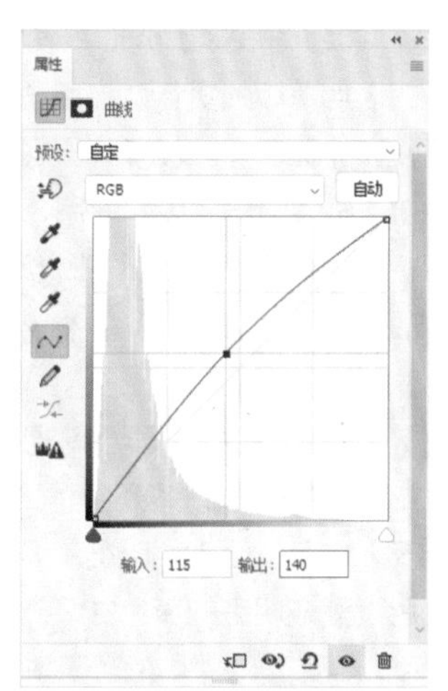

图3.209

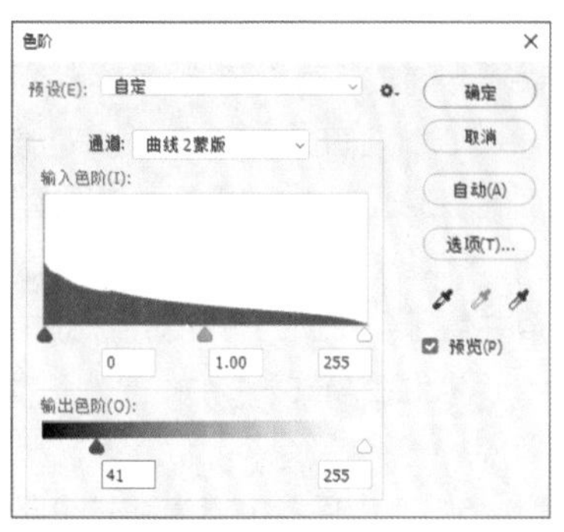

图3.210

图3.211

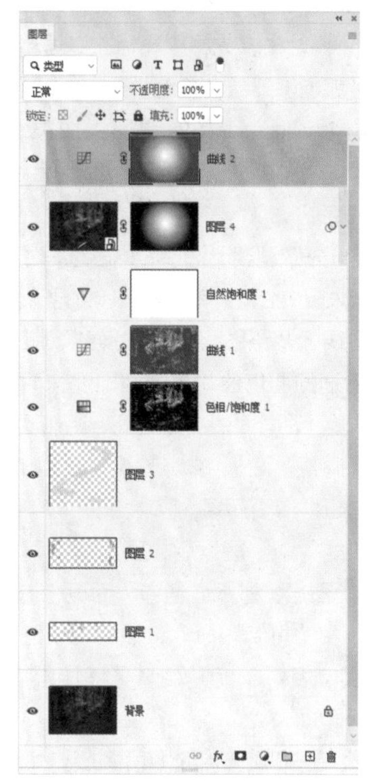

图3.212

3.7 利用亮度蒙版，处理璀璨夜景

本节讲解一种在摄影中称为“时间合成”的技法，案例素材中第一张原片的天空和云彩表现较好，但是地面一片漆黑，第二张原片的灯光效果还不错，但是天空就乏善可陈了，本例就是将这两个时间段拍摄的两张照片，合成为一张天空效果优秀，灯光效果也很绚丽的夜景照片。

在本例中，处理的对象包括天空、夜景和调色等，重点是灯光的渲染，在这里主要用到亮度蒙版技法，处理前后的对比效果如图 3.213 所示。

图3.213

下面讲解本例的主要操作思路，详细操作步骤可参考按本书前言所述方法获取的教学视频。

01 选择“移动工具”，按住Shift键将“素材1”照片，拖至“素材2”照片中，先释放鼠标左键再释放Shift键，这样两张照片就能够严丝合缝地拼贴在一起了。

02 为“素材1”照片所在的图层添加蒙版，然后选择“渐变工具”，由下至上创建一个黑色到透明的渐变，合成天空部分。

03 对天空部分先做调整，选择“椭圆选框工具”，然后按住Alt键，从太阳中心向外单击拖曳，创建椭圆形选区。

04 新建“曲线”调整图层，并切换到蒙版的“属性”面板中设置合适的羽化值，直到椭圆没有明显的边界，调整曲线为S形，让画面的高光更亮、阴影更暗。

05 在曲线“调整”面板中，分别选择红和蓝通道，调整曲线，让落日显得更辉煌。

06 应用“曲线”调整图层后，画面有明显的边界感，选择“素材1”图层，进入“通道”面板，选择红通道，执行“全选”和“复制”命令，然后切换回“图层”面板，创建图层“组1”，为“组1”添加蒙版并按住Alt键，粘贴蒙版。

07 按住Alt键单击“组1”的图层蒙版，执行“色阶”命令，增强蒙版的明暗对比。选择“渐变工具”，设置合适的参数，用径向渐变在太阳周边轻轻拖一下，使边界感消除。

08 新建“曲线”调整图层，调整曲线为S形以增强对比，调整蓝通道的曲线，上拉一点儿曲线，使天空变蓝。

09 新建“组2”并添加图层蒙版，切换到“通道”面板，选择一个对比较明显的通道，复制绿通道，回到“图层”面板，执行“应用图像”命令，将“绿拷贝”通道应用到“组2”的蒙版中。

10 按住Alt键单击“组1”的图层蒙版，执行“色阶”命令，增强蒙版的明暗对比。回到“曲线2”调整图层，细微调整曲线，使天空效果更自然。

11 选择“渐变工具”，由下至上在“曲线2”图层蒙版中创建一个黑色到透明的水平渐变，接着选中“画笔工具”，并设置适合的参数，对太阳周围的高光区域进行涂抹，经过这样操作，天空的层次感得到了增强。

12 接下来调整灯光。进入“通道”面板，选择对比较好的红色通道，复制得到“红色拷贝”通道，执行“色阶”命令增强对比，接着执行“高斯模糊”命令，得到适合的灯光调整蒙版。

13 新建“曲线”调整图层，上调曲线使灯光更明亮，选中“曲线2”的图层蒙版，执行“应用图像”命令，将“红色拷贝”通道应用到“曲线2”的图层蒙版中。

14 创建“组3”，添加图层蒙版，使用“渐变工具”由上至下填充黑色到透明的渐变，让“曲线2”仅应用到下方的建筑物灯光区域。

15 接下来增加灯光的光晕效果。进入“通道”面板，复制“红色拷贝”通道，执行“动感模糊”命令，设置角度为90°，执行“色阶”命令增强画面的明暗对比。

16 按住Ctrl键载入选区，回到“图层”面板，新建“图层2”，将前景色设置成明亮的黄色并填充前景色。添加图层蒙版，使用“渐变工具”从上至下填充渐变，设置混合模式为“滤色”并减小“不透明度”值，调整蒙版位置，得到自然的灯光光晕效果。

17 进入“通道”面板，再次复制“红色拷贝”通道，执行“色阶”命令增强画面的明暗对比，回到“图层”面板，新建“图层3”，填充前景色。添加黑色蒙版，使用“画笔工具”在灯光区域涂抹。

18 新建图层并盖印，转换为智能对象，执行“高反差保留”命令，设置混合模式为“线性光”，增强建筑物部分的锐度。

19 新建“图层5”，应用绿色通道到“图层5”，设置混合模式为“柔光”。添加蒙版，用“渐变工具”创建黑色到透明的渐变，将地面隐藏。

20 新建“曲线”调整图层，调整蓝和红的曲线，将下方的图层蒙版复制到此曲线蒙版中。

21 处理水面。使用“魔棒工具”选中水面，然后创建暖黄色的纯色填充图层，设置混合模式和不透明度，在蒙版中调整“羽化”值，得到自然且柔和的效果。

22 对整体效果进行细微修改，适当修改蒙版，让灯光的光晕和天空的效果更强烈一些。

23 盖印图层并转换为智能对象，执行“阴影/高光”命令，让建筑物的对比效果更好。

3.8 利用亮度蒙版，处理奇幻荧光海岸

在本例中，讲述一个很梦幻的具有超自然感觉的荧光海岸效果的制作方法，原片是一张普通的慢门海景照片，通过合成天空素材，结合亮度蒙版功能，得到梦幻的效果，处理前后的对比效果如图 3.214 所示。

图3.214

下面讲解本例的主要操作思路，详细操作步骤可参考按本书前言所述方法获取的教学视频。

01 向上扩展海景照片，然后使用“移动工具”将天空素材加入海景素材照片中，并调整到合适的位置。

02 使用“快速选择工具”将天空及扩展区域选中，选择天空图层并添加蒙版，调整天空素材的位置。

03 创建一个“亮度/对比度”调整图层。调整参数，并把天空图层中的蒙版复制到此调整图层上，执行“反相”命令，接着用“套索工具”将海面选出来，羽化后在蒙版中填充黑色，使“亮度/对比度”调整图层只作用于岩石。

04 新建一个“可选颜色”调整图层，调整红色和黄色参数，接着复制“亮度/对比度”调整图层的蒙版到此图层，使“可选颜色”调整图层也只作用于岩石。

05 统一照片的整体色彩。新建“照片滤镜”调整图层，选择“冷色”滤镜，使画面整体偏冷色调。

06 制作海岸的荧光效果。执行“色彩范围”命令，选择高光，调整颜色容差值得到海面选区，新建“纯色”调整图层，并填充青色，再设置颜色混合模式。

07 在“图层”面板中新建“组1”，复制“亮度/对比度”调整图层的蒙版到“组1”，执行“反相”命令，并将蒙版中的天空选中，填充黑色，得到只有海面为青色的效果。

08 复制两次“组1”得到“组1拷贝”和“组1拷贝2”，修改“组1拷贝2”中的“纯色”调整图层的填充色为白色，混合模式设置为“线性减淡”，“不透明度”值为53%。

09 右击并选择“混合”选项，在弹出的对话框中向右拖动“下一图层”的滑块，使白色只覆盖在比较亮的区域。

10 在画面左侧的天空中增加明亮的落日效果，新建一个图层，选择“画笔工具”并设置合适的参数和画笔大小，设置前景色为橙红色，在目标区域单击，设置混合模式为“强光”。

11 创建一个图层，设置前景色为明黄色，用椭圆形画笔在上一步的区域单击，设置混合模式为“强光”。

12 继续创建图层，设置前景色为更明亮的黄色，用椭圆形画笔在上一步的区域单击，设置混合模式为“强光”。

13 创建图层，设置前景色为白色，用圆形画笔在上一步的区域单击，降低图层的不透明度。

14 观察太阳的整体效果，发现最初的橙红色不够明显，复制橙红色图层，增强落日余晖所渲染出来的红色效果。

15 为“橙红色拷贝”图层添加蒙版，设置前景色为黑色，在橙红色光晕靠近岩石的区域，用“画笔工具”稍微涂抹一下，以减弱这部分的光晕强度。

16 观察整体画面，发现云彩的色彩还比较淡，在天空素材图层的上方，新建一个“自然饱和度”调整图层，然后加大“自然饱和度”和“饱和度”的参数值，单击“属性”面板中的“剪贴蒙版”按钮，使该调整图层只作用于天空区域。至此，本例的制作全部完成。

第4章

Camera Raw 的基本使用及应用方法

4.1 Raw 格式

Raw 意为“原材料”或“未经处理的”。Raw 格式的照片包含数码相机传感器（CMOS 或 CCD）获取的所有原始数据，如相机型号、光圈值、快门速度、感光度、白平衡、优化校准等。更形象地说，Raw 格式的照片就像一个容器，所有的原始数据都装在这个容器中，用户可以根据需要，调用容器中的数据组成一张照片。因此，Raw 格式的照片具有极高的宽容度，拥有极大的可调整范围，充分利用其宽容度极高的特性，通过恰当的后期处理，可以得到更美观的照片，甚至能够将“废片”处理为“大片”。例如，在亮度方面，Raw 格式的照片可以记录 - 4 ~ +2 甚至更大范围的亮度信息，即使照片存在曝光过度或曝光不足的问题，也可以在此范围内将其整体或局部调整为曝光正常的状态。

图 4.1 所示就是一张典型的在大光比环境下拍摄的 Raw 格式照片，其亮部有些曝光过度，暗部又有些曝光不足；图 4.2 所示为使用后期处理软件分别对高光和暗部进行曝光、色彩等方面的处理后的结果。可以看出，二者存在极大的差异，处理后的照片曝光更加均衡，而且色彩也更美观。

图4.1

图4.2

4.2 Camera Raw 的工作界面及基本使用流程

Camera Raw 是 Photoshop 附带的照片处理软件，全名为 Adobe Camera Raw，简称 ACR，主要用于处理 Raw 格式照片。经过多个版本的升级后，Camera Raw 能够完美兼容各相机厂商的 Raw 格式文件，并提供了极为丰富的调整功能，Camera Raw 能够充分发挥 Raw 格式照片的优势，实现极佳的调整结果。

下面介绍 Camera Raw 的工作界面。

4.2.1 工作界面基本组成部分

Camera Raw 的工作界面，如图 4.3 所示。

图 4.3

❶ 工具栏：包括用于编辑照片的工具，以及设置 Camera Raw 软件和界面等的按钮。

❷ 直方图：用于查看当前照片的曝光数据信息。

❸ 面板区：该区域包含 9 个面板，用于调整照片的基本曝光与色彩、调整暗角、校正镜头扭曲与色边等。

❹ 视图控制区：该区域的左侧可以设置当前照片的显示比例；右侧可以设置调整前后对比效果的预览方式。

❺ 操作按钮：单击“转换并存储图像”按钮（单独在工作界面的右上角），可以详细设置照片的存储属性；单击“打开”按钮，可以在 Photoshop 中打开图像；单击“以对象形式打开”按钮，在 Photoshop 中打开的图像，以智能对象的形式存在，若双击这个图层的缩览图，能够返回 Camera Raw 界面中，再次对图像进行加工和处理；单击“以副本形式打开”按钮，则会复制一个副本图像并在 Photoshop 中打开。单击中间带有下画线的文字，可以调出“工作流程”对话框，在其中设置照片的色彩空间及大小等参数。

4.2.2 工具

Camera Raw 中的工具主要用于旋转、裁剪、修复、调色及局部处理等，如图 4.4 所示。

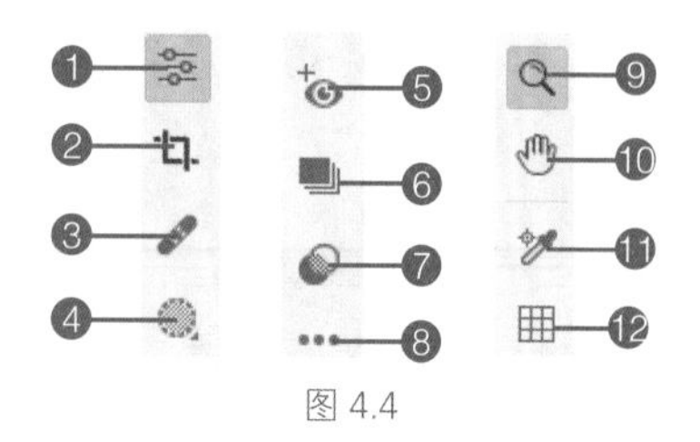

图 4.4

下面来分别讲解各个工具的作用。

❶ 编辑工具：单击该按钮，将展开“调整”面板。

❷ 裁剪工具：用于裁剪照片，按住该工具图标，会在图标左侧出现下拉列表，可以设置相关的裁剪参数。

❸ 污点去除工具：用于去除照片中的污点瑕疵，也可以复制指定的图像到其他区域，以修复照片。

❹ 蒙版工具：用于选择局部调整的区域，单独对其进行相关设置。

❺ 红眼工具：用于去除因在较暗环境中开启闪光灯拍摄导致的人物红眼现象，以修复人物的眼睛。

❻ 快照：记录多个调整后的效果。

❼ 预设：将多组图像调整存储为预设。

❽ 更多图像设置：单击该按钮，将出现下拉列表，可以设置相关的图像参数。

❾ 缩放工具：使用该工具可以对图像进行放大或缩小。

❿ 抓手工具：使用该工具可以移动查看画面的区域，用于在放大时查看不同位置的细节。

⓫ 切换取样器叠加工具：用于取样照片中指定区域的颜色，并将其颜色信息保留至取样器。

⓬ 切换网格覆盖图工具：单击该按钮可以显示网格线，再次单击此按钮取消网格显示。

4.2.3 面板

默认情况下，Camera Raw 包含 9 种面板，如图 4.5 所示，用于调整照片的色调和细节。另外，在选择部分工具时，也会在此区域显示相关的参数。

› 基本
› 曲线
› 细节
› 混色器
› 颜色分级
› 光学
› 几何
› 效果
› 校准

图 4.5

下面分别介绍在默认情况下各面板的作用。

基本：用于调整照片的白平衡、曝光、清晰度及颜色饱和度等属性。

曲线：用于以曲线的方式调整照片的曝光与色彩，可以采用“参数”或“点”的方式进行编辑，其中选择“点”子选项卡时，编辑的方法与 Photoshop 中的“曲线”命令基本相同。

细节：用于锐化照片的细节及减少图像中的杂色。

混合器：对色相、饱和度和明度中的各颜色成分进行微调，也可以将照片转换为黑白效果。

颜色分级：分别对高光范围、中间调范围和阴影范围的色相、饱和度进行调整。

光学：用于调整因镜头导致的扭曲和镜头晕影等问题。

几何：用于对照片的水平、垂直方向进行水平线校正、角度旋转、长宽比等操作。

效果：用于模拟胶片颗粒或应用裁切后的晕影。

校准：将相机配置文件应用于原始照片。

4.3 Camera Raw 基础操作

4.3.1 打开照片

只需要在 Photoshop 中打开 Raw 格式照片，就会自动启动 Camera Raw。具体方法为：按快捷键 Ctrl+O 或执行“文件”→“打开”命令，在弹出的对话框中选择要处理的 Raw 格式照片，并单击“打开”按钮。

4.3.2 保存照片

在调整好照片后，可以单击“完成”按钮，保存对照片的处理结果。默认情况下，会生成与照片同名的 .xmp 文件，该文件保存了 Camera Raw 对照片的所有修改参数，因此，一定要保证该文件与 Raw 照片的名称相同。若 .xmp 文件被重命名或删除，则所做的修改将全部丢失。

另外，若单击“打开图像”按钮，可以保存当前的调整，并在 Photoshop 中打开照片。

4.3.3 转换并存储照片

在 Camera Raw 中完成照片处理后，往往要根据照片的用途将其转换并存储为不同的格式。例如，最常见的是将照片转换并存储为 jpg 格式，以便于预览和分享，或者转至 Photoshop 中继续处理。要转换并存储照片，可以单击 Camera Raw 界面右上角的“转换并存储图像”按钮，在弹出的“存储选项”对话框中设置参数，如图 4.6 所示。

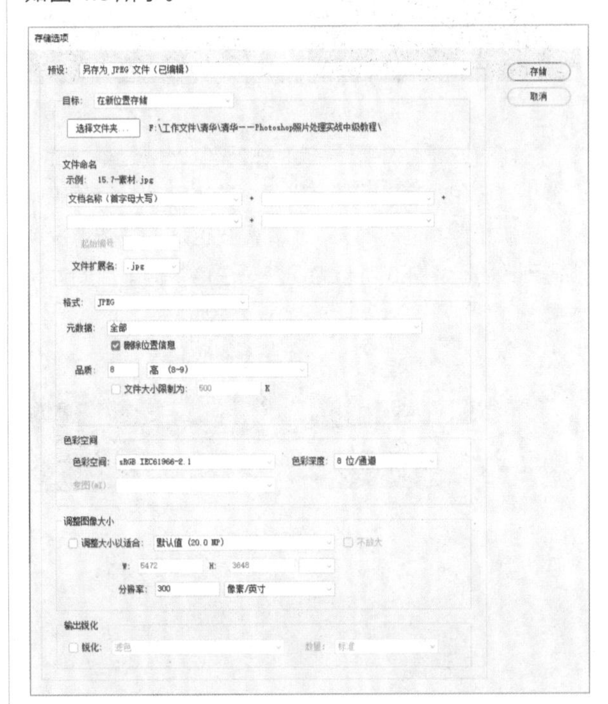

图 4.6

设置完成后，单击“存储”按钮，可以根据指定的格式、尺寸等转换并存储照片。

4.4 “基本”选项卡中的常用参数

“基本”选项卡是使用频率最高、得到效果最快的工具，通过“基本”选项卡调整完的照片，再配合使用“画笔工具”“渐变工具”“镜像滤镜工具”，基本上就能把图像调得差不多了。

在调整的时候，需要依据什么样的顺序来操作呢？首先是调光影，其次是调大致的颜色，然后是饱和度，最后是细节。反映在“基础”面板上，也就是首先调整图像的黑色、白色、阴影及高光，其次调整对比度和曝光，再次调整色调和色温，最后调整饱和度。

4.4.1 黑色和白色

一张照片的最亮区域和最暗区域就是由黑色和白色来界定的，如果增加一张照片的“黑色”值，然后再增加“阴影”值，这张照片大部分被阴影淹没的细节，将全部恢复出来，所以如果一张照片太暗了，首先就要调整“黑色”值。图 4.7 所示为调整“黑色”值前后的对比效果。

图 4.7

同样的道理，如果一张照片的天空区域过曝，就可以减小“白色”值，照片高光区域的亮度就会降下来，然后再减小照片的“高光”值，高光区域的过曝情况就能得到改善。图 4.8 所示为调整“白色”值前后的对比效果。

图 4.8

4.4.2 白平衡

照片的色调调整由白平衡控制，白平衡包含色温和色调。“色温”值越小，画面越偏蓝，“色温”值越大，则越偏黄。色调调向负值端，画面偏绿，色调调向正值端，画面偏紫，可以根据画面的风格进行调整。白平衡调整除了调整“色温”和“色调”滑块，也可以选择日光、阴天、阴影、白炽灯、荧光灯、闪光灯或自动白平衡选项，除此之外，还可以利用“滴管工具”在画面中的中间调区域单击，以自动校正白平衡。图 4.9 所示为“白平衡”选项区域。

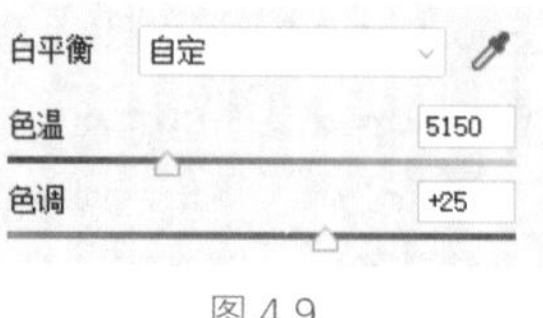

图 4.9

在调整照片的白平衡时，要把握一个重点，就是对于一张照片中的色彩，需要强调其主体色调。例如使照片整体偏冷色调、偏暖色调或者强调冷暖对比效果。

4.4.3 饱和度

饱和度有“自然饱和度”和“饱和度”两个参数。如果调整“饱和度”参数，则提升照片中所有颜色的饱和度。

而“自然饱和度”参数，会对图像中的非饱和的区域，增加饱和度，相对于整体的调整，调整“自然饱和度”参数会更精细一些。图 4.10 所示为饱和度选项区域。

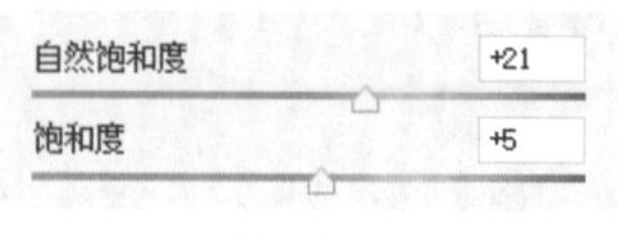

图 4.10

4.5 了解纹理与清晰度参数的区别

“纹理”和“清晰度”都是针对图像的细节进行的锐化处理，或者是加强精细度的处理，但是它们又有细微区别。

4.5.1 纹理

“纹理”值可以在 - 100~+100 调整，数值向正值端调整，画面的细节感越强，反之，则画面的细节越柔和，在 Camera Raw 中展开“基本”面板，即可显示“纹理”参数，如图 4.11 所示。

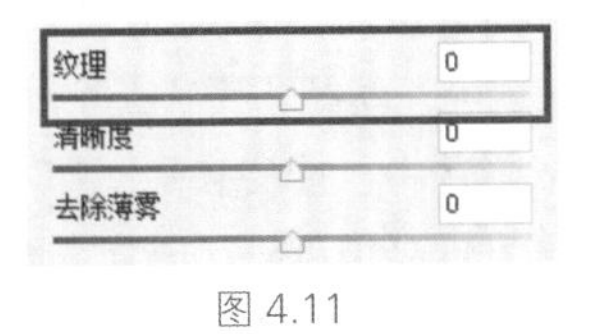

图 4.11

通过如图 4.12 所示的调整纹理前后的画面局部对比图可以看出，人物的头发及皮肤纹理都变得非常细致。

图 4.12

4.5.2 清晰度

调整“清晰度”参数，除了会锐化画面的细节，还会增强画面的明暗对比效果，使画面整体感觉更清晰一些。在 Camera Raw 中展开“基本”面板，即可显示“清晰度”参数，如图 4.13 所示。

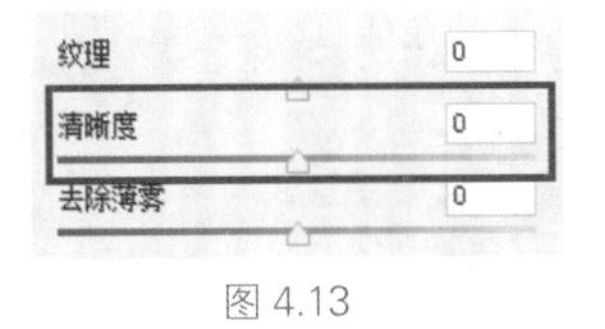

图 4.13

通过如图 4.14 所示的调整清晰度前后的画面局部对比图可以看出，人物的明暗对比明显增强了。

图 4.14

如果需要针对画面细节进行处理，又不希望改变画面的影调及明暗，可以调整“纹理”参数，如果需要让画面整体感觉上清晰一些，画面细节是次要的，可以调整“清晰度”参数，这就是它们最主要的区别，但在一般情况下，同时调整两个参数，这样画面的整体感受会更好一些。

4.6 了解“去除薄雾”的原理

如果要让图像有一些朦胧的效果，就可以把“去除薄雾”参数调为负值，为图像增加一些雾气弥漫的效果，反之，如果想让图像变得更清晰，则把“去除薄雾”参数调为正值。在 Camera Raw 中展开“基本”面板，即可显示“去除薄雾”参数，如图 4.15 所示。

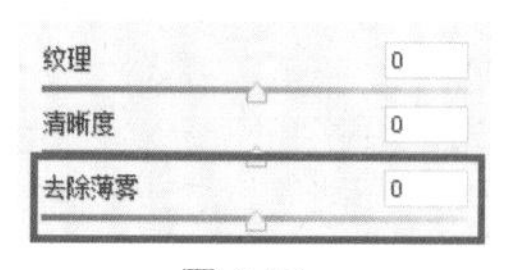

图 4.15

“去除薄雾”的原理是，当我们在看一张有雾的照片时，会发现这张照片在“通道”中有雾的区域会发灰白，而没有雾的区域不会显示灰白。所以把这张照片的 R、G、B 三个通道中最暗的通道的像素全部提取到一个灰色的通道中，它就形成了一个暗场通道，利用这个暗场通道反向推导，就是一个雾气的映射图。

通过算法，它实际上可以推导出一张雾气分布的灰度映射图，如图 4.16 所示。

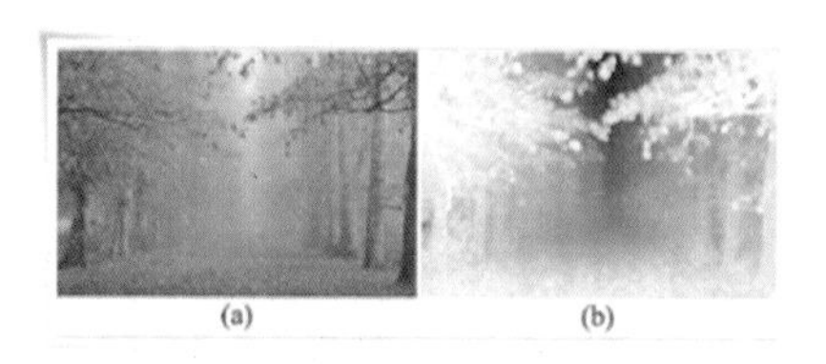

图 4.16

图 4.16 中灰度越浓重的地方，代表这里的雾气就越大，而如果雾气比较小的地方，在这张映射图上就是比较白的。利用这张图的算法，可以让照片中有雾气弥漫的地方，通过反向算法把薄雾去除，也就是增强了那个像素所在位置的颜色、饱和度及对比度。

对于实际应用来说，一方面要求去除薄雾，另一方面要求增加薄雾，例如图 4.17 所示的这张照片，它实际上就是没有什么气氛，虽然瀑布拍得还不错，但是在暗调和色彩方面都不是很理想。

图 4.17

首先色彩是比较单调的，其次画面明暗反差太大，所以对于这样的照片，肯定要做一些加工处理，处理这张照片最好的手段，实际上就是把它变成为黑白图像，在进行图像处理时，首先提亮黑色的部分，然后在此基础上提亮阴影部分，从而让这张照片呈现一定的灰调。那么如何呈现灰调呢？就要调整“去除薄雾”参数。

如果在这张照片中，把“去除薄雾”值设置为 0，整张照片就像一堆煤炭堆到一起一样，画面就没什么氛围感，如果把“去除薄雾”值调整为 − 52，如图 4.18 所示，就会发现空气中好像弥散着水雾，这种弥散的水雾就能让这张照片呈现雾气缭绕、湿润空气的那种现场氛围感。

图 4.18

4.7 使用黑白混色器

“黑白混色器”的作用就是针对当前照片上希望黑白所分布的区域，对其原本的色彩进行处理。例如图 4.19 所示的这张照片，海面有一些偏绿，在这种情况下，就可以通过拖曳绿色滑块来改变绿色像素所覆盖海面的范围。同理，天空中的蓝色，如果希望它暗一些，就应该拖曳蓝色滑块，在处理的过程中，可以针对每一种颜色进行不同的精细调整。

图 4.19

在Camera Raw中单击“黑白”按钮，将照片切换为黑白模式，然后单击“黑白混色器”按钮即可进入设置界面，在该界面中可以把“蓝色”值调整为负值，使其变深。同理，绿色的海面也为它做加深处理，如图 4.20 所示，从而让照片中的明暗对比更明显，再配合蒙版、曝光等细微调整，最终得到如图 4.21 所示的效果。

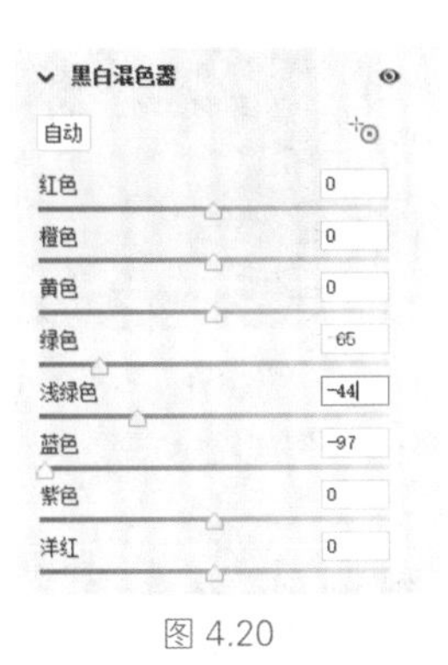

图 4.20

图 4.21

4.8 使用修补工具处理瑕疵与杂物

在 Photoshop 中常用“污点修复画笔工具”和“修补工具”来去除人像照片中的斑点、痘印等，在Camera Raw 中，其实也提供了“污点去除工具”，同样可以进行修补操作，在右侧工具栏中单击“污点去除工具”图标，此时在左侧的编辑栏中出现参数设置界面，如图 4.22 所示。

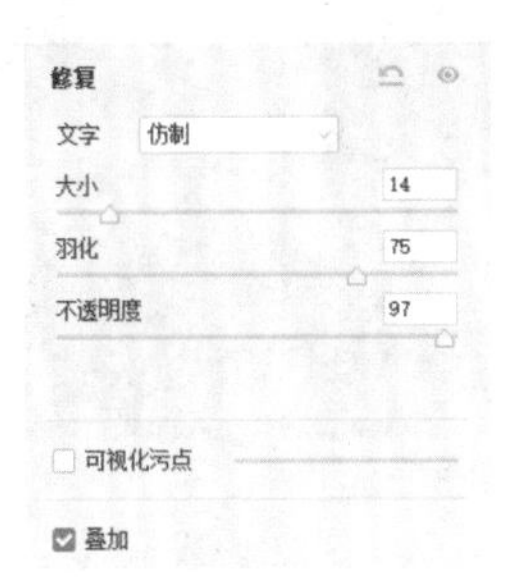

图 4.22

“修复”编辑栏中主要参数的释义如下。

■ 文字：可以在下拉列表中选择“修复”或“仿制”选项。选择“修复”选项时，能够根据修复点的像素和色彩，将其完美地复原而不留痕迹；选择“仿制”选项时，可以复制周边的图像纹理，然后进行仿制修复。

■ 大小：用于调整“污点去除工具”的画笔大小，按住鼠标右键拖动可以快速将其变大或变小。

■ 羽化：其值越大，修复的边缘越柔和、自然；其值越小，修复的边缘越生硬。“污点去除工具”在画面中是一个实心圆和一个虚线圆，两个圆的中间区域就是羽化区域，按住Shift键的同时按住鼠标右键并拖动，就能够快速改变羽化值。

■ 不透明度：修补完图像区域后，可能还会露出一些原始图像，这个就是“不透明度”参数的作用。可以灵活根据需要设置该值，使修复融合得更加自然。

■ 可视化污点：无论是中性灰还是高低画面，都会做一个观察图层。这个观察图层其实就类似可视化污点，通过这个可视化污点，可以帮助用户在皮肤上面找到那些斑点不是很明显的地方。将上面所指示的斑点修改完成后，整体的修复也会变得精细。

■ 叠加：选中该复选框后，会显示指示图标，方便观察并修改。

“污点去除工具”只需简单一涂，画面中的斑点都会被修复，它的操作是自动的，也就是说，单击一处后，会自动根据所涂抹的区域，找到相似纹理的区域，将其复制过来进行修复。

虽然是自动执行的操作，但如果自动取样的点不理想，还可以手动改变，当用“污点去除工具”涂抹完成后，画面中会出现一个红点和一个绿点，红点是原始区域，绿点是自动取样区域，可以通过拖动绿点来改变取样区域。所以“污点去除工具”还是比较智能的，在光影修补上也比较准确。图 4.23 所示为原图，图 4.24 所示为修复后的效果。

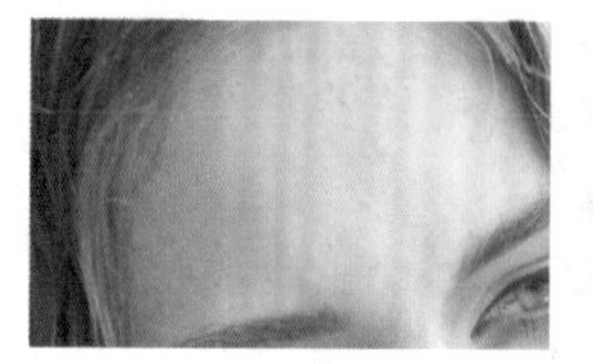
图 4.23

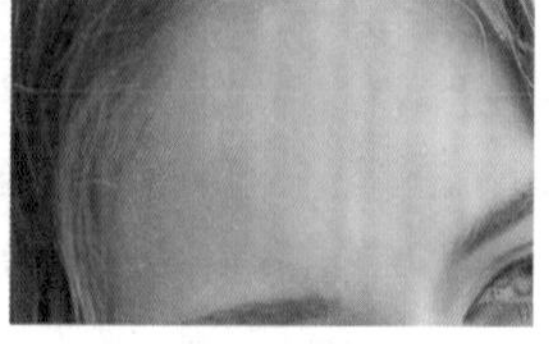
图 4.24

4.9 使用“裁剪工具”约束照片比例

在 Camera Raw 的右侧工具栏中单击“裁剪工具”图标，此时在左侧的编辑栏中出现参数设置界面，如图 4.25 所示。

图 4.25

“裁剪”编辑栏中主要参数的释义如下。

■ 长宽比：在下拉列表中可以选择1×1、4×5/8×10、8.5×11、5×7、2×3/4×6、3×4、16×9、16×10及自定等选项。如果是一张竖向照片，想把它裁剪成手机屏保，就可以选择16×9或者16×10选项，当选择1×1、5×7、2×3 之类的固定比例后，小锁图标会显示锁住的状态，代表选择的是默认内置比例。当点开小锁图标后，它就变成自定模式，可以在这个基础上灵活拖曳裁剪框。

■ 角度：调整该数值可以将画面旋转相应的角度。在旋转操作时，还可以利用“拉直工具”，例如在裁剪有建筑物的照片、有明显海平面或地平线的照片时，利用该工具顺着地平线单击拖曳，就能起到自动纠正水平的作用，垂直校正也可以。

■ 限制为图像相关：如果将一张照片设置为“限制为图像相关”，当图像有拖曳变形的情况时，只会在这个变形内部进行裁剪。例如，对照片进行扭曲变形，如果没有选中该复选框，图像外面会露出白边，如图4.26所示，但如果选中该复选框，裁剪框会缩到画面内部，如图4.27所示，使裁剪减少误差。

图 4.26

图 4.27

■ 旋转与翻转：此处提供了“逆时针旋转”、“顺时针旋转”、“水平镜向翻转”、“垂直镜向翻转”按钮，单击相应的按钮，即可按该方向旋转或翻转画面。

4.10 是否一定要使用光学校正中的配置文件

在 Camera Raw 中，有各种型号相机及镜头的配置文件，如图 4.28 所示，这些文件到底是做什么用的？实际上其主要作用是解码，它可以对佳能的 CR2、CR3，尼康的 NEF 格式进行解码，同样其也含有不同镜头的配置文件。

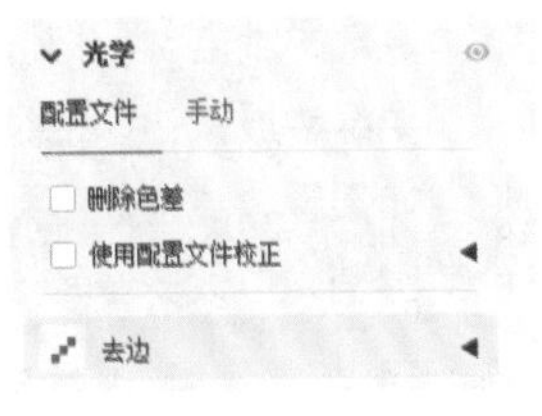

图 4.28

例如使用尼康 D810 相机和 14-24mm 镜头拍摄照片，由于现在的光学技术还未达到完美的地步，拍出来的照片必然会有各种各样的问题，如色差、桶状或枕状畸变等，那么这些问题怎么解决呢？其实可以通过后期算法来反向递进推导。例如，已知在用 14-24mm 镜头时，它在最大的 14mm 广角端会出现畸变，根据设计镜片时的一些光学透镜的相关数据，就可以反向推导出光线做怎样的校准，就能修正这些问题，反映到 Camera Raw 中，其实就是配置文件。

图 4.29 所示为使用配置文件校正前的效果；图 4.30 所示为使用配置文件校正后的效果。通过对比可以看出，使用配置文件校正后，建筑物的透视变形及阴影都得到了改善，所以当使用不同的相机、不同的镜头拍摄照片后，一定要做光学校正的操作，让照片的品质得到最大化的提升。

对于“手动”选项卡中“扭曲度”参数，用户可以自由地去调整，希望照片拉升到什么样的程度就去直接调整即可。

图 4.29

图 4.30

“阴影”参数也一样，其实就是暗角效果，希望照片有暗角还是没有暗角，其实都可以自己去把控。

4.11 去除照片中的绿边或紫边

当利用合成 HDR 功能顺光或者逆光拍摄照片时，除了用的镜头特别好，它的色差还原能力特别好，否则大概率会出现一个问题，即物体边缘出现紫边或绿边。对于这种情况，就可以利用“光学”面板中的“删除色差”复选框来去除绿边或紫边，如图 4.31 所示。

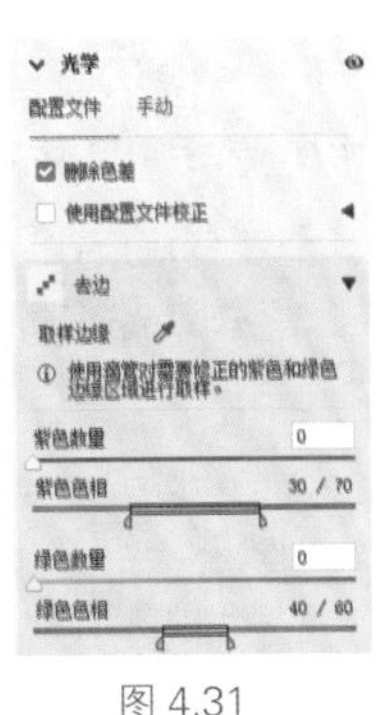

图 4.31

除此以外，还可以利用“去边”功能消减照片的绿边或紫边。以图 4.32 所示的局部图为例，它在放大到 200% 的情况下，窗户边缘的绿边和紫边非常明显，单击取样边缘的“吸管工具”对准绿边吸取，绿边就得到了有效改善，此时“绿色数量”值也发生了变化，“绿色数量”值在初始情况下为 0，当吸取后它的滑块位置会发生变化，如果吸取后仍然还有色差，那就需要手动拖曳“绿色数量”和“绿色色相”的滑块，来改变容差范围，容差范围越大，能够改善的绿边色彩范围就越大。同理，按相同的操作步骤可以消减紫边，去除绿边和紫边后的效果如图 4.33 所示。

图 4.32

图 4.33

数量值其实就是像素的宽度，色相值是指定绿边或紫边的颜色范围，如果绿边或紫边颜色很纯，这两个滑块就需要移得更近，如果绿边或紫边不是很纯的颜色。那么就可以把颜色范围稍微拉大一些，这样就能取得不错的效果。

4.12 利用快照功能一次保存多个调整方案

Camera Raw有一个“快照”功能，与Photoshop的“快照”功能相似，都起到记录当前图像编辑状态的作用。

单击工具栏上的“快照”按钮，并单击“创建快照”图标，或者右击并在弹出的快捷菜单中选择“创建快照”选项创建一个快照，如图 4.34 所示。

图 4.34

“快照”功能对于希望尝试不同修片效果的人来说非常有用，因为其可以被保存，当不需要某个快照时，可以直接右击并在弹出的快捷菜单中选择“删除”选项即可。例如，将照片调整为偏蓝色的效果，和一张偏青色且整体发灰的效果，以及一张整体颜色非常淡的效果，就可以创建三个快照，这三个快照实际上代表了三种不同的修图效果。同理，如果还希望有其他的效果，例如阴影区域提亮一些，饱和度提高一些，可以再创建一个快照。

如果想返回某个快照所记录的修片参数，只需单击该快照，所显示的参数就是当前看到的图像效果所用到的参数。在此基础上，可以继续对其进行调整，调整完成后，在该快照名称上右击，在弹出的快捷菜单中选择“使用当前设置更新”选项，即可将这个快照更新为最新的状态，所以快照功能其实还是比较好用的。

使用快照还有一个优点，就是在关闭图像后，再重新将其打开，快照所记录的信息仍然存在，这就相当于在一张 Raw 格式照片中存储了多个修改版本，可以在不同的场景展示，或者对不同的调整效果进行反复推敲，也可以将一张照片利用“快照”功能快速输出为不同效果的版本。

4.13 使用预设功能快速得到多种调整效果

修片预设功能好不好用？笔者建议偶尔可以用，但在修片过程中，如果想靠某个修片预设来达到一模一样的效果，几乎不太可能，用同样的修片预设只能达到近似的程度，但是修片预设可以给你提供了一个良好的修片基础。

单击 Camera Raw 工具栏中的“预设”图标，将显示 Camera Raw 默认搭载的修片预设，包括人像类、风格类、主题类、创意类、黑白类等，每个分类中包含多种修片预设，可以根据照片的风格或修片意向选择相应的预设，如图 4.35 所示。除了软件自带的预设，还支持添加自己喜欢的其他预设。

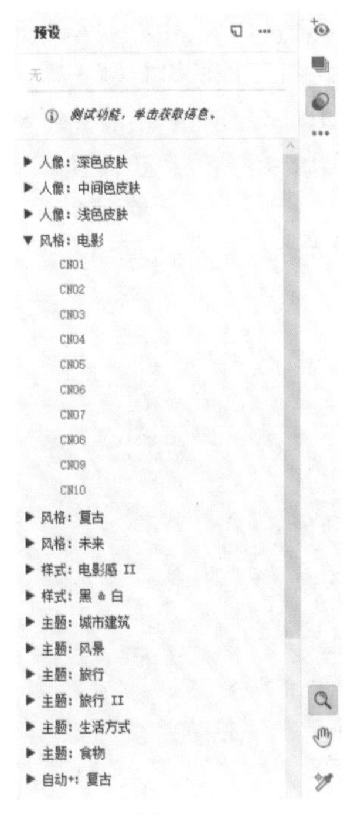

图 4.35

对于绝大多数修片的情况来说，预设就类似手机中各种修图 App 中的滤镜，在修片时，可能并不太清楚这张照片应该修成什么样的感觉，那么在打开一张照片后，逐个单击预设选项，总能找到一个比较喜欢的色调或风格，从而引导后面的修图操作。

总体来说，Camera Raw 中的预设有两种作用，第一是其能够提供一个修片的基础，在此之上可以对参数做进一步的调整；第二是选择一个自己喜欢的色彩或风格，然后直接出片，或者这个基础上，简单地做一些饱和度、色相等的修饰处理，这样修改出来的照片也能够达到令人满意的效果。图 4.36 所示为原片，图 4.37 所示为应用“人像：浅色皮肤”类目下的 PL06 预设的效果。

图 4.36

图 4.37

4.14 使用同步功能快速调整多张照片

当在一个场景拍摄了一组照片，如果这组照片存在相同的颜色偏差，或者饱和度、锐度等问题，此时只需在 Camera Raw 中调整好一张照片作为标准，然后利用“同步”功能即可把该照片的参数同步到同场景拍摄的所有照片中，极大地提高了工作效率。

下面以实例的形式讲解“同步”功能的操作步骤。

01 在Photoshop中打开要进行同步处理的一张或多张照片，本例打开素材“第4章\4.14-素材”文件夹中的3幅照片，以启动Camera Raw软件，此时3幅照片会列于软件界面的下方，如图4.38所示。

图 4.38

02 打开“基本”面板，调整“色温”值，如图4.39所示，以改变照片的色调，如图4.40所示。

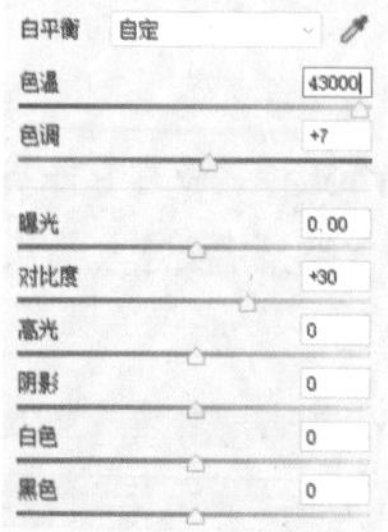

白平衡
自定
色温
43000
色调
+7
曝光
0.00
对比度
+30
高光
0
阴影
0
白色
0
黑色
0

图 4.39

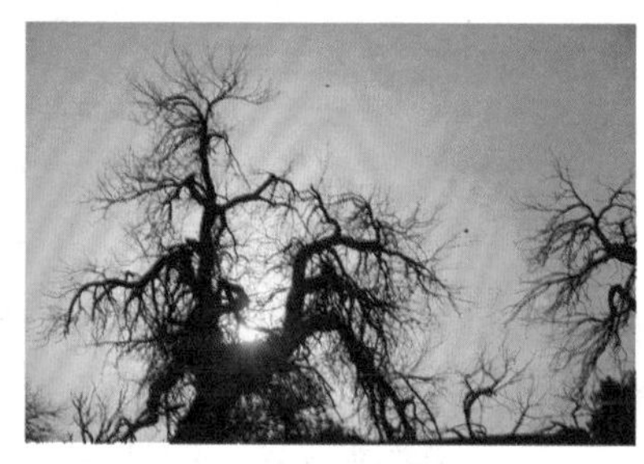

图 4.40

03 进一步调整“对比度”“自然饱和度”及“饱和度”等值，如图4.41所示，以增强照片的色彩，如图4.42所示。

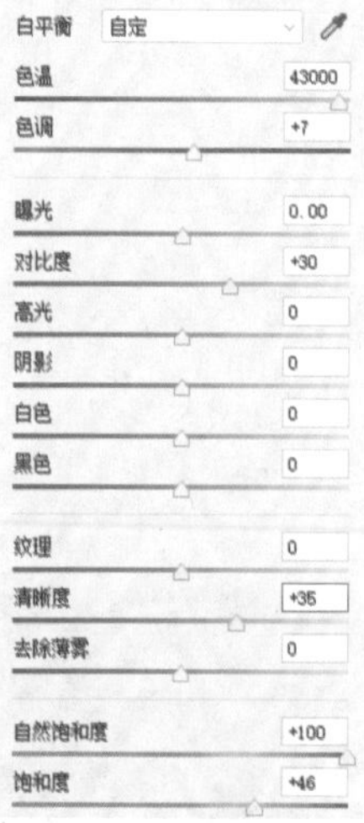

白平衡
自定
色温
43000
色调
+7
曝光
0.00
对比度
+30
高光
0
阴影
0
白色
0
黑色
0
纹理
0
清晰度
+35
去除薄雾
0
自然饱和度
+100
饱和度
+46

图 4.41

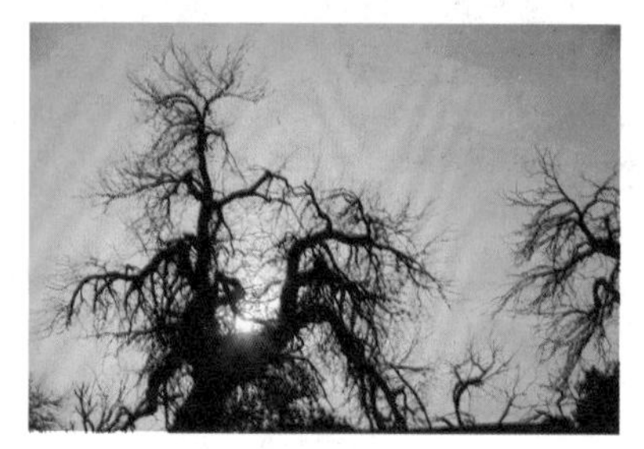

图 4.42

04 在下方的照片列表中，单击第1张照片，以确认该照片为同步源，然后按快捷键Ctrl+A选中所有的照片。

05 按快捷键Alt+S，或者单击照片列表右侧的 ••• 按钮，在弹出的菜单中选择“同步设置”选项，如图4.43所示，在弹出的“同步”对话框中设置参数，本例使用默认的参数设置即可，如图4.44所示。

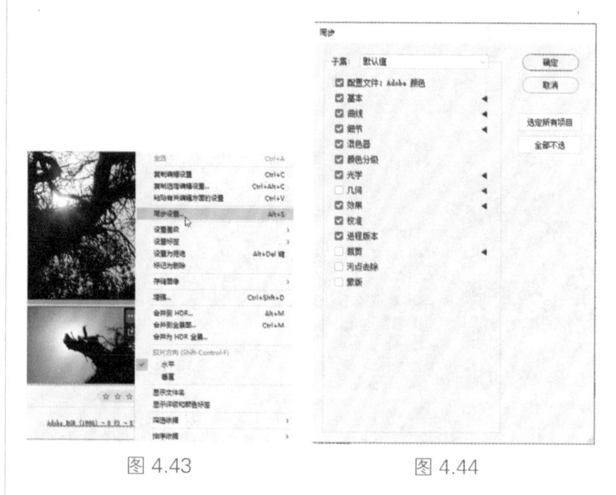

图 4.43

同步
子集：默认值
确定
取消
配置文件：Adobe 颜色
基本
曲线
细节
混色器
颜色分级
光学
几何
效果
校准
进程版本
裁剪
污点去除
蒙版
选定所有项目
全部不选

图 4.44

06 单击“确定”按钮关闭“同步”对话框，即可完成同步操作，如图4.45所示。

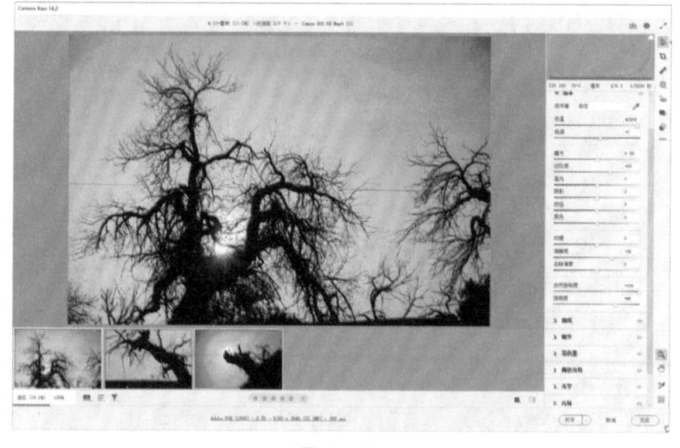

图 4.45

07 完成处理后，单击“完成”按钮即可。

提示

在设置“同步”对话框时要注意，“几何”“裁剪”“污点去除”和“蒙版”复选框在默认设置时是未选中的。如果同步的是相同拍摄角度的一组照片，而且在同样的位置，都需要用蒙版处理，例如画笔、渐变、镜像滤镜等，那么此时一定要选中相应的选项，但在大多数情况下是不需要选中的。

4.15 增强照片细节、去除灰色及彩色噪点

修饰照片的最后一步，基本上是对照片的细节进行处理，细节处理包含两个方面内容，第一是对照片做锐化处理，第二是去除照片中的噪点。在 Camera Raw 中，这两步操作是通过调整“细节”面板中的“锐化”“减少杂色”和“杂色深度减低”三个参数来实现的，如图 4.46 所示。

细节
锐化 40
半径 1.0
细节 25
蒙版 0
减少杂色 0
细节
对比度
杂色深度减低 25
细节 50
平滑度 50

图 4.46

4.15.1 锐化

首先讲解锐化，要做锐化处理，通常需要把照片放大观察。例如，对人像进行锐化处理时，打开“细节”面板，显示锐化调整参数。“半径”“细节”参数和 Photoshop 中的使用方法类似，值得一提的是“蒙版”参数，按住 Alt 键可以拖曳“蒙版”滑块，向左拖动滑块，数值比较小，就是白色区域比较大，而向右拖动滑块，数值比较大，白色区域比较小，就是这个白色区域界定了设定“锐化”参数时所影响的范围。

当将“蒙版”值设置为 0 时，把“锐化”值设为 100，放大照片可以看到，整体画面都被锐化了，如图 4.47 所示，这个肯定不是理想的效果。对于人像照片而言，人物面部通常希望是柔和的，可以按住 Alt 键拖动“蒙版”滑块，让白色线条覆盖希望锐化的区域，例如眉毛、睫毛及头发等区域，观察画面可以发现，锐化只会作用于眉毛、睫毛及头发区域，而面部皮肤是比较光滑的，如图 4.48 所示。

图 4.47

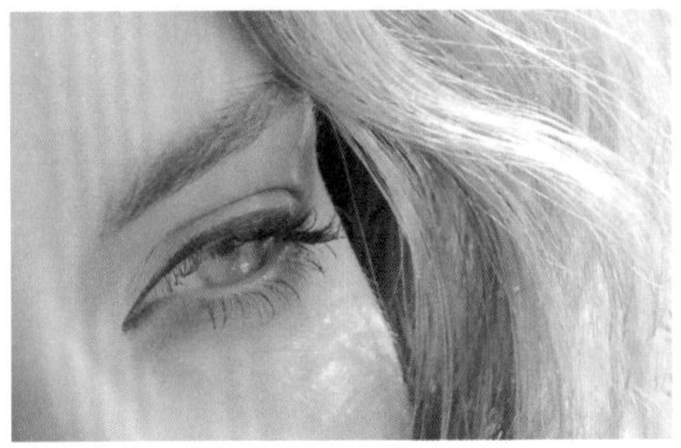

图 4.48

接下来讲解“半径”参数，按住 Alt 键拖曳该滑块，将“半径”值设置为 0，可以看到锐化区域旁边的对比比较小，如图 4.49 所示，当把“半径”值加大时，会发现锐化范围在逐步扩大，睫毛还有头发两边都有很明显的明暗变化，如图 4.50 所示。这也说明在锐化时，图像并不是平白无故地多出来很多细节，而是在稍微模糊的细节边缘，通过增加白色和黑色来把细节衬托出来，所以设置“半径”值，就是在界定锐化边缘明暗对比区域的宽度。

图 4.49

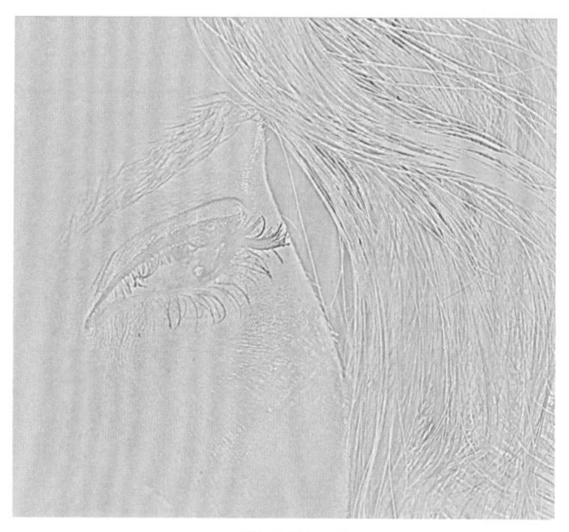
图 4.50

如果将“细节”值由 0 设置为 100，会发现画面的细节明显增多，它与锐化相似，只是其也是介于蒙版的操作范围之内，如果希望画面的细节更明显，就把“细节”值调大，可以把它理解为调整得更加细致。

4.15.2 减少杂色

当用高感光度或者长时间曝光拍摄照片时，照片或多或少会出现各种各样的杂色（噪点），在 Camera Raw 中，只需拖动“减少杂色”滑块，即可有效去除画面中的白色噪点。在操作时，也可以按住 Alt 键使图像变换成灰度图像，避免颜色本身的影响，从而可以更清楚地观察画面的黑白噪点，当减少噪点后，还要保留更多的细节，将“细节”值增大。如果要柔化皮肤，就将“细节”值缩小。

4.15.3 杂色深度减低

除了黑白噪点，照片中还会有很多红色和绿色噪点，当使用很高的感光度拍摄照片时，画面中红色和绿色噪点就会很明显，针对这类噪点可以使用“杂色深度减低”参数来调整。图 4.51 所示为处理之前的效果，图 4.52 所示为处理后的效果。不过通过“杂色深度减低”参数处理后，会对照片的细节有所影响，可以通过设置下方的“细节”和“平滑度”参数，获得一个均衡的处理效果。

图 4.51

图 4.52

4.16 理解并掌握蒙版功能的用法

4.16.1 自动选择主体

在 Camera Raw 14.0 以上的版本中，其蒙版功能分为两部分，第一部分是自动选择，可以自动选择主体或天空，第二部分是手动选择。

在 Camera Raw 中打开如图 4.53 所示的人物照片，选择工具栏中的“蒙版工具”，然后选择“选择主体”选项，经过自动识别，画面中的人物及座椅的一小部分被红色覆盖，在这个基础上做手动调整，即可得到人物选区，如图 4.54 所示。

图 4.53

图 4.54

通过示例可知，如果画面中有非常典型的人物或者比较清晰的人物，自动创建的选区还是比较准确的。当自动识别完成后，会自动弹出蒙版的控制面板，如图 4.55 所示，在该面板中可以根据需要，设置叠加颜色为绿色、蓝色或红色，然后显示或者隐藏。

图 4.55

如果单击面板右下方的 ··· 按钮，可以以更多的方式帮助用户判断到底选择了哪里，如图 4.56 所示。例如设置为没有被选中的区域，都显示为黑白、黑色或白色，可以利用黑白对比的方式帮助用户更好地观察所识别的区域。

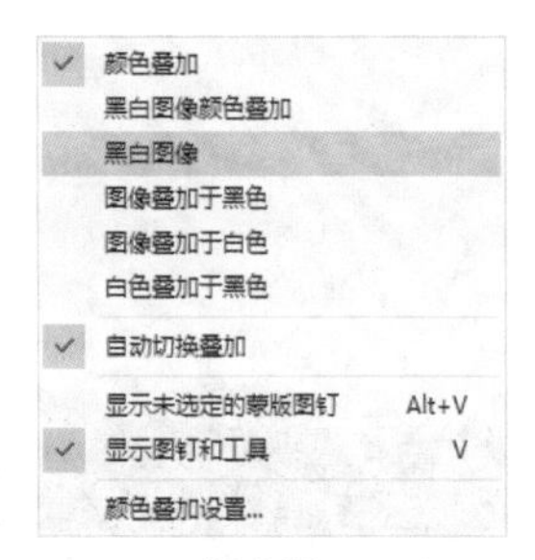

图 4.56

通过观察明暗对比图，可以发现多识别的区域或者未识别的区域，单击“添加”或“减去”按钮，在显示的列表中选择“画笔工具”，手动减去或添加选区，从而得到精确的选区。

4.16.2 自动选择天空

上一小节讲解了选择主体的操作方法，本小节讲解选择天空的操作方法。

在 Camera Raw 中，选择工具栏中的“蒙版工具”，然后单击“选择天空”按钮，即可对当前打开的照片自动识别天空。与识别主体不同，识别天空的准确率较高，在大部分情况下，经过运算后，可以得到一个相对精确的选区。笔者建议选择“黑白图像”模式进行预览，在该预览模式下，显示为白色的区域表示 100% 被选中，而灰色区域表示部分被选中，黑色区域表示完全未被选中，用户能够非常准确地判断出选区在哪些地方。以图 4.57 所示的照片为例，云彩其实也算天空，但是自动选择后，这部分区域没有被选中，如图 4.58 所示，通过这样的对比，就能够看得特别准确。当然，这个功能已经非常不错了，通过简单地对天空选区调整白平衡或者饱和度，就能得到不错的效果。

图 4.57

图 4.58

下面以图 4.59 所示的照片为例，看一下使用慢速快门拍摄的照片，自动选择天空的准确率。

图 4.59

图 4.60 所示为选择天空后的效果，可以看出即使画面中物体有一定的模糊效果，也可以做出非常准确的选择，包括非常细的钢丝绳，通过这个对比，能体现人工智能计算的强大之处。完成后就可以在此基础上，在右侧参数栏中，调整“色温”值对天空进行色彩处理。

图 4.60

在当前情况下，实际上已经得到了天空的选区，如果想要调整地面，在“蒙版 1”面板上右击，在弹出的菜单中选择“复制‘蒙版 1’”选项，然后单击右侧参数栏中的“反转此蒙版组件的选定区域”按钮做反向选择，即可选中地面景物，然后将色温调为暖色调，曝光稍微提升一些，通过快速调整，这张照片基本上就可以了，调整后的效果如图 4.61 所示。

图 4.61

4.16.3 色彩范围

下面讲解蒙版功能中“色彩范围”选项的用法。

以图 4.62 所示的照片为例，如果想为前景中的两棵偏黄的树创建选区，首先需要对其进行色彩对比处理。

图 4.62

打开 Camera Raw，选择工具栏中的“蒙版工具”，然后单击“色彩范围”按钮，如图 4.63 所示。

单击偏黄的树，被选中的区域变为白色，设置右侧参数栏中“调整”值，如图 4.64 所示，可以更精确地选出树，如图 4.65 所示。

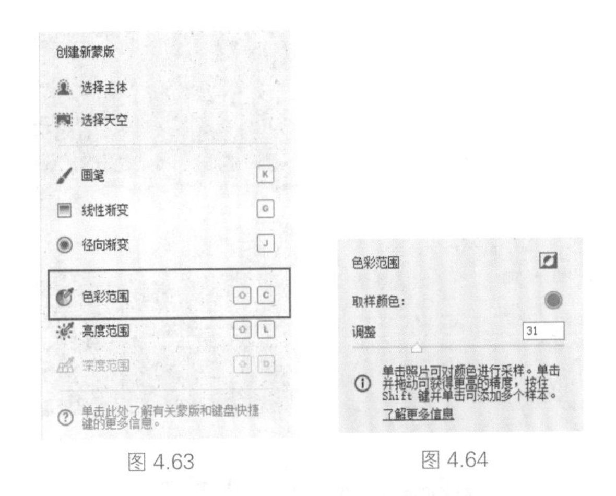

图 4.63　　图 4.64

图 4.65

提示

如果预览图像跟此处显示不一致，可以单击 ··· 按钮在弹出的菜单中选择“白色叠加于黑色”“自动切换叠加”和“显示图钉和工具”选项。选择“白色叠加于黑色”选项的优点就是白色代表选中的区域，黑色代表没有选中的区域，灰色代表没有选得特别彻底，有一定的透明度，这样的黑白对比能让选区情况一目了然。

4.16.4　亮度范围

下面讲解蒙版功能中“亮度范围”选项的用法。

仍以上一小节的照片为例，在 Camera Raw 中，选择工具栏中的“蒙版工具”◉，然后单击“亮度范围”按钮，如图 4.66 所示。

单击画面中的湖面，白色区域代表被选中，通过调整右侧的“选择明亮度”选项，如图 4.67 所示，可以调整明亮度容差，从而更好地控制选区。例如想要选中亮一些的区域或者选择暗一些的区域，就扩大或缩小其范围，然后还可以去控制渐变范围，如果将左右两边的区域拖得越长，代表渐变范围向外扩展的羽化范围更大，反之，就更加精确，效果如图 4.68 所示。

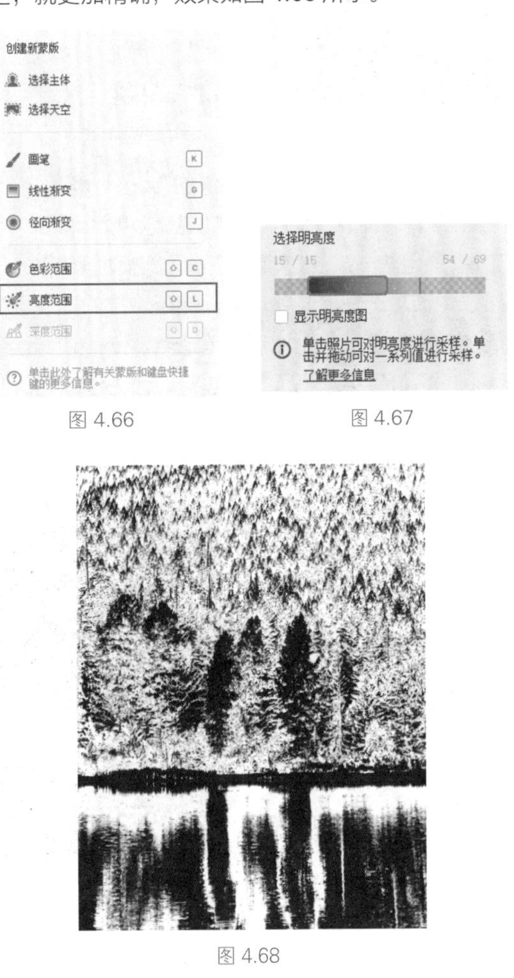

图 4.66　　图 4.67

图 4.68

4.16.5　画笔工具

下面讲解在蒙版功能中利用“画笔工具”涂抹创建选区的操作方法。

以图 4.69 所示的照片为例，在 Camera Raw 中，选择工具栏中的“蒙版工具”◉，然后单击“画笔”按钮，如图 4.70 所示。

图 4.69

图 4.70

在画笔面板中，可以调整画笔的“大小”“羽化”“流动”和“浓度”值，如图 4.71 所示，这些都与 Photoshop 中“画笔工具”的用法一致，但值得一提的是“自动蒙版”复选框，如果选中该复选框，能够依据画笔所涂抹的区域创建一个更加精确的蒙版，例如用画笔沿着沙漠的边缘绘制，则绘制的区域不会超出沙漠的边缘，因为沙漠边缘与其他区域差别较大，所以自动蒙版功能可以帮助用户判别图像的边缘，从而得到非常精确的选区，如图 4.72 所示。

图 4.71

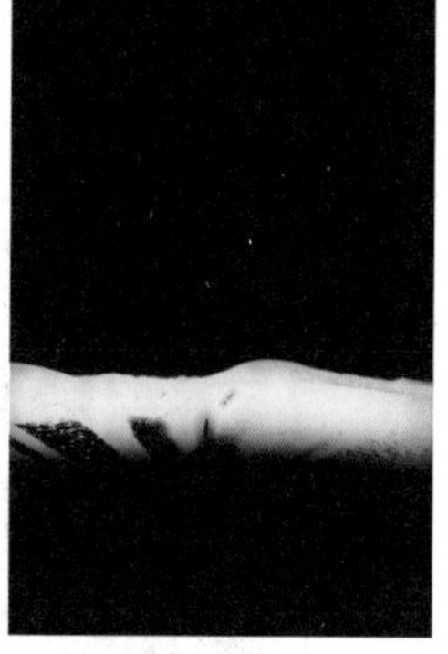

图 4.72

4.16.6 径向渐变与线性渐变

在 Camera Raw 中，选择工具栏中的“蒙版工具”，然后单击“径向渐变”或“线性渐变”按钮，如图 4.73 所示，即可调出径向渐变或线性渐变的参数栏。

径向渐变很好理解，单击“径向渐变”按钮后，在画面中需要创建径向渐变的区域单击拖曳，即可创建类似图 4.74 所示的选区。

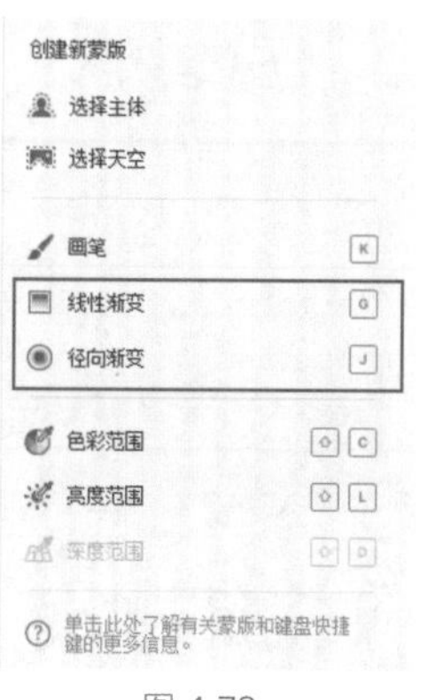

图 4.73

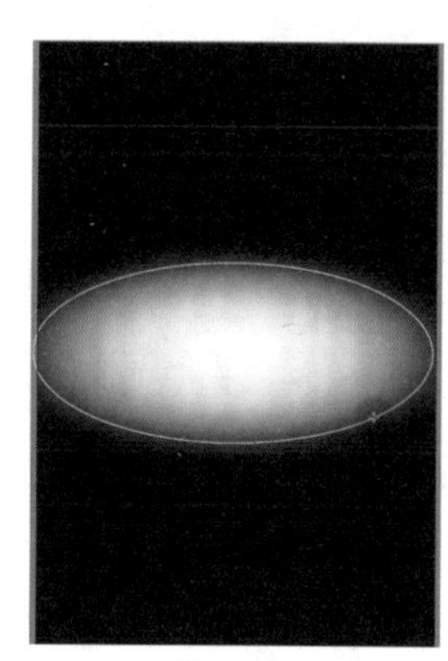

图 4.74

此时可以通过右侧的参数，如图 4.75 所示，调整该选区内的曝光、颜色、效果及细节等，如图 4.76 所示为调整“曝光”值为 +4.00 后的效果。

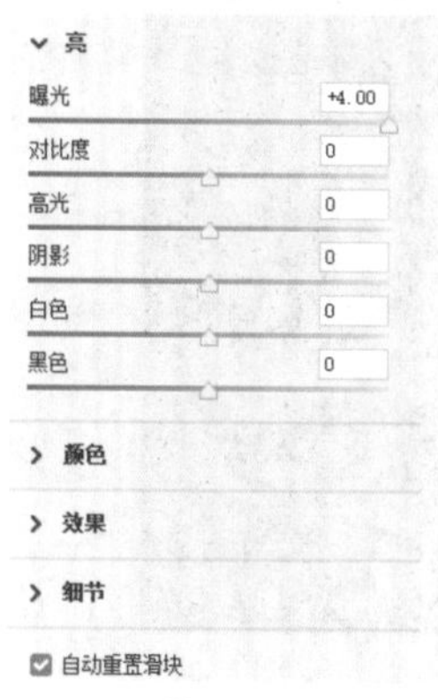

图 4.75

图 4.76

“线性渐变”的操作方法、控制参数与“径向渐变”相同，不同的是，其创建的区域是线性的渐变范围，如图 4.77 所示，这种渐变方式常用于调整天空与地面景物曝光相差明显的照片，通过在天空或地面区域创建选区，从而进行局部的处理，图 4.78 所示为增加天空区域曝光亮度后的效果。

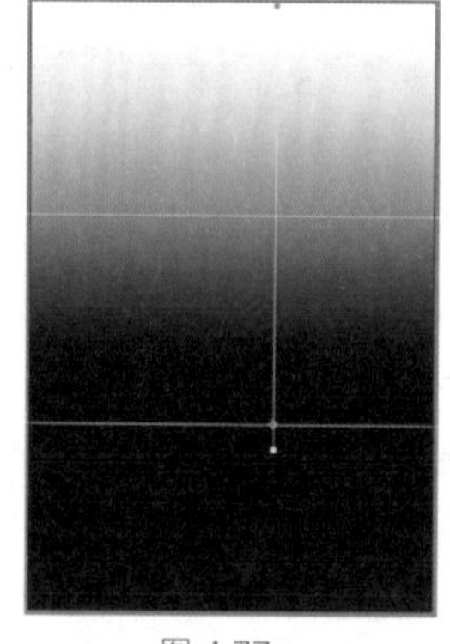

图 4.77

图 4.78

4.17 用蒙版功能制作油画风格儿童照片

本例讲解在 Camera Raw 中，利用蒙版功能，综合调修室内儿童照片的方法，包括调整头发、柔滑皮肤、提亮眼睛、修饰面部等，使最终照片呈现油画般的效果。

01 在Photoshop中打开素材文件夹中的“第4章\4.17-素材.jpg”文件，如图4.79所示，选中“背景”图层，右击并在弹出的菜单中选择“转换为智能对象”选项，执行“滤镜”→Camera Raw命令，打开Camera Raw。

图 4.79

02 放大素材照片，先为照片做一个主体的选区，选择工具栏中的“蒙版工具”，单击“选择主体”按钮，以自动创建基于主体的蒙版选区，如图4.80所示。

图 4.80

03 接下来对蒙版选区的图像进行修饰处理， 在“亮”面板中适当增大“曝光”值，使皮肤显得更通透，如图4.81所示。然后在“效果”面板中减小“纹理”和“清晰度”值，如图4.82所示，使皮肤变得柔滑，头发也不显得那么毛躁，调整后的效果如图4.83所示。

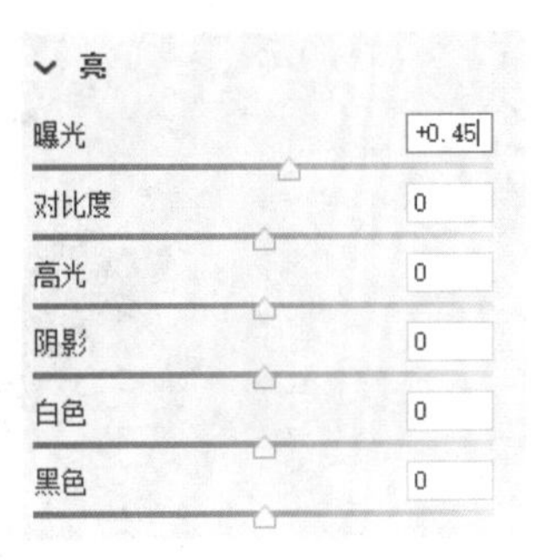

图 4.81

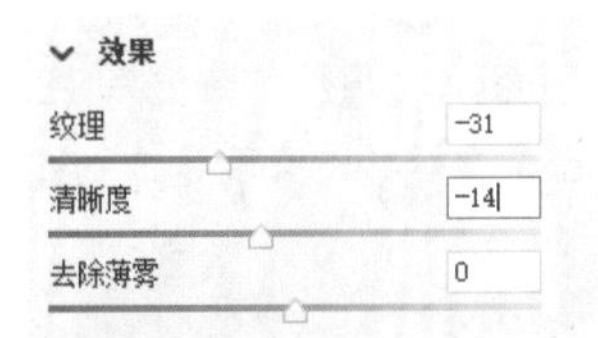

图 4.82

图 4.83

04 接下来需要对手部进行提亮并增强立体感，单击“创建新蒙版”按钮，选择“画笔”选项，并设置“画笔”的参数，如图4.84所示，然后使用画笔涂抹前臂的受光区域将其选中，如图4.85所示。

图 4.84

图 4.85

05 展开“亮”面板，调整“曝光”值，如图4.86所示，以提升手部蒙版区域的亮度，得到如图4.87所示的效果。

亮	
曝光	+0.75
对比度	0
高光	0
阴影	0
白色	0
黑色	0

图 4.86

图 4.87

06 继续用画笔涂抹，对面部的受光面、手掌的受光区域、衣服等进行涂抹，让这些区域稍微提亮，得到如图4.88所示的效果。

图 4.88

注意

在涂抹手掌受光区域和衣服时，可以适当减少画笔的“流动”值，让画笔的作用减弱一些。

07 单击“创建新蒙版”按钮，选择“画笔”选项，以创建“蒙版3”，针对头发区域提升质感和光泽感，设置画笔参数并选中“自动蒙版”复选框，如图4.89所示。用画笔涂抹头发的受光面，如图4.90所示。

图 4.89

图 4.90

08 展开“亮”面板，调整“曝光”和“高光”值，如图4.91所示，以提升这部分区域的光泽感，然后用画笔将头发的其他小的受光面也依次涂抹，得到如图4.92所示的效果。

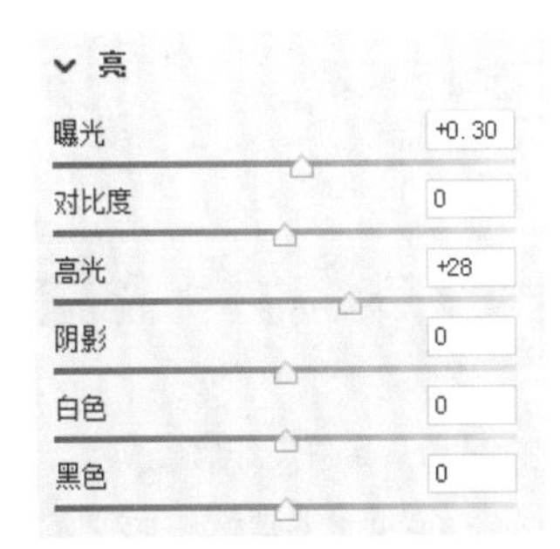

图 4.91

图 4.92

09 接下来针对头发调整色彩，先单击“创建新蒙版”按钮，选择“色彩范围”选项，对头发区域单击吸取颜色，然后设置“调整”值为35，得到如图4.93所示的效果。

图 4.93

10 观察图4.93可以看出，头发的选取范围过大，需要减去不需要的范围，单击“减去”按钮，选择“画笔”选项，设置画笔参数如图4.94所示，然后用画笔将头发以外的区域全部减去，得到如图4.95所示的选区。

图 4.94

图 4.95

11 展开“颜色”面板，调整“色温”值，如图4.96所示，让头发的颜色更显金黄，如图4.97所示。

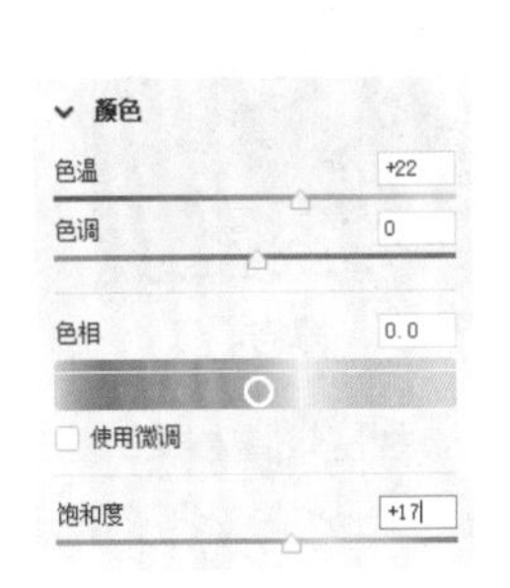

图 4.96

图 4.97

12 展开“亮”面板，适当减少“曝光”值，如图4.98所示，让头发的颜色更好看，如图4.99所示。

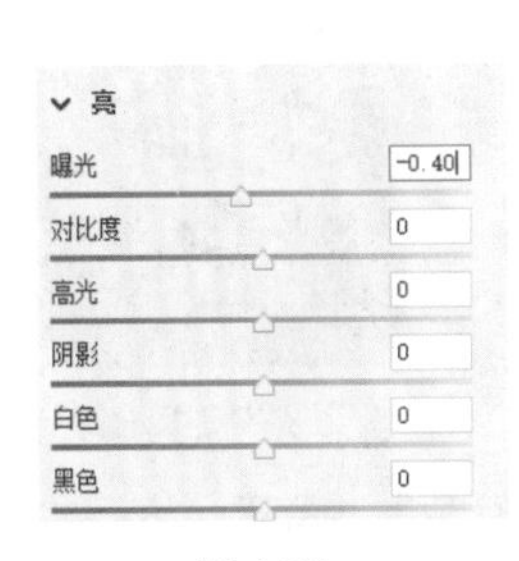

图 4.98

图 4.99

接下来针对兔子进行修饰，为了让整个画面显得更“童话”，所以兔子的颜色需要处理得白一些。

13 单击“创建新蒙版”按钮，选择“选择主体”选项，以创建“蒙版5”，然后单击“主体1”的“…”按钮，在弹出的菜单中选择“蒙版交叉对象”→“径向渐变”选项，如图4.100所示，然后圈选兔子，如图4.101所示。

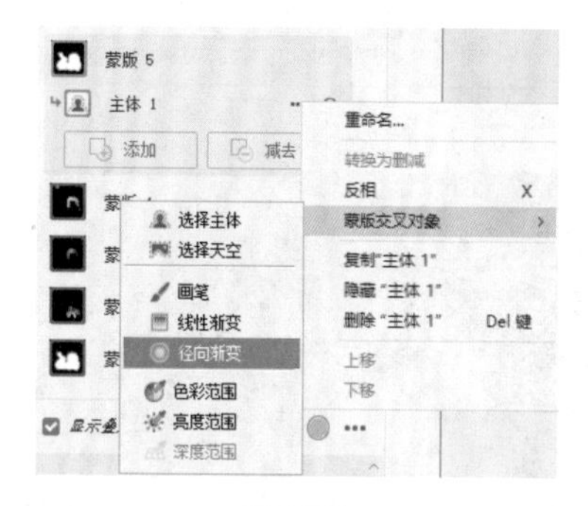

图 4.100

图 4.101

14 展开“颜色”面板，调整“色温”值为-23，让兔子变得更白；展开“效果”面板，调整“纹理”和“清晰度”值；展开“细节”面板，调整“锐化程度”值，如图4.102所示，调整后的效果如图4.103所示。

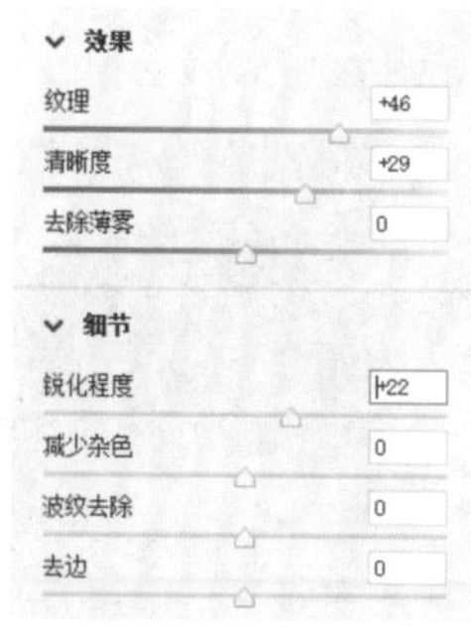

图 4.102

图 4.103

15 此时观察图像发现兔子耳朵有些偏黑，展开“亮”面板，适当增大“阴影”和“黑色”值，如图4.104所示，调整后的效果如图4.105所示。

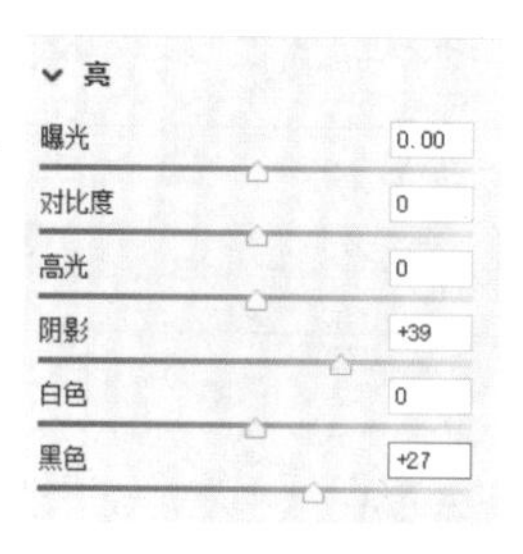

图 4.104

图 4.105

16 调整女孩的眼睛。单击“创建新蒙版”按钮，然后选择“径向渐变”选项，创建选中眼睛的渐变区域，如图4.106所示。

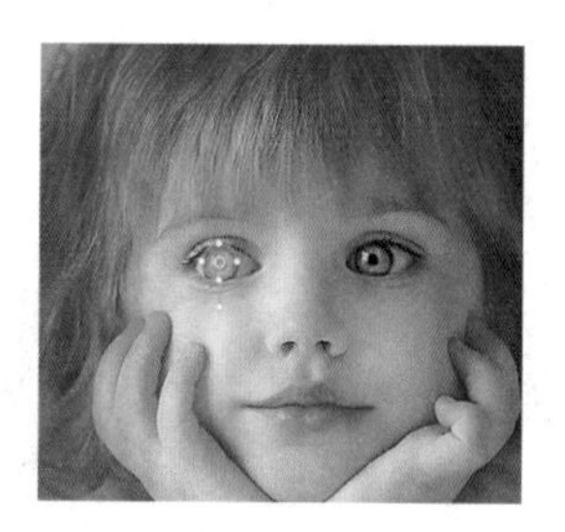

图 4.106

17 展开“亮”面板，分别调整“曝光”“对比度”和“黑色”值，如图4.107所示；展开“效果”面板，调整“清晰度”值，如图4.108所示，调整后的效果如图4.109所示。

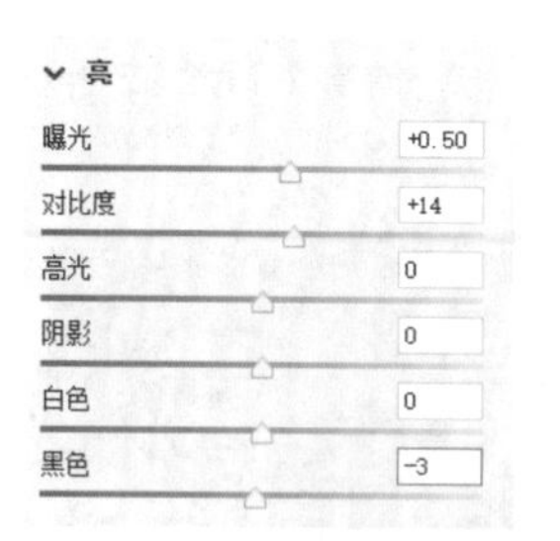

图 4.107

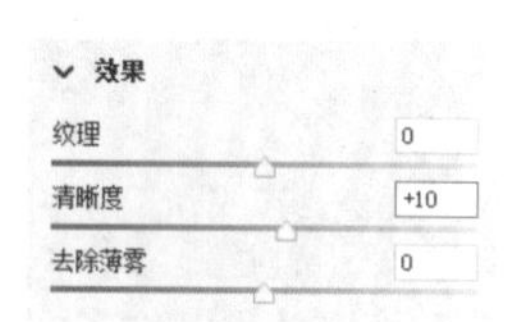

图 4.108

图 4.109

18 在选中眼睛径向渐变框的情况下，右击并在弹出的快捷菜单中选择“复制径向渐变1”选项，将复制的径向渐变框覆盖到另一只眼睛上，这样上一步所调整的参数就应用到另一只眼睛上了，如图4.110所示。

图 4.110

19 增强背景左上角的光影效果。单击“创建新蒙版”按钮，然后选择“径向渐变”选项，创建一个狭长的椭圆形渐变框，放置的位置与角度如图4.111所示。

图 4.111

20 分别调整“曝光”和“色温”值，如图4.112所示，得到如图4.113所示的效果。

亮	
曝光	+1.30
对比度	0
高光	0
阴影	0
白色	0
黑色	0
颜色	
色温	+28
色调	0

图 4.112

图 4.113

21 通过得到的效果可以看出，光束覆盖在人物和兔子面部，需要将覆盖面部的区域去除。单击“减去”按钮，然后选择“选择主体”选项，得到如图4.114所示的效果。

图 4.114

22 在“蒙版7”面板中选择“径向渐变1”选项，然后右击在弹出的快捷菜单中选择“复制径向渐变1”选项，适当调整复制的径向渐变框的大小和位置，使光束形成面的感觉，得到如图4.115所示的效果。

图 4.115

23 观察效果图可以看出，女孩右下角的床单也有被光覆盖，需要减去这一部分，单击“减去”按钮，然后选择“画笔”选项，适当调整画笔的大小，将覆盖光束的床单部分涂抹掉，如图4.116所示。

图 4.116

24 接下来需要模拟逆光下，毛发边缘发光的效果。单击“创建新蒙版”按钮，然后选择“画笔”选项，适当调整画笔的大小，对光束所在的毛发边缘进行涂抹，如图4.117所示。

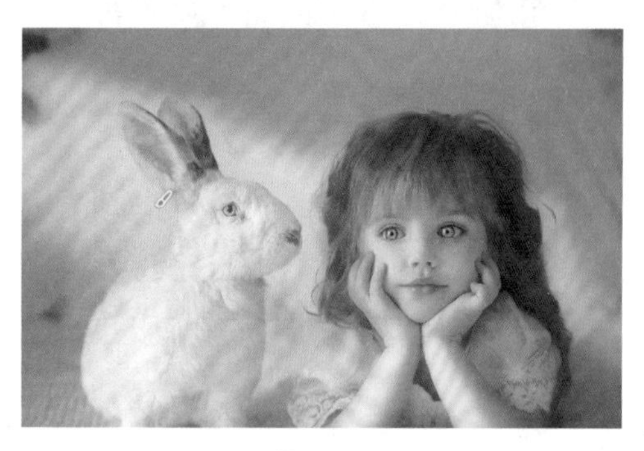

图 4.117

25 经过上一步的选择，还需要得到一个精确的选区，单击“蒙版8”下面的“画笔1”旁边的“…”图标，在弹出的菜单中选择“蒙版交叉对象”→“选择主体”选项，得到如图4.118所示的选区。

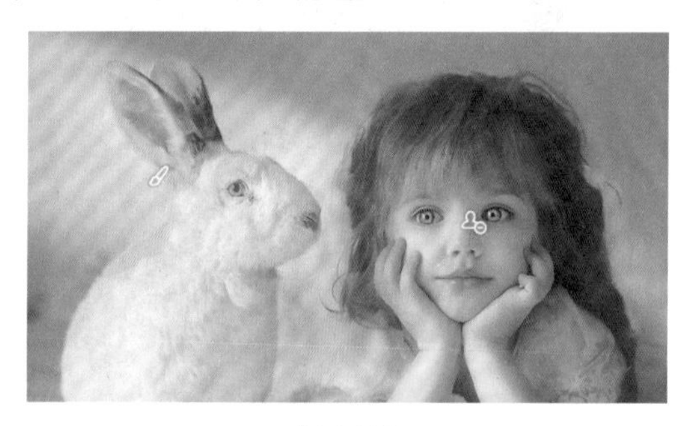

图 4.118

26 分别调整“曝光”和“色温”值，如图4.119所示，然后调整“效果”面板中的“去除薄雾”值，如图4.120所示。

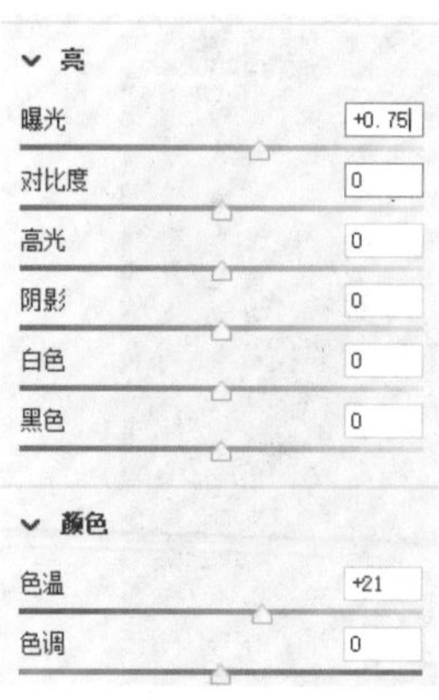

亮
曝光 +0.75
对比度 0
高光 0
阴影 0
白色 0
黑色 0
颜色
色温 +21
色调 0

图 4.119

效果
纹理 0
清晰度 0
去除薄雾 -22

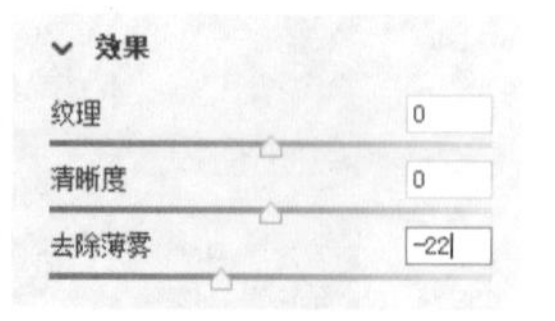

图 4.120

27 此时还可以通过修改选区来减少毛发边缘的发亮范围，单击“减去”按钮，选择“画笔”选项，用画笔涂抹掉不需要的区域，得到如图4.121所示效果。

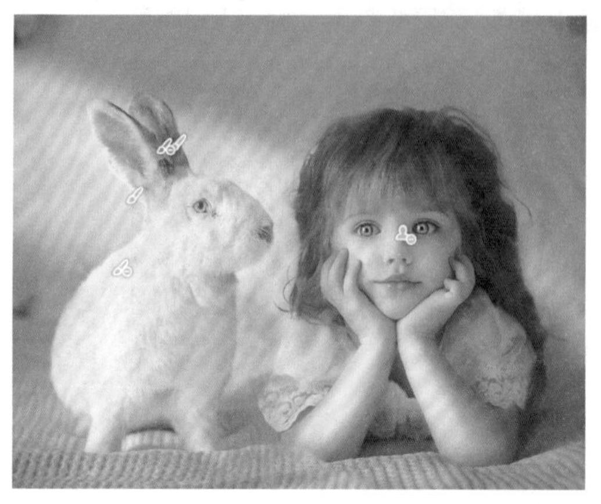

图 4.121

28 最后对画面整体适当调整“曝光”和“阴影”值，如图4.122所示，最终的效果如图4.123所示。

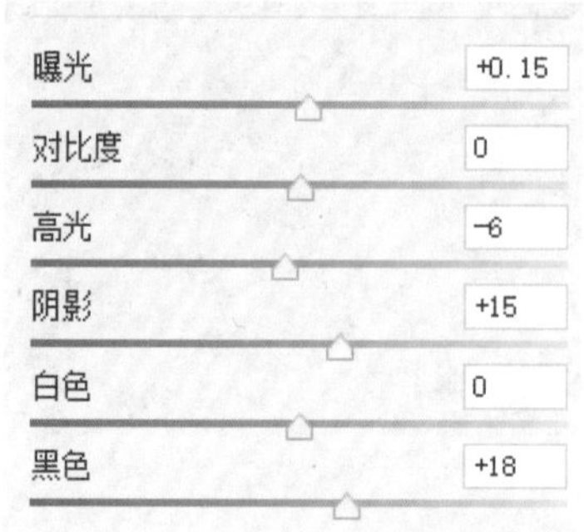

曝光 +0.15
对比度 0
高光 -6
阴影 +15
白色 0
黑色 +18

图 4.122

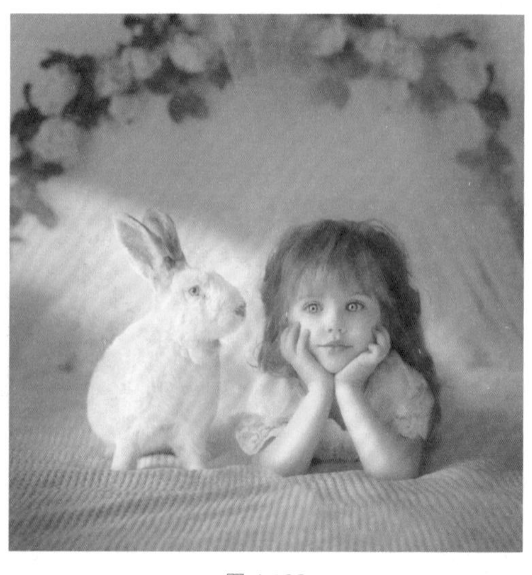

图 4.123

4.18 利用混色器快速调出流行的冷淡、炭灰风格

网络上流行的冷淡风或者炭灰风格的照片，其特点是除了视觉焦点，其他区域呈现的都是淡淡的灰色调，通过这样的色彩对比，来达到突出画面视觉焦点的目的，本例就来讲解通过 Camera Raw 中的混色器功能，快速调出这种风格的照片的方法，详细的操作步骤如下。

01 在Photoshop中打开配套素材中的“第4章\4.18-素材.jpg”文件，如图4.124所示，选择“背景”图层，右击并在弹出的快捷菜单中选择“转换为智能对象”选项，然后执行“滤镜”→Camera Raw命令，打开Camera Raw。

图 4.124

在素材照片中，红色的吊床及人物是画面的视觉焦点，需要保留其色彩，但是画面中的红色和其他颜色过于鲜艳，所以需要将它们的饱和度降低。

02 单击工具栏中的“编辑”图标，然后展开“混色器”面板，选择“饱和度”选项卡，单击“调整”下拉列表右侧的“目标调整工具”按钮，单击拖曳画面中的绿树，减少绿色的饱和度，此时面板中的参数如图4.125所示，调整后的效果如图4.126所示。

混色器

调整 HSL

色相 饱和度 明亮度 全部

红色	0
橙色	0
黄色	-15
绿色	-100
浅绿色	0
蓝色	0
紫色	0
洋红	0

图 4.125

图 4.126

03 保持选中“目标调整工具”，对画面中天空的蓝色、草地的黄色及吊床的红色区域单击拖曳，分别减少它们的饱和度，如图4.127所示，调整后的效果如图4.128所示。

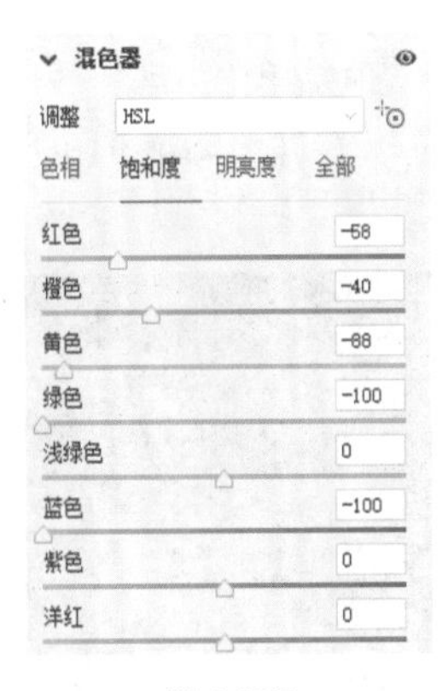

图 4.127

图 4.128

画面的整体色调调整完毕，接下来需要调整灰调。

04 展开“曲线”面板，单击第二个“单击以编辑点曲线”图标，调整点曲线如图4.129所示，得到的最终图像效果，如图4.130所示。

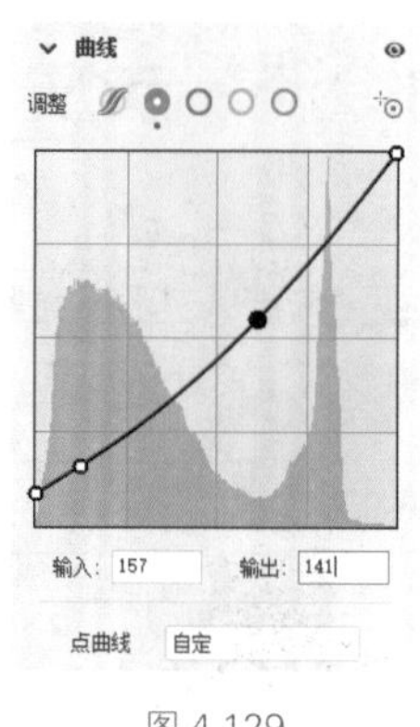

图 4.129

图 4.130

4.19 利用校准功能，快速调出赛博朋克风格照片

本例利用 Camera Raw 中的校准功能，将颜色杂乱的夜景照片统一色调，将其调成赛博朋克风格，下面讲解详细的操作步骤。

01 在Photoshop中打开配套素材中的“第4章\4.19-素材.jpg”文件，如图4.131所示，选择“背景”图层，右击并在弹出的快捷菜单中选择“转换为智能对象”选项，然后执行“滤镜”→Camera Raw命令，打开Camera Raw。

图 4.131

如果希望把一张照片中非常杂乱的颜色调成为两种、三种或者四种色调，就必须将两种色彩的“色相”滑块向相同方向调整，另一种色彩的滑块向反向调整，例如绿原色和蓝原色为负值，而红原色就要调整为正值，这样调出来的颜色就会非常纯。

02 赛博朋克风格的色彩特点是以蓝色和紫色为主，单击工具栏中的“编辑”按钮，然后展开“校准”面板，将“红原色”“绿原色”和“蓝原色”的“色相”参数调整为如图4.132所示的状态，得到如图4.133所示的效果。

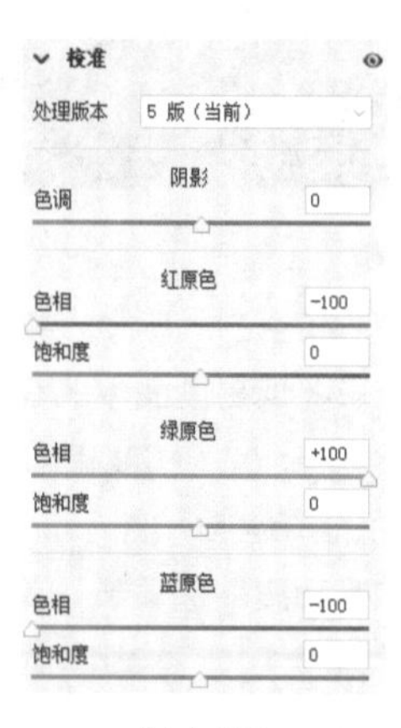

图 4.132

图 4.133

03 在上一步的基础上，展开“混色器”面板，单击“色相”按钮，选择“调整”下拉列表右侧的“目标调整

工具”，对画面中的绿色区域单击拖曳，调整“淡绿色”值如图4.134所示，调整后的效果如图4.135所示。

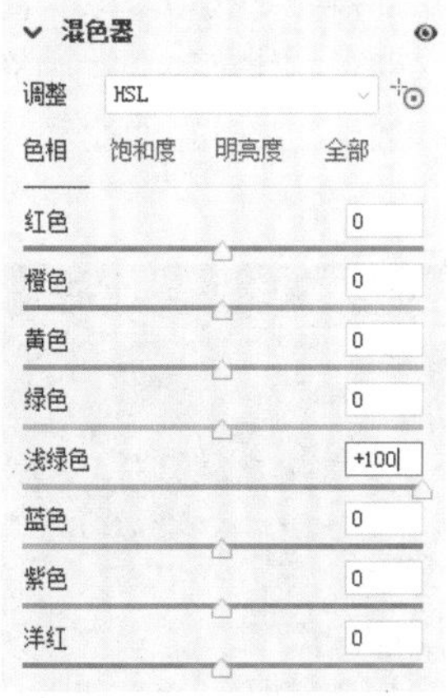

混色器
调整 HSL
色相 饱和度 明亮度 全部
红色 0
橙色 0
黄色 0
绿色 0
浅绿色 +100
蓝色 0
紫色 0
洋红 0

图 4.134

图 4.135

04 保持选中“目标调整工具”，对画面中的品红区域单击拖曳，调整其色相参数如图4.136所示，调整后的效果如图4.137所示。

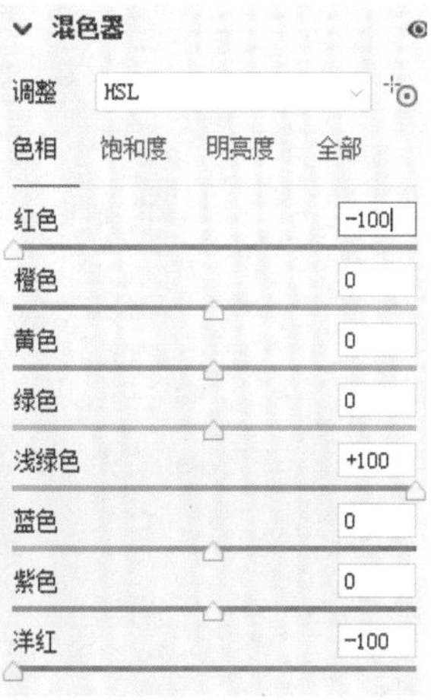

混色器
调整 HSL
色相 饱和度 明亮度 全部
红色 -100
橙色 0
黄色 0
绿色 0
浅绿色 +100
蓝色 0
紫色 0
洋红 -100

图 4.136

图 4.137

05 展开“基本”面板，调整“色温”值，如图4.138所示，调整后的效果如图4.139所示。

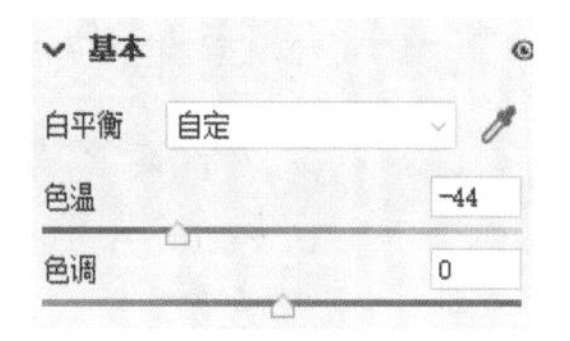

图 4.138

图 4.139

06 画面中阴影区域过于暗淡，增大“阴影”值，如图4.140所示，调整后的效果如图4.141所示。

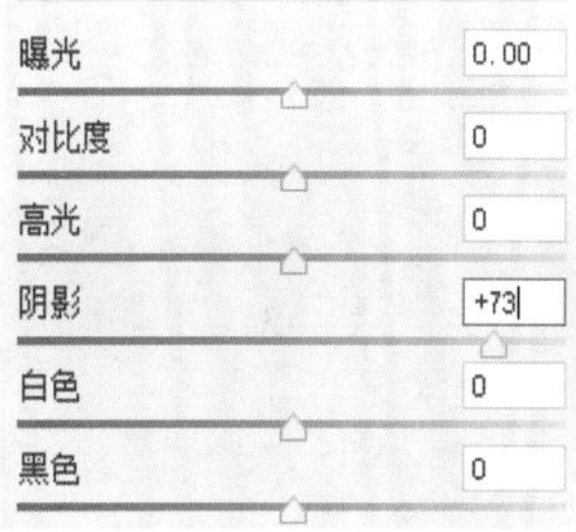

曝光 0.00
对比度 0
高光 0
阴影 +73
白色 0
黑色 0

图 4.140

图 4.141

07 单击“确定”按钮，完成Camera Raw部分的调整，应用图像效果至Photoshop中，复制“图层0”得到“图层0 拷贝”图层，右击并在弹出的快捷菜单中选择“栅格化图层”选项，此时的“图层”面板如图4.142所示。

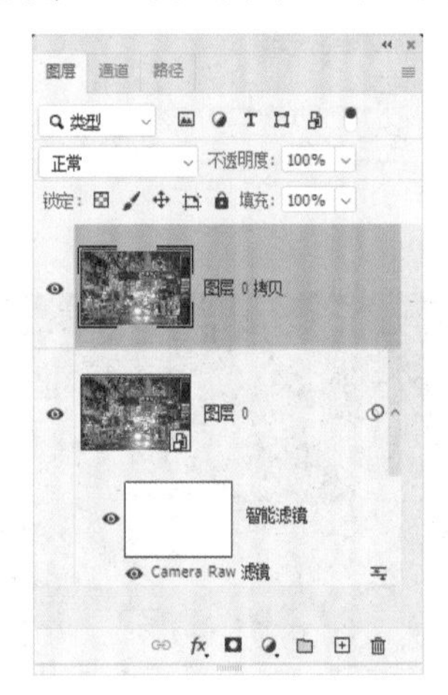

图 4.142

08 选中“图层0 拷贝”图层，执行“滤镜”→“模糊”→“高斯模糊”命令，在弹出的对话框中设置“半径”值为10像素，并将“图层0 拷贝”图层混合模式设置为“柔光”，调整“不透明度”值为38%，得到如图4.143所示的图像效果，此时的“图层”面板如图4.144所示。

图 4.143

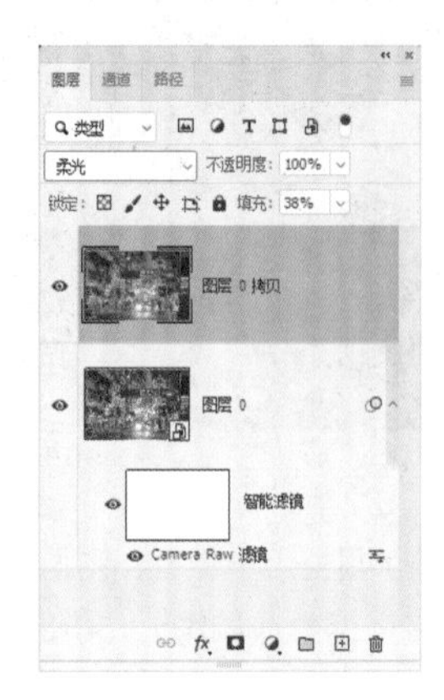

图 4.144

第5章

人像类照片综合调修

5.1 让寻常人文照片充满回忆感

本例照片中的小孩，其表情非常成熟，带有一种超越其年龄，略带回忆的感觉，通过对画面色彩和高光区域的修饰，将照片制作为一张色调微微泛黄，淡淡中透出一些绿色的复古色调，下面讲解详细的操作步骤。

01 在Photoshop打开素材文件夹中的“第5章\5.1-素材.jpg”文件，如图5.1所示。

02 在“图层”面板中，右击并在弹出的快捷菜单中选择“转换为智能对象”选项，如图5.2所示。

图5.1

图 5.2

03 执行“滤镜”→Camera Raw命令，进入Camera Raw。首先需要把画面中的高光区域压暗，在“基本”面板中，分别调整“高光”和“曝光”值，如图5.3所示，得到如图5.4所示的效果。

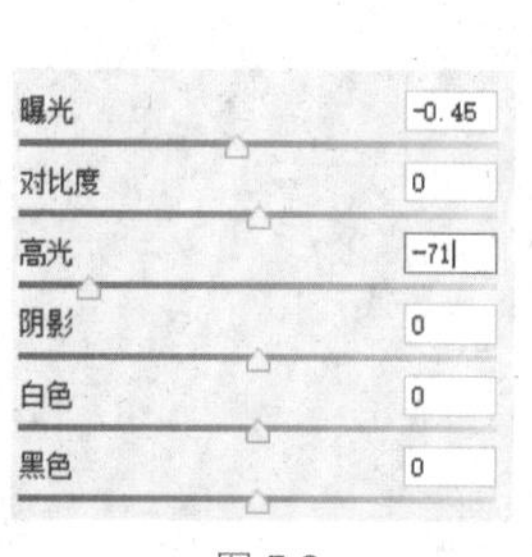

图 5.3

图 5.4

04 在“基本”面板中，降低画面的自然饱和度，如图5.5所示，得到如图5.6所示的效果。

05 调整色彩，在“基本”面板中，分别调整“色温”和“色调”值，如图5.7所示，使画面的色彩偏黄、偏绿，如图5.8所示。

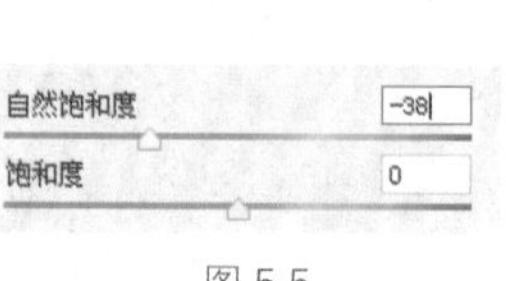

图 5.5

图 5.6

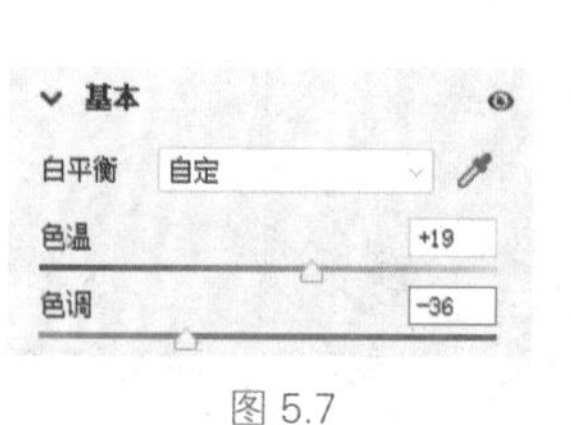

图 5.7

图 5.8

06 此时画面的明暗对比明显，在“基本”面板中，增大“阴影”值，如图5.9所示，使画面的阴影区域变亮，如图5.10所示。

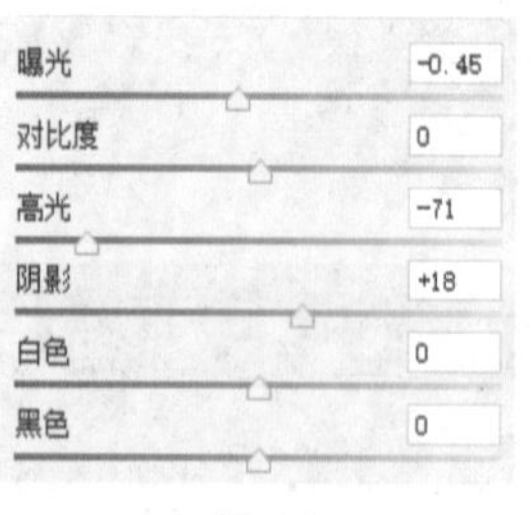

图 5.9

图 5.10

07 使用“画笔工具”对雕像进行局部修饰，选中工具栏中的“蒙版工具”，单击“创建新蒙版”按钮，选择“画笔”选项，创建“蒙版1”。设置“亮”面板中的参数如图5.11所示，使雕像及台阶的高光区域曝光降低，以展示更多的细节，调整后的图像效果如图5.12所示。

图 5.11

图 5.12

08 增强雕像的纹理感，让画面的年代感更强，这样更符合回忆的主题。展开“效果”面板，调整“清晰度”和“去除薄雾”值。展开“细节”面板，调整“锐化程度”值，如图5.13所示，得到如图5.14所示的图像效果。

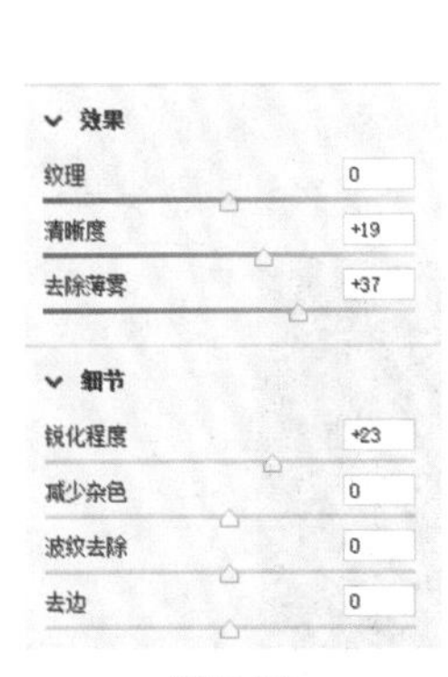

图 5.13

图 5.14

09 接下来对人物的面部进行局部修饰，选择工具栏中的“蒙版工具”，单击“创建新蒙版”按钮，选择“画笔”选项，以创建“蒙版1”。设置“亮”面板中的参数如图5.15所示，使人物面部的高光区域曝光降低，以展示更多细节，调整后的图像效果如图5.16所示。单击“确定”按钮，保存设置并退出Camera Raw。

图 5.15

图 5.16

10 接下来使用液化功能对人物的面部进行修饰。执行“滤镜”→“液化”命令，进入“液化”界面，首先调整眼睛大小，使其显得更可爱，然后将鼻子缩小、面部的宽度缩小，再收一些下额和前额，让人物显得更加清秀。图5.17所示为参数设置，图5.18所示为调整前后的对比效果。

图 5.17

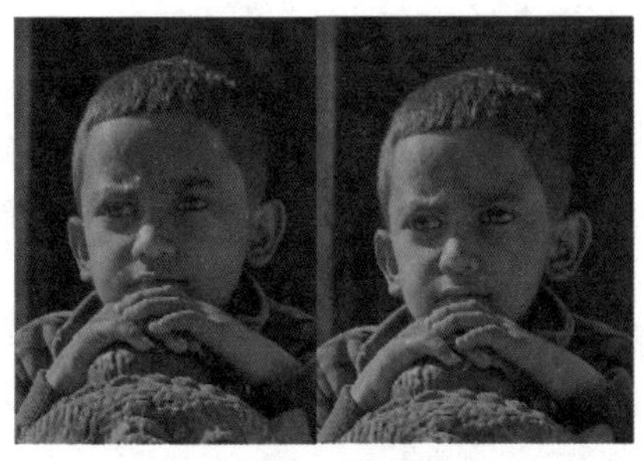

图 5.18

11 接下来对画面的一些细节进行调整。单击“创建新的填充或调整图层”按钮，在弹出的菜单中选择“曲线”选项，得到“曲线1”调整图层，单击“添加矢量蒙版”按钮，为曲线调整图层添加蒙版。选择“磁性套索工具”，将人物和雕像全部选中，设置前景色为黑色，为蒙版填充黑色，“曲线1”调整图层的状态如图5.19所示，得到如图5.20所示的效果。

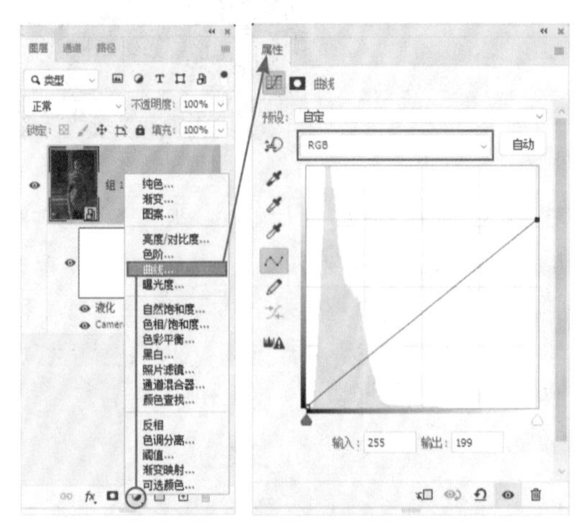

图 5.19

图 5.20

12 单击“创建新的填充或调整图层”按钮，在弹出的菜单中选择“曲线”选项，得到“曲线2”调整图层，单击“添加矢量蒙版”按钮，为“曲线2”调整图层添加蒙版。选择“快速选择工具”，将雕像选中，在选中“曲线2”的图层蒙版的状态下，按Delete键删除，然后按快捷键Ctrl+D取消选区。在蒙版“属性”面板中单击“反相”按钮，如图5.21所示，“曲线2”调整图层的状态如图5.22所示，得到如图5.23所示的效果。

图 5.21

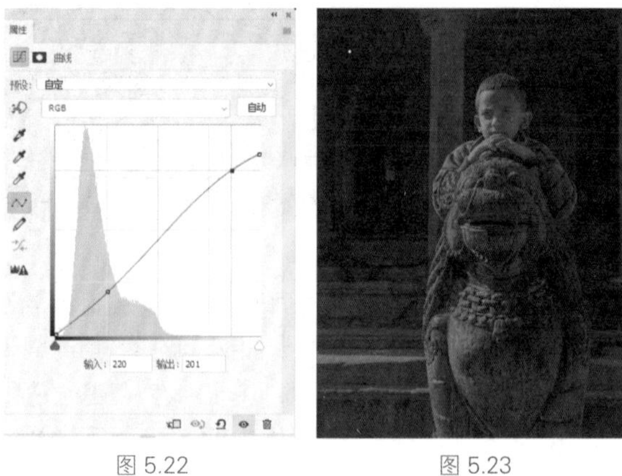

图 5.22　　图 5.23

13 单击“创建新图层”按钮，得到“图层1”，将图层混合模式设置为“叠加”，这一步是要把眼睛再稍微提亮，让眼睛更有神。设置前景色为白色，选择“画笔工具”，在工具选项栏中设置合适的“流量”和“大小”值，并涂抹眼睛区域，得到如图5.24所示的效果。

图 5.24

14 接下来处理背光发灰的面部，单击“创建新图层”按钮，得到“图层2”，将图层混合模式设置为“颜色”，选择“画笔工具”，在工具选项栏中设置合适的

“大小”及“流量”值，按L键对发灰的肤色取样，然后对其进行涂抹，得到如图5.25所示的效果。

图 5.25

接下来对整个画面做一些明暗处理，包括台阶、人物面部、门锁等区域，这些区域在画面中仍然是比较明显的。

15 单击“创建新的填充或调整图层”按钮 ，在弹出的菜单中选择“曲线”选项，得到“曲线3”调整图层，调整“曲线3”的曲线状态，如图5.26所示。

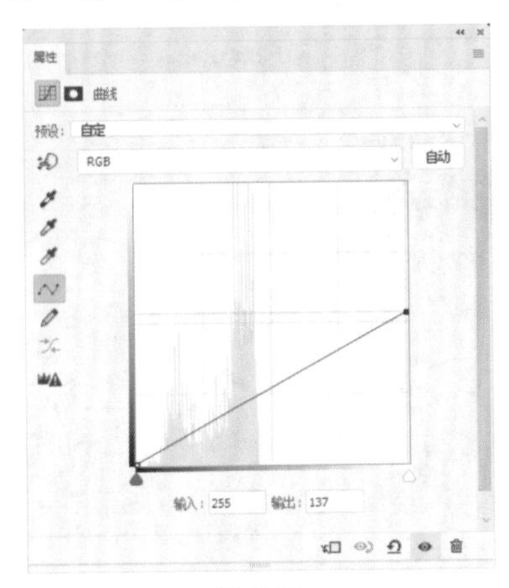

图 5.26

16 选中“曲线3”调整图层，单击“添加矢量蒙版”按钮 ，设置前景色为黑色，按快捷键Alt+Delete将蒙版填充为黑色。设置前景色为白色，选择“画笔工具”，在工具选项栏中设置合适的画笔类型、“流量”及“大小”值，涂抹台阶、人物的面部、门锁等区域，使“曲线3”调整图层只作用于这些区域，“图层”面板如图5.27所示，涂抹后的图像效果如图5.28所示。

17 通过观察发现，背景处的柱子仍然偏亮，单击“创建新图层”按钮 ，得到“图层3”，将图层混合模式设置为“柔光”。选择“画笔工具”，在工具选项栏中设置合适的“大小”及“流量值，涂抹偏亮的柱子，设置图层的“不透明度”值为49%，图5.29所示为涂抹前后对比效果。

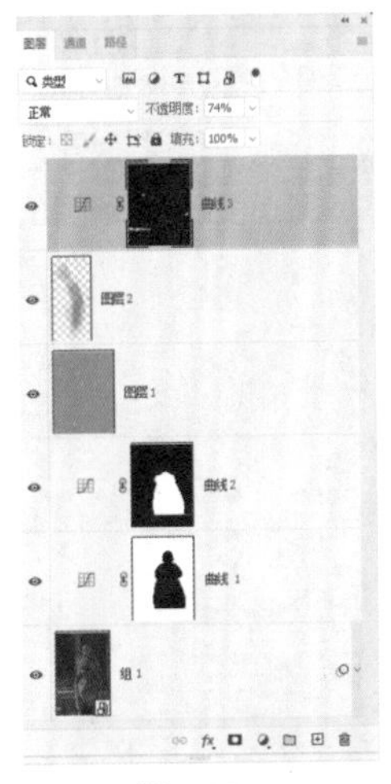

图 5.27

图 5.28

图 5.29

18 按快捷键Shift+Alt+Ctrl+E盖印图层，得到“图层4”，右击并在弹出的快捷菜单中选择“转换为智能对象”选项，执行“滤镜”→“其他”→“高反差保留”命令，在弹出的“高反差保留”对话框中设置“半径”值为4.0像素，如图5.30所示，单击“确定”按钮。

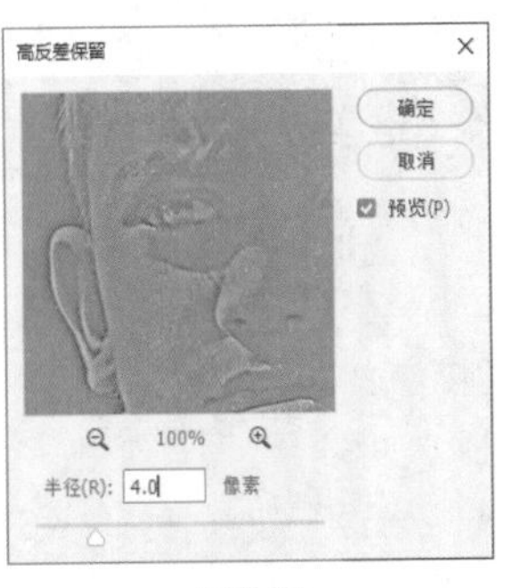

图 5.30

19 选中“图层4”，单击“添加矢量蒙版”按钮，设置前景色为黑色，背景色为白色，按快捷键Alt+Delete将“图层4”蒙版填充为黑色。选中“曲线2”的图层蒙版，执行“选择”→“载入选区”命令，保持选区的状态，选择“图层4”的图层蒙版，按快捷键Ctrl+Delete为选区填充白色，设置图层混合模式为“叠加”，“不透明度”值为80%，得到如图5.31所示的最终图像效果，最终的“图层”面板如图5.32所示。

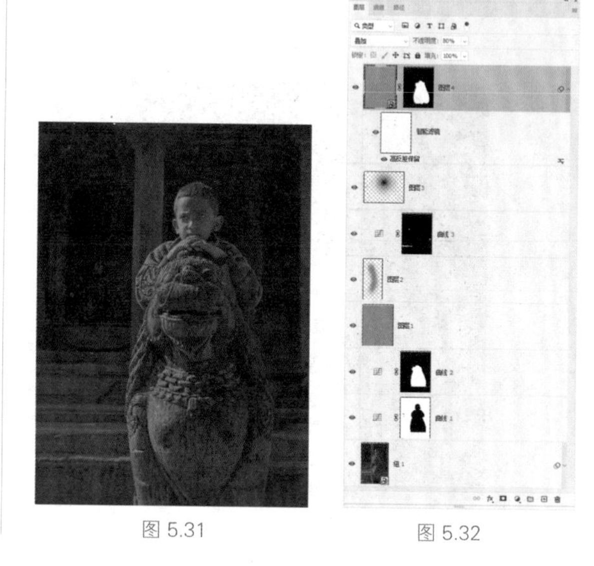

图 5.31　　图 5.32

5.2 增强夕阳下亲子合影的温暖感

本例素材是一张傍晚以逆光拍摄的亲子合影照片，综合运用曲线、色阶、照片滤镜、镜头光晕及渐变映射等功能，使照片的对比度、光影和温暖氛围得以提升，下面讲解详细的操作步骤。

01 在Photoshop打开素材文件夹中的“第5章\5.2-素材.jpg”文件，如图5.33所示。

图 5.33

02 观察照片发现其整体发灰，因此需要增强画面的对比度。单击“创建新的填充或调整图层”按钮，在弹出的菜单中选择“曲线”选项，得到“曲线1”调整图层，调整“曲线1”图层的曲线，如图5.34所示，得到如图5.35所示的效果。

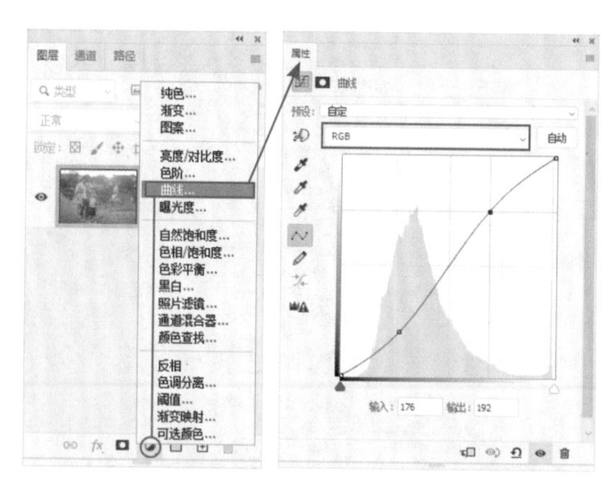

图 5.34

图 5.35

03 稍微增强画面整体的对比度，单击“创建新的填充或调整图层”按钮 ◐.，在弹出的菜单中选择“色阶”选项，得到“色阶1”调整图层。因为画面的背景和前景部分还稍微发暗，需要在“属性”面板中，将中间调提亮一些，如图5.36所示。将“色阶1”的图层混合模式设置为“柔光”，以进一步增强对比，并设置“不透明度”值为43%，获得自然的对比效果，“图层”面板如图5.37所示，调整后的效果如图5.38所示。

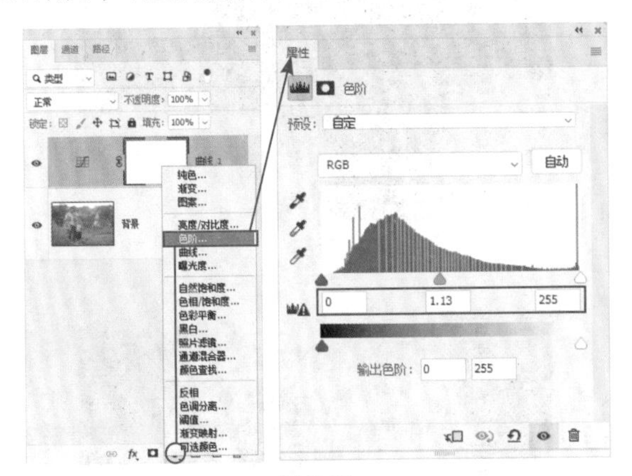

图 5.36

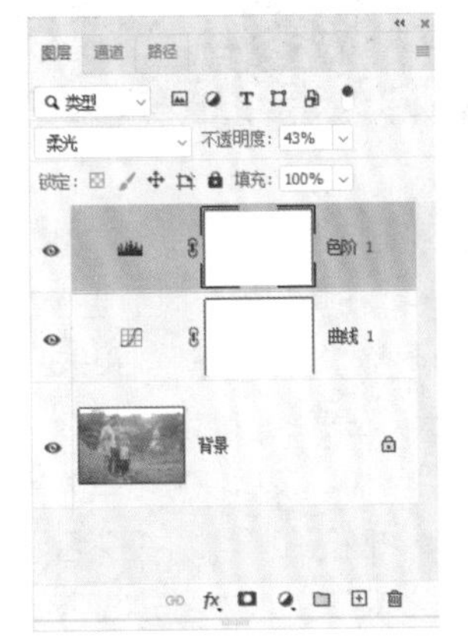

图 5.37

图 5.38

04 经过前面的增强对比调整后，人物的曝光需要重新调整，单击“创建新的填充或调整图层”按钮 ◐.，在弹出的菜单中选择“曲线”选项，得到“曲线2”调整图层，调整“曲线2”调整图层的曲线，如图5.39所示。

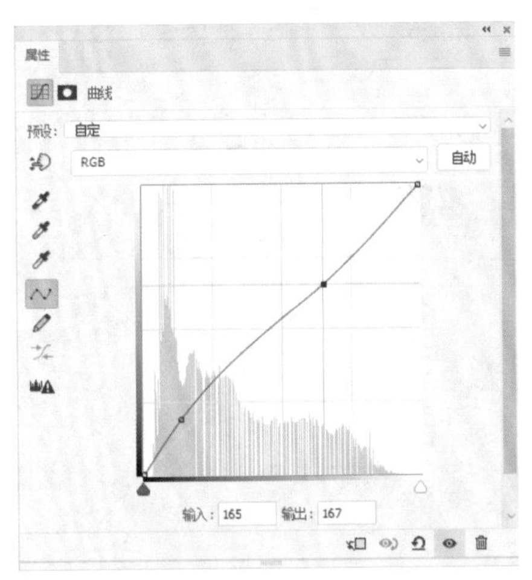

图 5.39

05 单击“添加矢量蒙版”按钮 ◘，为“曲线2”添加图层蒙版，然后在图层蒙版“属性”面板中，单击“反相”按钮，使蒙版变为黑色填充，如图5.40所示。设置前景色为白色，选择“画笔工具”并设置合适的画笔大小，对人物进行涂抹，图5.41所示为涂抹后蒙版的状态。涂抹完成后，修改“曲线2”调整图层的“不透明度”值为50%，以获得自然的效果。

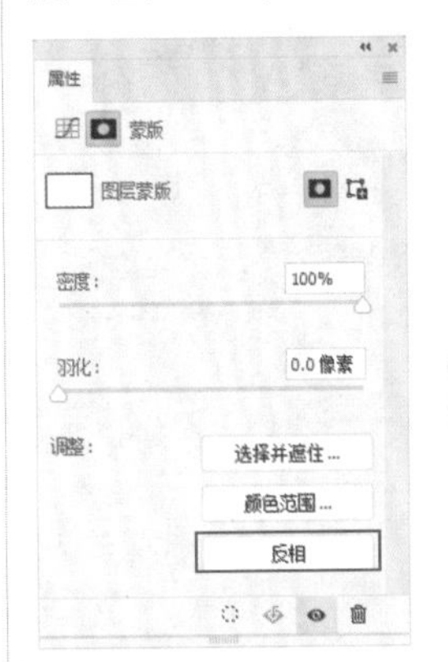

图 5.40

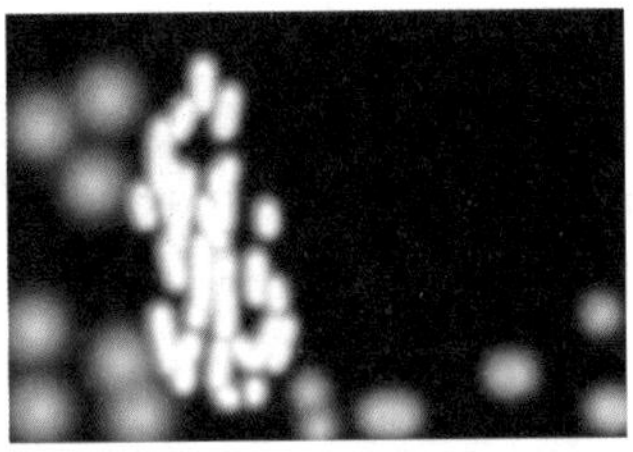

图 5.41

注意

在使用“画笔工具”涂抹除人物外的区域时，需要适当降低“不透明度”值，使“曲线2”调整图层的应用效果在这些区域不显得突兀，而且在涂抹时，不要一笔一笔地涂，这样涂出来的效果不均匀，且非常生硬。

06 由于照片是在黄昏时拍摄的，整体的环境，尤其是绿地部分，色调再暖一些会显得更温馨。单击“创建新的填充或调整图层”按钮 ，在弹出的菜单中选择“照片滤镜”选项，得到“照片滤镜1”调整图层，调整“照片滤镜1”图层的参数如图5.42所示。

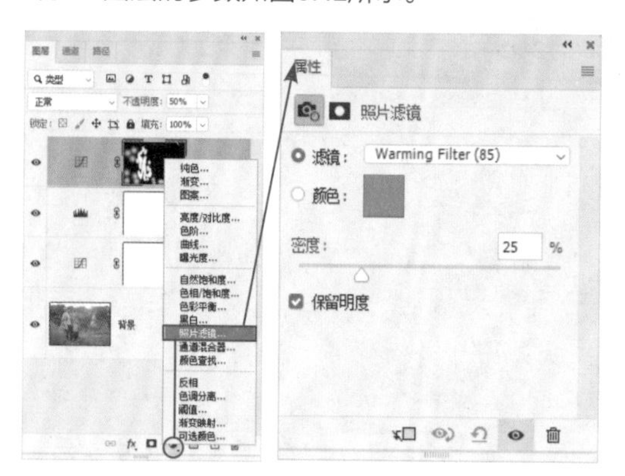

图 5.42

07 单击“添加矢量蒙版”按钮 ，为“照片滤镜1”调整图层添加图层蒙版，然后在图层蒙版“属性”面板中，单击“颜色范围”按钮，在弹出的“色彩范围”对话框中使用“吸管工具” 对草地单击，如果有些区域没选中或者还要增加其他区域，则使用 工具单击添加。在预览框中，白色代表选中的区域，黑色代表未选中的区域，如图5.43所示，单击“确定”按钮，在“照片滤镜1”调整图层中添加图层蒙版，按住Alt键单击图层蒙版，可以查看蒙版的状态，如图5.44所示。

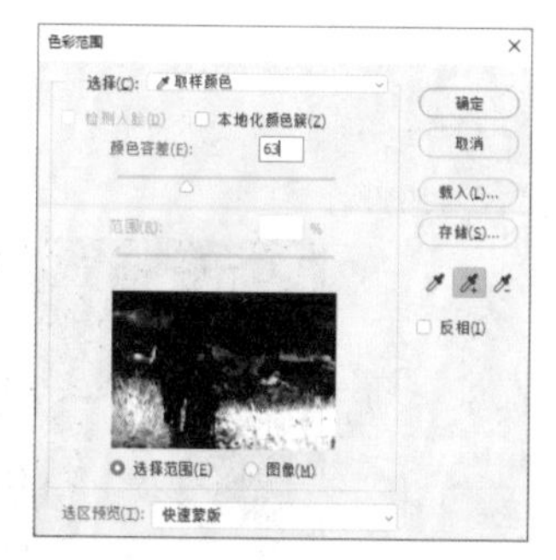

图 5.43

图 5.44

08 观察蒙版可以看到，除绿草部分被选中外，在画面的顶部还有一些灰色，可以将其直接涂掉，设置前景色为黑色，然后使用“画笔工具”对画面的这些区域进行涂抹，使“照片滤镜”仅作用于草地的部分，涂抹后的蒙版如图5.45所示，涂抹后的图像效果如图5.46所示。

图 5.45

图 5.46

09 提亮背光下的人物面部，单击“创建新的填充或调整图层”按钮 ，在弹出的菜单中选择“曲线”选项，得到“曲线3”调整图层，调整“曲线3”调整图层的曲线如图5.47所示。在曲线“属性”面板中单击“蒙版”按钮，再单击“反相”按钮使蒙版填充黑色，设置前景色为白色，选择“画笔工具”并设置合适的画笔大小和不透明度，涂抹人物面部，如图5.48所示。

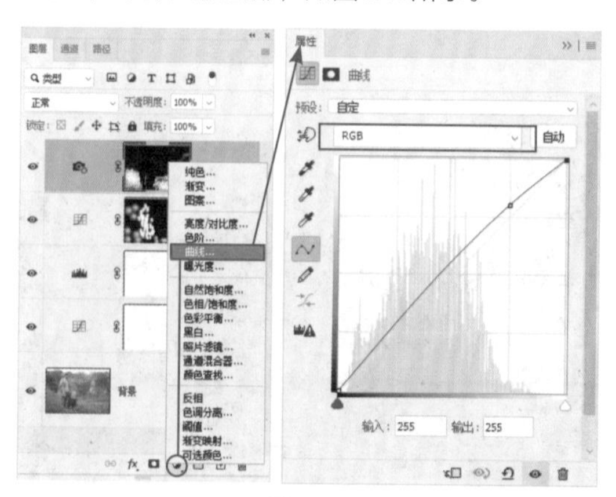

图 5.47

图 5.48

10 接下来模拟夕阳照射的效果，画面中其实已经有太阳光斑效果，但还可以增强光斑效果。按住Alt键单击"新建图层"图标 ⊞，在弹出的"新建图层"对话框中设置参数，如图5.49所示，单击"确定"按钮，得到"图层1"。

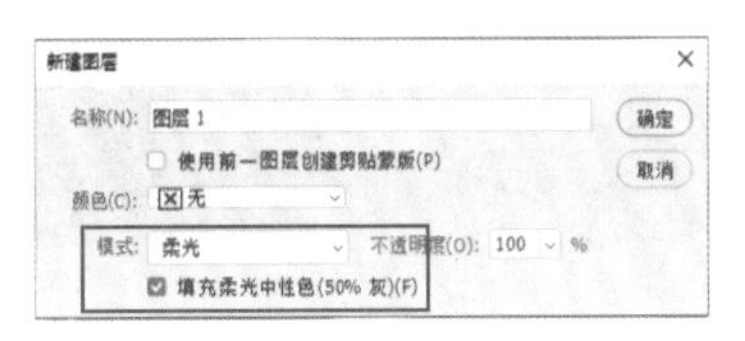

图 5.49

11 右击"图层1"，在弹出的快捷菜单中选择"转换为智能对象"选项，执行"滤镜"→"渲染"→"镜头光晕"命令，在弹出的"镜头光晕"对话框中设置参数，如图5.50所示，单击"确定"按钮，得到如图5.51所示的效果。

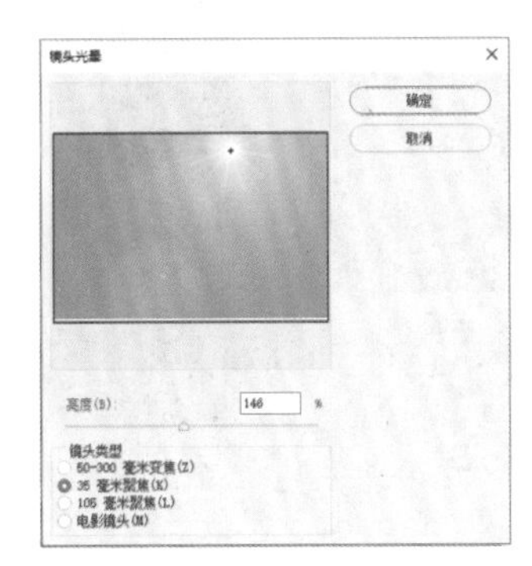

图 5.50

图 5.51

12 创建一个渐变填充图层，用来模拟太阳的光晕。单击"创建新的填充或调整图层"按钮 ◐，在弹出的菜单中选择"渐变"选项，得到"渐变填充1"调整图层，在"渐变填充"对话框中设置左侧色标值为f6c530（黄色），在偏右的位置单击添加色标，并删除默认的右侧图标，如图5.52所示，单击"确定"按钮。设置"渐变填充1"调整图层的混合模式为"线性减淡（添加）"，并设置"不透明度"值为16%，得到如图5.53所示的最终图像效果，最终的"图层"面板如图5.54所示。

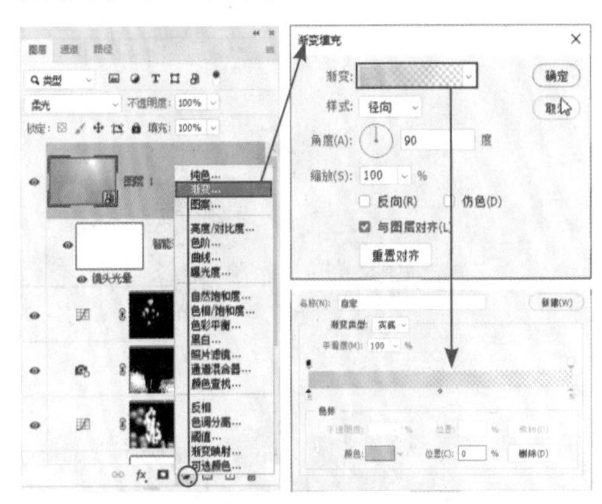

图 5.52

图 5.53

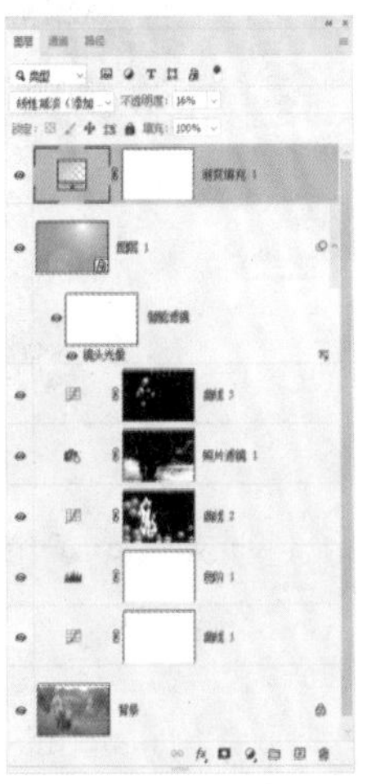

图 5.54

5.3 日系唯美小清新色调

本例制作的是日系小清新色调照片效果，该效果偏向沉稳、低调且不乏清新、清爽的视觉感受，因此较适合画面较为甜美、忧郁的主题，不适合过于张扬的画面。在制作本例效果时，较适合以绿色或其他较为自然清新的色彩为主的照片，且照片的对比度不宜过高，色彩也不必过于浓郁，具体的操作步骤如下。

01 打开配套资源中的“第5章\5.4-素材.nef”文件，如图5.55所示，启动Camera Raw软件。

图 5.55

02 在“配置文件”下拉列表中选择“Adobe人像”预设选项，如图5.56所示，以针对人像照片优化其色彩与明度，如图5.57所示。

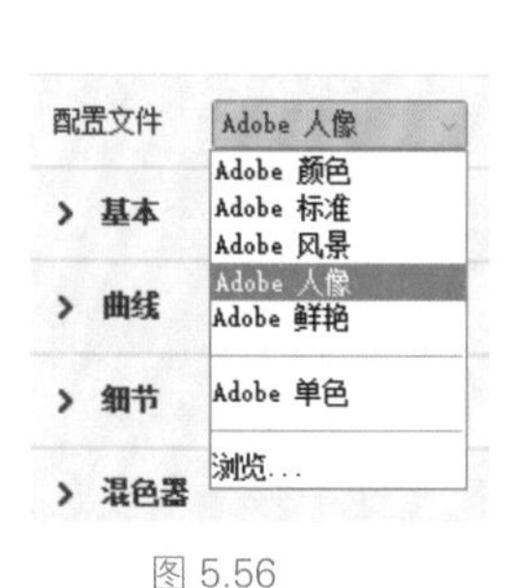

图 5.56

图 5.57

下面将通过编辑“曲线”面板中的曲线，初步调出照片的冷调效果。

03 展开“曲线”面板，单击“红色通道”按钮，并向下拖动右上角的曲线节点，如图5.58所示，以改变高光区域的颜色，如图5.59所示。

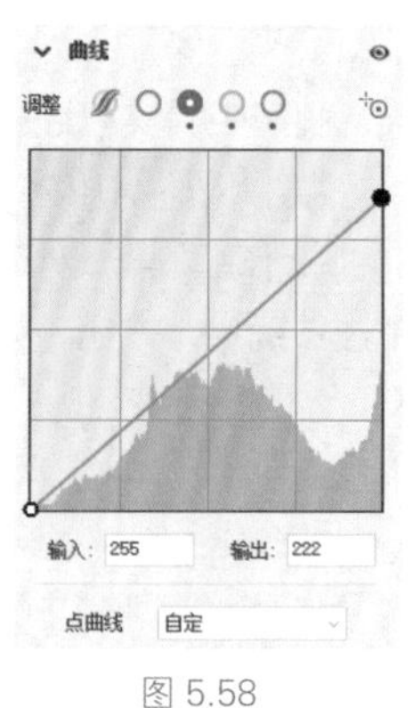

图 5.58

图 5.59

04 按照上述方法，再分别调整绿色和蓝色通道，以改变照片的颜色，直至得到满意的效果，如图5.60~图5.63所示。

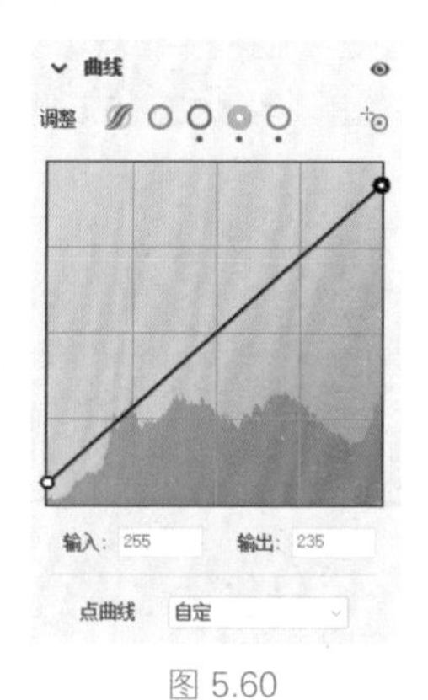

图 5.60

图 5.61

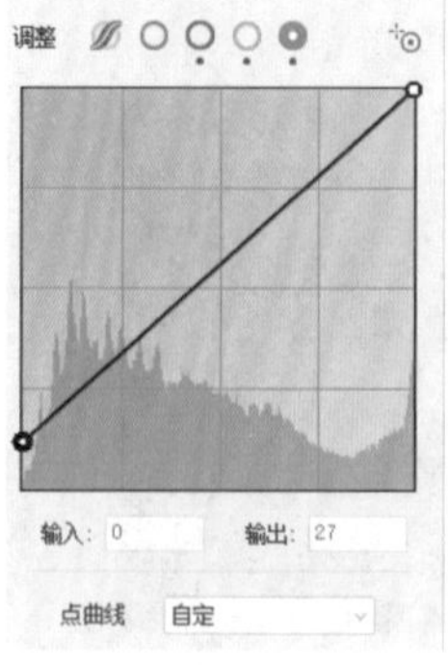

图 5.62

图 5.63

通过前面的调整，照片已经初步具有小清新色调的效果，但还不够明显，下面再来做进一步的润饰处理。当前画面显得较为朦胧，像有雾气，下面先来对其进行处理，使画面更加通透。

05 展开“基本”面板，向右拖曳“去除薄雾”滑块，如图5.64所示，以增强画面的通透感，如图5.65所示。

图 5.64　　图 5.65

此时，照片色彩较为灰暗，下面分别对其进行适当的美化处理。

06 在“混色器”面板中选择“饱和度”选项卡，并在其中设置适当的参数，如图5.66所示，以优化相应色彩的饱和度，直至得到满意的效果，如图5.67所示。

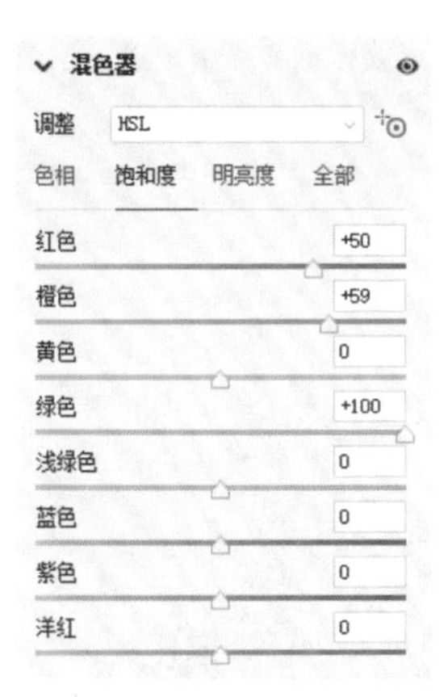

图 5.66

图 5.67

注意

如果希望简单、快速地提高饱和度，也可以在“基本”面板中调整“自然饱和度”和“饱和度”参数，但这样是对整体进行的调整，可能会出现部分颜色过度饱和的问题，而本步所使用的方法，是分别针对不同的色彩进行提高饱和度的处理，因此能够更精确地拿捏调整的尺度，读者在实际处理时，可以根据实际情况选择恰当的方法。

通过前面的调整，照片已经基本处理完成，但通过仔细观察，仍然可以发现一些瑕疵，下面分别对其进行处理。首先，人物面部由于补光不足，显得较暗，下面先来对人物面部进行调亮处理。

07 选择工具栏中的“蒙版工具”，然后单击“创建新蒙版”按钮，选择“画笔”选项，设置“画笔”的参数如图5.68所示，使用“画笔工具”在人物面部涂抹，以确定调整的范围，如图5.69所示。

图 5.68

图 5.69

08 在右侧设置适当的参数，如图5.70所示，直至得到满意的效果，如图5.71所示。若对此范围不满意，可以按住Alt键进行涂抹，以缩小调整范围。

图 5.70

图 5.71

观察地面可以发现，其中包含较多的杂物，在很大程度上影响了照片的美感，下面就来去除其中较明显的杂物。

09 选择“污点去除工具”并设置适当的参数，如图5.72所示。将鼠标指针置于要擦除的对象上并涂抹，直至将其完全覆盖为止，释放鼠标左键，即可自动根据当前区域周围的图像进行智能修补处理，其中红色区域表示被修除的目标图像，绿色区域表示源图像，如图5.73所示。

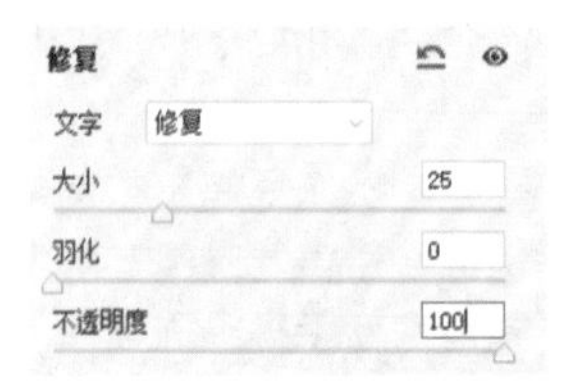

图 5.72

图 5.73

在修补过程中，可能需要使用不同的画笔大小，可以按住 Alt 键和鼠标右键并向左或向右单击拖动，以快速调整画笔大小。

10 按照上述方法，再对其他的杂物进行修补，直至得到满意的效果，如图5.74和图5.75所示。

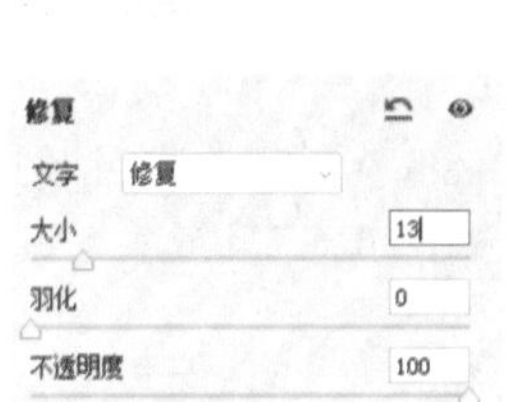

图 5.74

图 5.75

下面来对照片进行锐化处理，以提高其细节的表现力。

11 放大显示比例，调整“细节”面板中的“锐化”值，如图5.76所示，以锐化细节，直至得到满意的效果。锐化前后的对比效果如图5.77和图5.78所示。

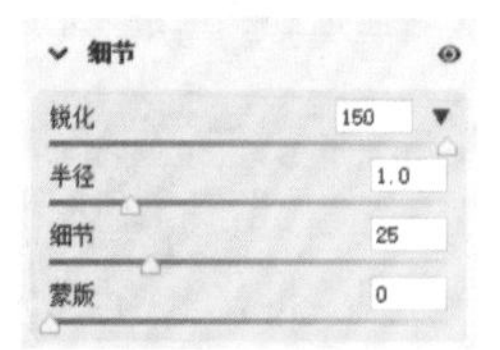

图 5.76

图 5.77

图 5.78

注意

由于本例的照片是Raw格式文件且尺寸较大，设置的参数值也比较大。在处理时，可以根据实际情况进行参数设置。

5.4 将彩色人像照片处理为淡彩人文风格照片

本例适合调整纪实类的人像特写照片，通过提升人物面部的立体感和明暗对比，降低画面的色彩饱和度，得到流行的淡彩人文风格。处理前后的对比效果如图 5.79 所示。

图 5.79

下面讲解本例的主要操作思路，详细操作步骤可参考按本书前言所述方法获取的教学视频。

01 建立一个中性灰柔光图层，使用“画笔工具”，设置适合的“大小”及“流量”值，使用白色画笔对人物面部、手臂及胡须的受光面进行涂抹，然后使用黑色画笔对人物面部、手臂及胡须的阴影面进行涂抹，使其整体的形象变得立体。

02 新建一个中性灰柔光图层，用“画笔工具”涂抹，使人物的眼睛变得更有神。

03 新建图层，分别用黑色和白色画笔，以手绘的方式对人物面部的皱纹进行刻画，然后设置图层混合模式为“叠加”，让面部显得更加沧桑。

04 执行“盖印图层”命令并复制一个新图层，在新图层上执行“HDR 色调”命令增加人物面部的细节，包括胡须和衣服的纹理等。

05 为应用了“HDR色调”的图层，添加黑色图层蒙版，用白色“画笔工具”将所需的细节涂抹出来。

06 新建一个中性灰柔光图层，对面部的凹陷进行填补。

07 再次盖印图层并转换为智能对象，执行“高反差保留”命令，将图层混合模式设置为“强光”，以增强胡须的质感和纹理。

08 新建图层，用黑色画笔涂抹，使背景的曝光降低。

09 新建一个黑白图层，降低画面的饱和度，形成淡彩风格。

10 执行“高反差”命令后，人物的面部、手臂的皮肤显得很斑驳，切换至高反差图层并添加图层蒙版，然后用黑色“画笔工具”将面部和手臂部分涂抹掉，使这些区域不应用高反差效果。

11 观察整体画面的效果，发现背景左上方过黑，无细节展示，盖印图层，然后使用“套索工具”圈选窗户图案并复制到上方偏黑的地方，然后使用“橡皮擦工具”把复制的窗户图案的边缘擦掉，使画面融合得更自然。

12 观察画面发现人物眼睛的对比仍不够强烈，新建一个中性灰柔光图层，并用黑色“画笔工具”涂抹眼睛的黑色部分，以增强眼睛的明暗对比。

13 再次对背景进行修饰，新建一个中性灰柔光图层，用黑色“画笔工具”涂抹偏亮的地方，用白色“画笔工具”涂抹偏暗的地方，直至得到满意的效果。

5.5 为儿童戏水照片添加光影以增强氛围感

本例的原片是一张非常普通的儿童戏水场景照片，通过为画面增强明暗对比，为平淡的天空添加枝叶前景，将水面处理模糊，然后添加光束特效等，使画面的氛围感得到增强。处理前后的对比效果如图 5.80 所示。

图 5.80

下面讲解本例的主要操作思路，详细操作步骤可参考按本书前言所述方法获取的教学视频。

01 加入树枝素材，填补画面左上方的平淡天空区域。为该素材图层添加图层蒙版，用黑色画笔将除树枝以外的内容擦除。

02 来对水面进行处理，原片中水面比较浑浊，利用“色相/饱和度”命令，分别调整绿色和黄色的参数，使水面颜色偏向青绿色。调修后添加图层蒙版，利用“渐变工具”，在蒙版中创建一个黑色到半透明的渐变，使“色相/饱和度”调整图层只作用于水面而不影响其他区域的色彩。

03 创建一个“渐变”调整图层，色标选择青色，在水面区域填充青色到半透明的渐变，设置混合模式为“颜色”，并调整“不透明度”值使水面变得清澈，然后复制“色相/饱和度”的图层蒙版到渐变调整图层，同样使渐变只作用于水面。

04 调整画面的明暗，创建“曲线”调整图层并将曲线下拉调暗，然后复制“色相/饱和度”的图层蒙版到“曲线”调整图层，使曲线只作用于水面。

05 使两个小孩成为视觉中心。在两个小孩所在的石头中间，用“椭圆工具”创建一个水平方向较扁的椭圆选区，然后创建一个较亮的“曲线”调整图层，在蒙版中适当设置“羽化”值，并且用“画笔工具”对石头所在的区域进行擦除，获得自然的效果。

06 提亮画面中的水花。复制“蓝”通道，使用“套索工具”圈选水花部分并反选，将其他区域进行黑色填充，对水花部分进行对比度处理，并利用“曲线”提亮水花。

07 使用“矩形选框工具”配合“套索工具”，创建一个除小孩外的选区，使用“曲线”命令营造雾气的感觉，然后创建一个图层组并添加蒙版，上方与下方各填充黑色到半透明的渐变，使雾气感只作用于小孩的中间区域。创建新图层，执行“云彩”命令，并设置混合模式为“变亮”，调整“不透明度”值得到雾气效果。

08 在画面右上角光源位置创建一束斜射下来的“丁达尔”光线。复制“云彩”图层，执行“动感模糊”命令，设置“角度”值为45°，图层混合模式为“滤色”，添加图层蒙版只保留右下角的区域，并创建“照片滤镜”剪贴图层，使光束呈暖色。

09 新建填充图层，在右上角填充金黄色到半透明的渐变，设置混合模式为“线性减淡（添加）”，模拟阳光照射的效果。

10 新建一个中性灰柔光图层，使用白色“画笔工具”对小孩身上的阴影区域进行涂抹，以提亮阴影。

11 观察整体画面，发现背景中有些地方还比较亮，新建一个中性灰柔光图层，使用黑色“画笔工具”对背景中发亮的区域进行涂抹。

12 观察细节，发现小孩的头发偏灰，使用黑色“画笔工具”对头发进行涂抹。

13 调整小孩的肤色，载入“曲线4”图层蒙版的选区并反选，创建“色相/饱和度”调整图层，提亮红色和黄色明度，使皮肤变得白皙。接着再对头发进行细微的修饰，整体操作完成。

第6章

风光类照片综合调修

6.1 无惧“光板天”，一键替换彩霞天

本例利用 Photoshop 2022 的“天空替换”功能，快速把照片中平淡、发白的天空替换成各类蓝天或彩霞，使平淡无奇的照片变得绚丽多彩。下面讲解详细的操作步骤。

01 在Photoshop中打开素材文件夹中的“第6章\6.1-素材.jpg”文件，如图6.1所示。

图6.1

02 执行“编辑”→“天空替换”命令，进入“天空替换”对话框，首先需要在内置素材中选择一张天空图片，由于素材照片是在夕阳时分拍摄的，此处不应该选择蓝天素材，而应该选择一张有火烧云的天空，让画面显得更好看，此处选择的是“盛景”文件夹中的第4张天空素材，初步合成的效果如图6.2所示。

图6.2

注意

在选择天空素材时，需要注意两点。一是时间点需要匹配，如果照片是在上午或者中午拍摄的，应该匹配蓝天白云的素材，如果是早上或者傍晚拍摄的照片，那么就应该选择火烧云的天空素材；二是天空素材的角度要与原照片匹配，如果原照片的画面接近平视的角度，那么天空素材就要选择接近原照片透视关系的天空素材，不要选择一张类似仰拍角度的天空素材，这样融合的画面会显得非常不真实。

03 选好天空素材后，接下来需要调整参数。第一个控制参数是“移动边缘”，如果需要把天空素材向上或者向下改变其融合边界，即可通过该参数来控制，此处将“移动边缘”值设置为-50，如图6.3所示，得到如图6.4所示的自然融合效果。

图6.3

图6.4

04 接下来调整“渐隐边缘”参数，当天空素材与下面的原照片融合时，融合的范围就是通过“渐隐边缘”来控制的。实际上是把天空素材的下边缘做了一定的渐隐，从而显示出原照片的天空，两张图像融合后就不显得生硬。此处将“渐隐边缘”值设置为100，如图6.5所示，得到如图6.6所示的自然融合效果。

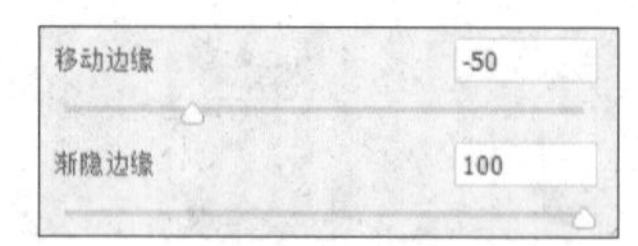

图6.5

图6.6

05 接下来调整天空的“亮度”和“色温”。“亮度”值要根据当前场景的曝光度来进行调整，如果素材照片整体比较亮，为了让天空更好地与素材照片融合，曝光必须一致。“色温”的调整原则也一样，如果素材照片的色温是偏冷的，则可以将天空的色温降低一些，反之则增加色温。在本例中，素材照片是在“黄金时刻”拍摄的，所以天空素材的颜色不妨更加饱和一些，色温也更高一些，让画面显得更温暖，参数设置如图6.7所示，调整后的效果如图6.8所示。

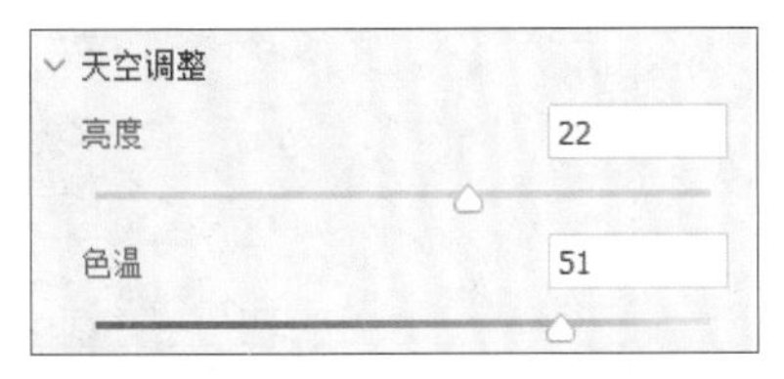

图6.7

图6.8

06 调整“缩放”参数可以改变整个天空素材的大小，当天空素材过大或过小时调整“缩放”值，从而使天空素材变得可用。此处，将“缩放”值设为129，得到如图6.9所示的效果。

图6.9

07 接下来对前景进行调整，设置“光照模式”“光照调整”和“颜色调整”参数，如图6.10所示，然后在“输出到”下拉列表中选择“新图层”选项，单击“确定”按钮，输出并关闭“天空替换”对话框，此时Photoshop中的“图层”面板如图6.11所示，最终图像效果如图6.12所示。

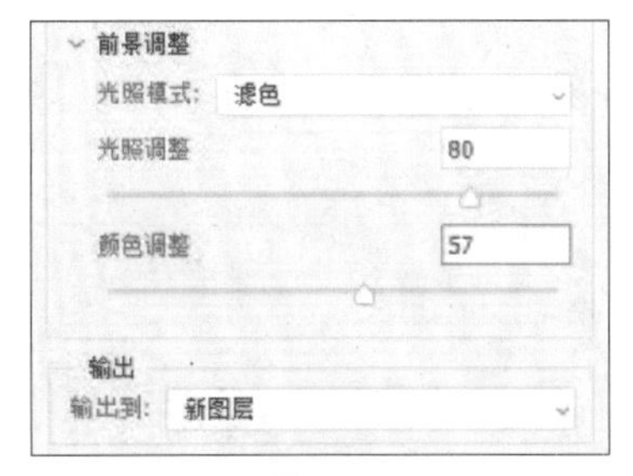

图6.10

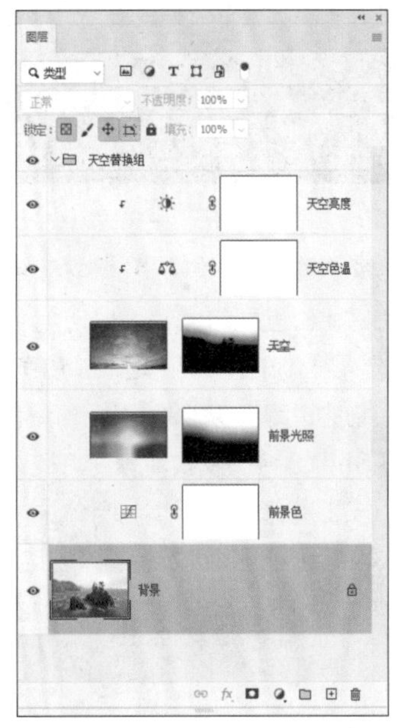

图6.11

图6.12

6.2 增强风光画面中人与景的大小对比效果

风光照片中常有人物、汽车、船舶等元素，利用这些元素的小，来衬托风光场景的宏大气势，本例就是通过将照片中的人物缩小，来让画面中的风景更显宽广，下面讲解详细的操作步骤。

01 在Photoshop中打开素材文件夹中的“第6章\6.2-素材.jpg”文件，如图6.13所示。

图6.13

02 首先需要将人物抠选出来，在素材照片中，人物与环境的色彩和对比都差异较大，可以使用“对象选择工具”来抠选人物。使用此工具对人物画一个框，将自动识别出人物的边缘并建立选区，然后使用“套索工具”，按住Shift键将脚及衣袖等没有被选中的部分，全部框起来，按住Alt键，将手臂与身体中间的环境部分从选区中减去，得到如图6.14所示的人物选区。

图6.14

03 执行“图层”→“新建”→“通过拷贝的图层”命令，或者按快捷键Ctrl+J复制图层，将人物复制到新层图上，得到“图层1”，右击并在弹出的快捷菜单中选择“转换为智能对象”选项，然后按住Ctrl键单击“图层1”的缩略图，重新调出人物的选区。执行“选择”→“修改”→“扩展”命令，在弹出的“扩展选区”对话框中设置参数，扩展人物选区，如图6.15所示，得到人物和微量背景的选区，如图6.16所示。

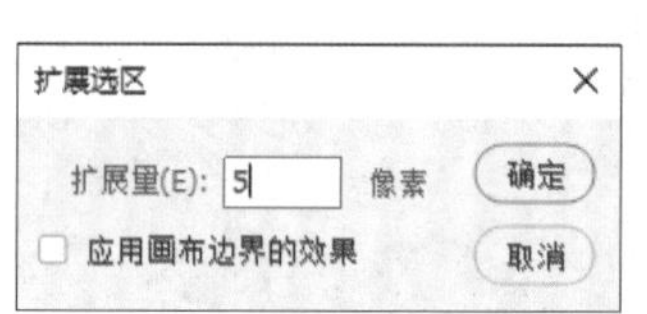

图6.15

图6.16

04 保持选区的状态，将“背景”图层拖至“新建图层”按钮上，得到“背景拷贝”图层，然后将“图层1”隐藏，在选中“背景拷贝”图层的状态下，执行“编辑”→“填充”命令，在弹出的“填充”对话框中设置参数如图6.17所示，单击“确定”按钮，得到如图6.18所示的填充效果。

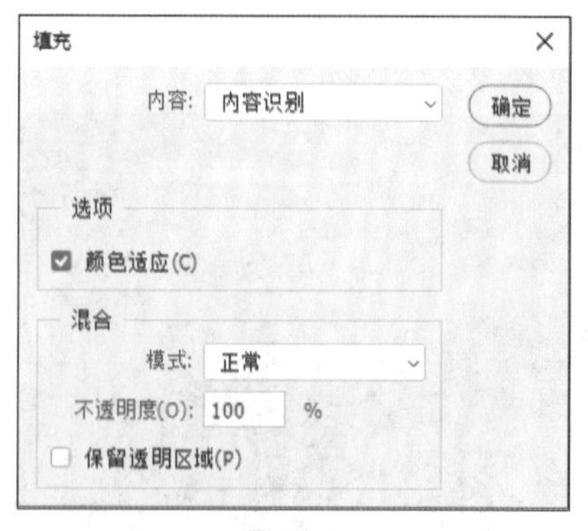

图6.17

05 显示并选择“图层1”，在工具栏中选中变换控件，拖动边框的对角点将人物缩小，如图6.19所示，然后取消选择框，将人物放置到合适的位置。

图6.18

图6.19

06 接下来对“背景拷贝”图层执行自动识别后的区域进行修复处理。放大观察该区域，如果有明显色差或错位的地方，就使用“修补工具”将其圈选，然后拖至旁边进行识别填充，如图6.20所示。

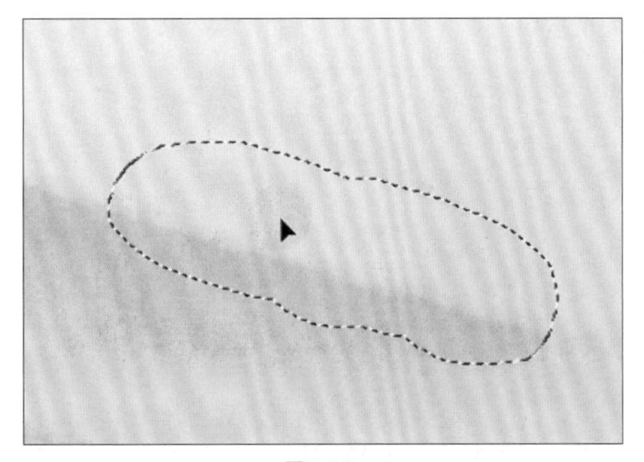

图6.20

07 还有一些地方存在山脉的线条断掉的情况，单击“新建图层”按钮新建“图层2”，然后按住Alt键在旁边单击吸取颜色，设置合适的“流量”值及图层不透明度，在线条断掉的地方单击，营造线条渐隐的效果，仔细观察并修改存在这些情况的区域，最终得到如图6.21所示的修复效果，此时整体的最终图像效果如图6.22所示，“图层”面板如图6.23所示。

图6.21

图6.22

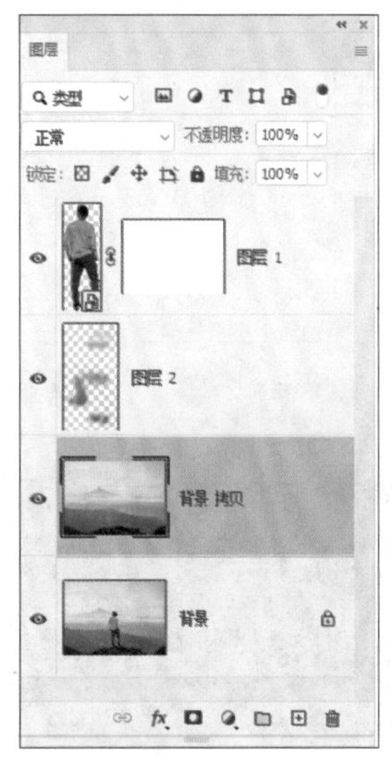

图6.23

6.3 用简单方法大幅度增强草原的光影感觉

本例讲解为草原的照片塑造光影效果的技法。在原片中，草原的光影效果略显平淡，先利用曲线对照片的下半部分做压暗处理，再用“钢笔工具”简单描出凸起的形状。下面讲解详细的操作步骤。

01 在Photoshop中打开素材文件夹中的“第6章\6.3-素材1.jpg”，如图6.24所示。

图6.24

02 首先对素材照片的下半部分做压暗处理。单击“创建新的填充或调整图层”按钮 ，在弹出的菜单中选择“曲线”选项，得到“曲线1”图层，调整“曲线1”图层的曲线如图6.25所示，得到如图6.26所示的效果。

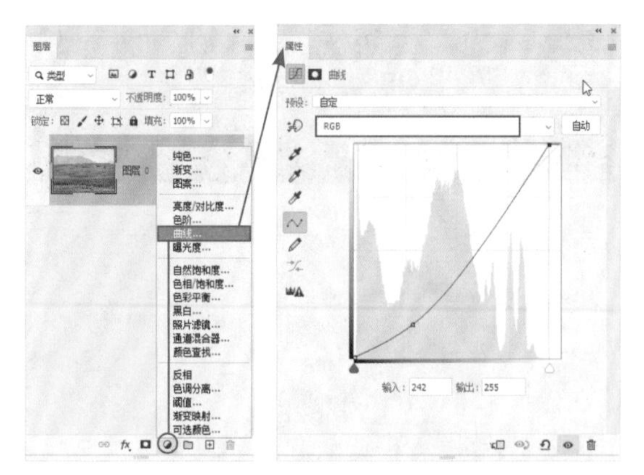

图6.25

图6.26

03 使用“魔棒工具"，在工具栏中设置“容差”值为20，对天空单击建立如图6.27所示的选区，然后设置前景色为黑色，在选择“曲线1”图层蒙版的状态下，按Alt+Delete键将选区填充为黑色，使“曲线1”只作用于凸起部分。

图6.27

04 素材照片中的天空平淡无奇，需要替换天空部分，将素材文件夹“第6章\6.3-素材2.jpg”拖入画面中，并调整大小及位置，使云彩覆盖天空部分，然后单击“添加矢量蒙版”按钮 为“素材2”图层添加图层蒙版，设置前景色为黑色，切换选择“曲线1”图层，执行“选择”→“载入选区”命令，激活选区，选择“素材2”图层，按Alt+Delete键将选区填充为黑色，得到如图6.28所示的效果。

图6.28

05 替换后的天空与地面色差比较大，接下来调整天空的色彩，使其与地面融合。单击“创建新的填充或调整图层”按钮 ，在弹出的菜单中选择“色阶”选项，得到“色阶1”调整图层，调整“色阶1”调整图层的参数如图6.29所示。按住Alt键在“色阶1”与“素材2”两个图层中间单击，使“色阶1”调整图层只应用于“素材

2”图层，得到如图6.30所示的效果。

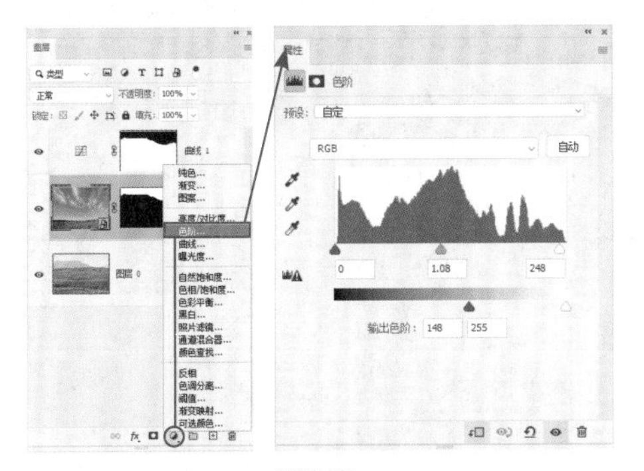

图6.29

图6.30

06 将“色阶1”与“素材2”两个图层同时选中，按快捷键Ctrl+G建立“组1”，设置图层混合模式为“穿透”，然后单击“添加矢量蒙版”按钮为“组1”添加图层蒙版，设置前景色为黑色，选择“画笔工具”，在其工具栏中设置合适的“流量”值，对草原与天空接触的区域进行涂抹，直至得到如图6.31所示的效果，此时的“图层”面板如图6.32所示。

图6.31

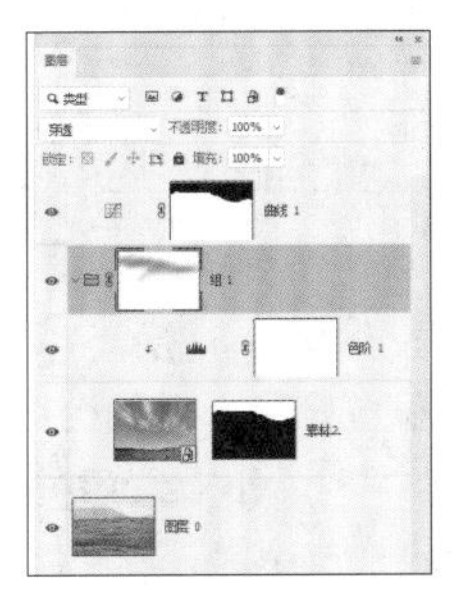

图6.32

07 接下来为草原营造光影。选择“钢笔工具”，简单描出一个小凸起的形状，如图6.33所示。此时在“路径”面板中存在一条工作路径，双击将其保存为“路径1”。按住Ctrl键单击“路径1”的小图标，将路径转化为选区。

图6.33

08 将路径转化为选区后，单击“新建图层”按钮得到“图层1”，并将图层混合模式设置为“柔光”。选择“画笔工具”，设置前景色为白色，右击并设置画笔参数，如图6.34所示，并沿着选区边缘涂抹，如图6.35所示。

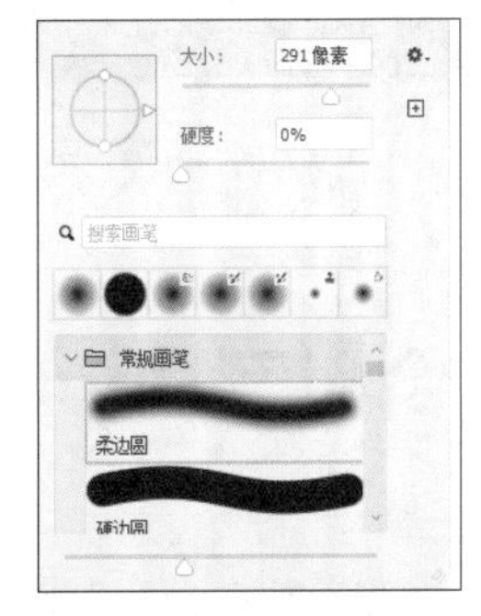

图6.34

图6.35

09 取消选区后，凸起的受光面显示出来了。重复第3步和第4步的操作，将需要增强光影的小凸起全部勾勒一遍，得到如图6.36所示的效果。

图6.36

10 此时画面整体还偏暗，单击“新建图层”按钮⊞得到“图层8”，将图层混合模式设置为“柔光”，前景色色值为c9caca，按快捷键Ctrl+Delete，将“图层8”填充为灰色。选择“画笔工具”，设置前景色为白色，画笔大小为800像素，“流量”值为40%，涂抹前景处第二个偏暗的凸起，并将“图层1”至“图层8”选中，按快捷键Ctrl+G编组，设置图层混合模式为“穿透”，得到如图6.37所示的图像效果，“图层”面板如图6.38所示。

图6.37

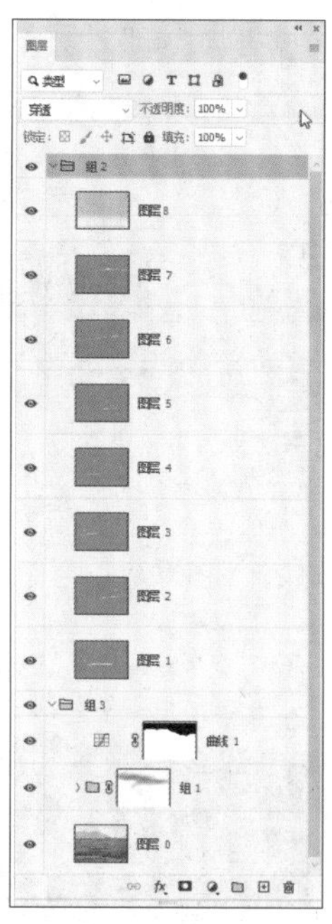

图6.38

6.4 综合利用 Photoshop 功能，使照片更有氛围

本例照片是侧逆光拍摄的，所以人物整体特别暗，另外，画面左侧的小树林，虽然有明亮的光线，但是氛围感不强，通过提升主体人物曝光，在小树林处增加丁达尔光线效果，以及在画面下方增加烟尘效果，为画面增加悬疑和动感效果，烘托整个画面的气氛。处理前后的对比效果如图 6.39 所示。

图6.39

下面讲解本例的主要操作思路，详细操作步骤可参考按本书前言所述方法获取的教学视频。

01 将素材照片转为智能对象，执行“阴影/高光”命令以提亮画面的阴影区域。接着执行“减少杂色”命令，以减少画面中的噪点。最后执行“液化”命令，以放大人物的眼睛，并统一双眼的大小。

02 在小树林区域添加丁达尔光线效果，复制红通道，执行“色阶”命令增强对比。执行“径向模糊”命令，得到左上方放射线效果，利用选区在图层中进行暖色填充，并在图层蒙版中将不需要被光线覆盖的区域擦除。

03 新建一个中性灰柔光图层，使用白色涂抹人物面部的亮部区域，以提升面部的立体感。

04 增强人物边缘的轮廓光。新建一个“亮度/对比度”调整图层，进入“通道”面部复制红色通道并增强明暗对比，得到选区后回到“图层”面板，新建“曲线”调整图层，以增强画面轮廓光的效果。

05 为路面添加烟尘效果。置入一张烟尘素材图片，并调整为合适的小大，放置在相应位置，右击，在弹出的快捷菜单中选择“混合”选项，在弹出的对话框中按住Alt键拖动“本图层”的滑块，然后设置混合模式为“滤色”，将色彩平衡偏向暖色，得到自然的烟尘效果。

06 新建图层，利用“仿制图章”工具取样，将画面左上角的树枝擦除。

07 新建一个图层进行“盖印图层”操作，右击并在弹出的快捷菜单中将该图层转换为智能对象。执行“高反差保留”命令，对照片进行锐化处理，到此所有操作完成。

6.5 通过变形功能，使山峰看上去更险峻、更震撼

本例调整的素材是一张平淡无奇的山景照片，需要通过变形功能，使山峰变得陡峭，然后模拟暖色的光线与色彩，使山峰变得更险峻、更震撼。处理前后的对比效果如图 6.40 所示。

图6.40

下面讲解本例的主要操作思路，详细操作步骤可参考按本书前言所述方法获取的教学视频。

01 打开素材照片并转换为智能对象，打开Camera Raw，使用蒙版创建一个径向渐变，覆盖山峰上面的光线区域，并调整“色温”“高光”“白色”和“去除薄雾”值。

02 使用蒙版创建线性渐变并覆盖山峰下面，调整“白色”“阴影”“清晰度”和“去除薄雾”值。使用“画笔工具”对山峰的阴影部分进行涂抹，以提升明暗对比效果。

03 执行“液化”命令，用“变形工具”使山峰更高耸，山谷更凹陷。

04 新建图层，并全选素材图层，复制粘贴到新建的图层中。执行“径向模糊”命令，创建一个从左上方照射的光束效果，设置混合模式为“叠加”，添加图层蒙版，使用黑色画笔将不需要被光束照片的区域抹掉，然后复制应用了“径向模糊”滤镜的图层，设置混合模式为“浅色”，并设置合适的“不透明度”值，获得自然的丁达尔光线效果。

05 新建一个“曲线”调整图层，向下拖动曲线，以压暗山峰上方的光线，然后将蒙版反相，使用白色画笔对山峰上方进行涂抹。

06 接下来对画面整体色彩进行调整，执行“照片滤镜”命令，使用“加温”滤镜让画面的色彩变暖。

07 执行“文件”→“置入嵌入对象”命令，将小鸟素材加入画面中，设置混合模式为“正片叠底”，并调整为合适的大小，然后添加一个“曲线”调整图层，提亮色彩以去掉素材的底色。

08 接下来进行细节调整。新建一个中性灰柔光图层，使用黑色画笔对山峰的黑暗区域进行涂抹，让其变得更暗，使用白色画笔对需要提亮的区域进行涂抹。

09 新建图层，对山峰周围的云雾进行修饰，使用“仿制图章工具”对右侧形态较好的云雾进行取样，然后将云雾仿制到左侧的山峰处。

10 新建“曲线”调整图层，向下拖动曲线以压暗外轮廓，然后在蒙版中执行“反相”命令，使用白色画笔并设置合适的“不透明度”值，对画面中前景区域进行涂抹，使这些区域应用曲线效果。

11 接下来加强光照效果。新建一个图层，执行“盖印图层”命令，设置混合模式为“加强”。按住Alt 键添加黑色的图层蒙版，然后用白色画笔涂抹山峰上方的云雾区域。

12 至此，本例基本调修完毕，如果对整体的色调不满意，还可以利用“色相/饱和度”“自然饱和度”“色彩平衡”等命令改变画面的色调，按个人意愿进行操作即可。

第7章

花卉类照片综合调修

7.1 利用花朵素材制作大暑节气海报

本例利用荷花照片制作一张暖色调的大暑节气海报。制作思路主要有两方面，首先画面的整体色调渲染得比较热烈，其次原照片的花瓣实际上没有那么多白色区域，通过后期处理为花瓣增加了很多白色，然后叠加在由白色渐变到红色的背景图上，营造出荷花好像在发光的效果。下面讲解详细的操作步骤。

01 在Photoshop中按快捷键Ctrl+N新建一个文档，设置“新建文档”对话框，如图7.1所示，单击“创建”按钮关闭对话框。

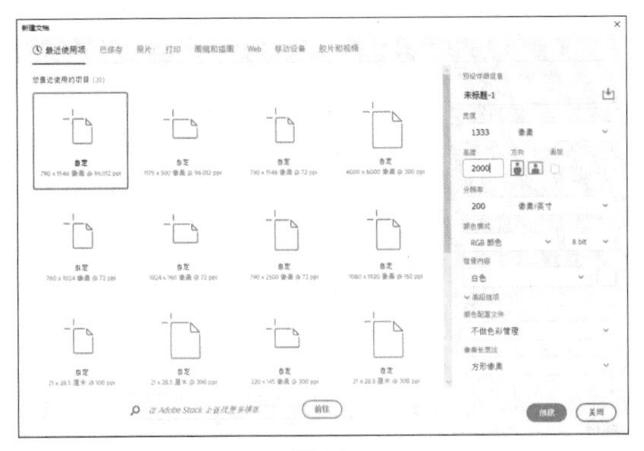

图7.1

02 设置前景色为白色、背景色值为fb6d53，选中“渐变工具”，在其工具选项栏中单击“径向渐变”按钮 ，从左侧偏下的位置向右上角拖曳，填充如图7.2所示的渐变背景。

图7.2

03 将素材文件夹中的“第7章\7.1-素材1.jpg”文件拖入当前文档中，如图7.3所示。

04 选择“快速选择工具” ，将荷花选中，执行“选择”→“修改”→“平滑”命令，在弹出的“平滑选区”对话框中设置参数，如图7.4所示，得到边角平滑的选区，按快捷键Ctrl+J复制荷花到新图层，得到“图层1”，右击并在弹出的快捷菜单中选择“转换为智能对象”命令，如图7.5所示。

图7.3

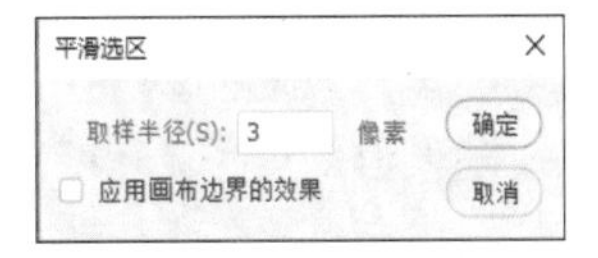

图7.4

图7.5

05 把抠选出来的荷花适当放大，并将其放置到如图7.6所示的位置。

图7.6

06 接下来对花瓣进行处理，让花瓣有一种由花蕊向外渐变发光的效果。选择“快速选择工具”，将一片花瓣选中，然后创建“图层2”，使用“渐变工具”，在工具选项栏中选择白色到透明的渐变，如图7.7所示，由花蕊向外拖曳，得到如图7.8所示的效果。

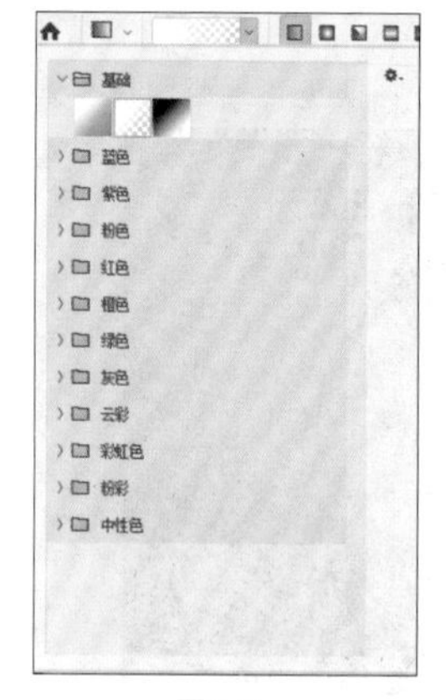

图7.7

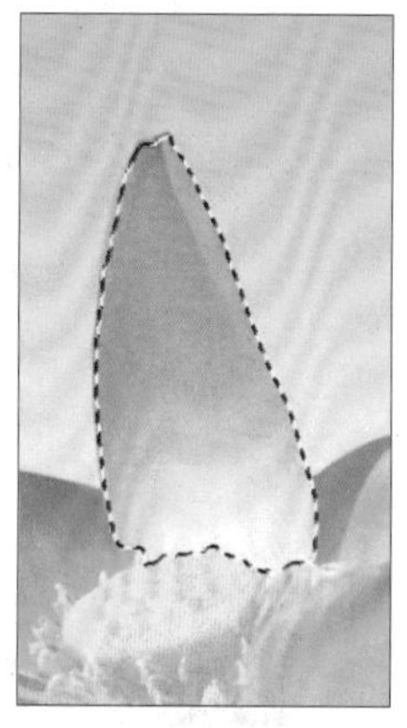

图7.8

07 重复上一步的操作，为其他花瓣也逐一创建渐变发光效果，在创建渐变发光效果的过程中，应根据花瓣的色彩灵活设置“不透明度”及“流量”值，对于过渡不均匀的地方，还要用蒙版擦出自然过渡的效果，所有花瓣创建渐变发光效果后，如图7.9所示。将所有花瓣渐变发光效果的图层选中，按快捷键Ctrl+G创建“组1”，然后设置图层混合模式为“穿透”，此时的“图层”面板如图7.10所示。

图7.9

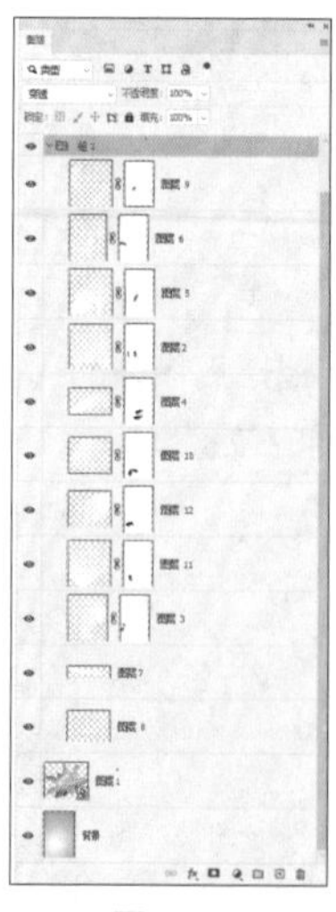

图7.10

08 复制“组1”得到“组1拷贝”，同样设置图层混合模式为“穿透”，设置“不透明度”值为51%，以增强发光效果，“图层”面板和图像效果如图7.11和图7.12所示。

图7.11

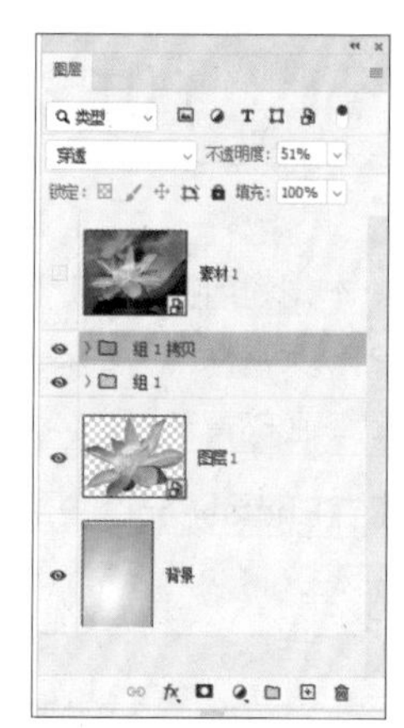

图7.12

09 接下来为荷花制作外发光效果，选择荷花所在“图层1”，单击“添加图层样式”按钮 *fx*，在弹出的菜单中选择“外发光”选项，设置“图层样式”对话框中的参数如图7.13所示，得到如图7.14所示的效果。

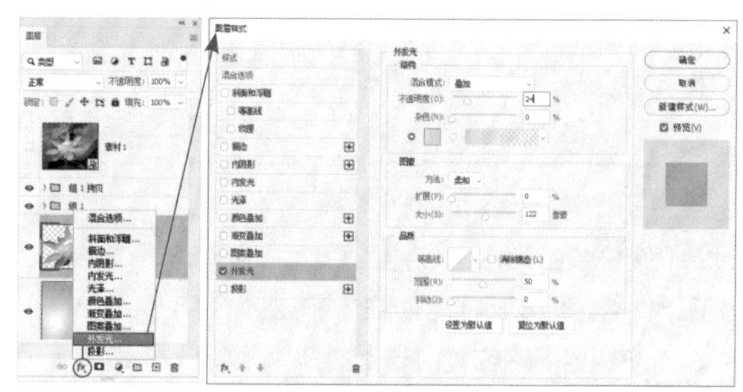

图7.13

图7.14

注意

在“外发光”图层样式中，设置颜色色值为fad3f3到半透明的渐变。

10 观察花瓣，可以发现其纹理比较清晰，这样不符合画面整体干净、柔和的调性，因此，需要对花瓣做平滑处理。执行“滤镜”→“模糊”→“表面模糊”命令，在弹出的“表面模糊”对话框中设置参数，如图7.15所示，得到如图7.16所示的效果。

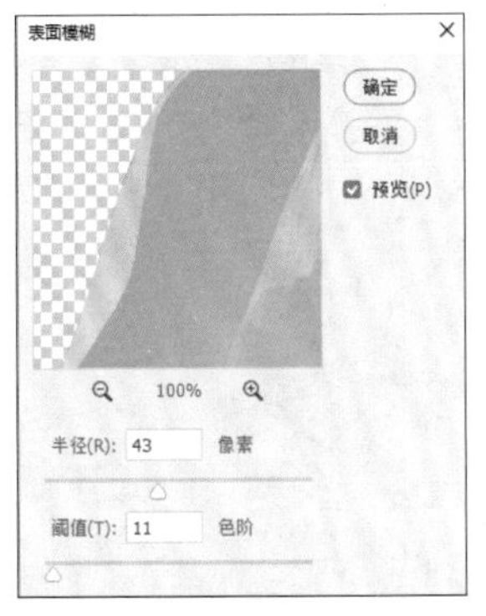

图7.15

图7.16

11 观察荷花可以发现荷花右下角的花瓣由于处于阴影中，显得偏暗，需要将这些花瓣的阴影减弱。选中荷花图层并右击，在弹出的快捷菜单中选择“混合选项”选项，在弹出的“图层样式”对话框中将“本图层”的滑块向右拖曳，如图7.17所示，得到如图7.18所示的效果。

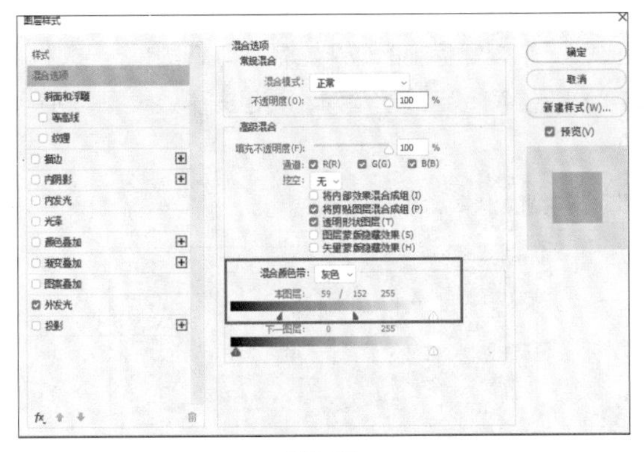

图7.17

图7.18

12 调整荷花的色彩，使其与背景相契合。单击“创建新的填充或调整图层”按钮，在弹出的菜单中选择“色相/饱和度”选项，得到“色相/饱和度1”调整图层，分别调整“红色”和“洋红”的参数如图7.19和图7.20所示，设置参数后单击面板下方的“剪贴蒙版”按钮，使其只作用于荷花图层，效果如图7.21所示。

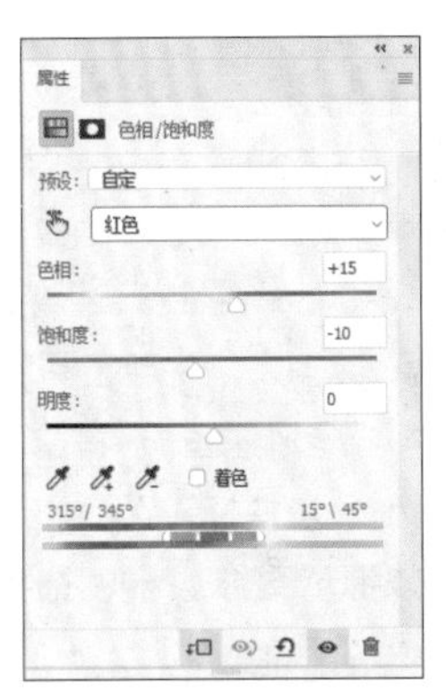

图7.19

图7.20

图7.21

13 接着在画面的右上角添加文字元素。将素材文件夹中的“第7章\7.1-素材2~素材4.png”文件拖入当前文档中，并将其摆放在合适的位置，分别对“大”和“暑”字添加“投影”图层样式，参数设置如图7.22所示，效果如图7.23所示。

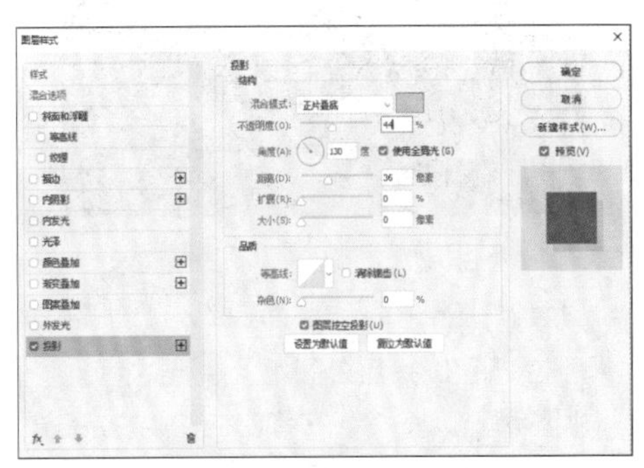

图7.22

图7.23

14 最后在空白位置添加文字，选择“文字工具”，设置前景色值为8a0810，输入“荷风送香气 竹露滴清响”文字，设置合适的文字大小，按快捷键Alt+→设置合适的字间距，得到如图7.24所示图像效果，最终的“图层”面板如图7.25所示。

图7.24

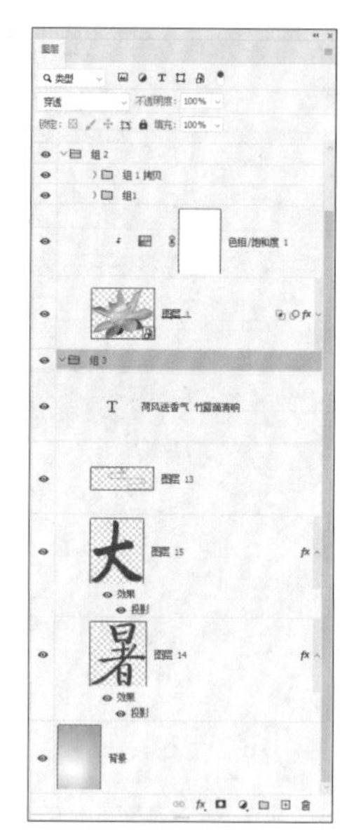

图7.25

7.2 将静态荷花变成动感摇曳的创意效果

本例将荷花照片，通过制作“路径模糊”，形成类似北极光在天空蜿蜒盘旋的效果，需要强调的是，要想制作出本例的画面效果，与选择的素材照片有一定关系，所选择的素材需要有一定的明暗对比，且光影效果强，才能呈现美丽的效果。下面讲解详细的操作步骤。

01 在Photoshop打开素材文件夹中的“第7章\7.2-素材.jpg”文件，如图7.26所示，双击“背景”图层使其变为“图层0”，右击并在弹出的快捷菜单中选择“转换为智能对象”选项。

图7.26

02 将“图层0”拖至“图层”面板的“新建图层”按钮⊞上，得到“图层0 拷贝”图层，执行“图像”→“调整”→“阴影/高光”命令，在弹出的“阴影/高光”对话框中设置参数，如图7.27所示，以提升画面阴影区域的细节，得到如图7.28所示的效果。

阴影/高光
阴影
数量(A): 15 %
色调(T): 26 %
半径(R): 16 像素
高光
数量(U): 0 %
色调(N): 50 %
半径(D): 30 像素
调整
颜色(C): +20
中间调(M): 0
修剪黑色(B): 0.01 %
修剪白色(W): 0.01 %
存储默认值(V)
显示更多选项(O)
确定
取消
载入(L)...
存储(S)...
预览(P)

图7.27

注意

选中“阴影/高光”对话框中的“显示更多选项”复选框，即可显示更详细的参数。

图7.28

03 执行“滤镜”→“模糊画廊”→“路径模糊”命令，沿着荷花花瓣的走向，绘制如图7.29所示的统一向外的多条路径，在对话框中设置参数，如图7.30~图7.32所示，得到如图7.33所示的效果。

图7.29

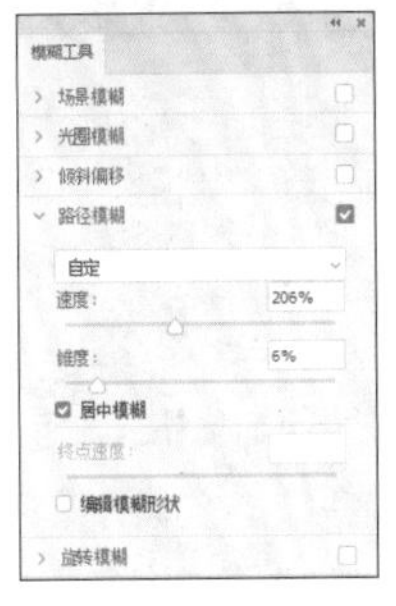

图7.30

图7.31

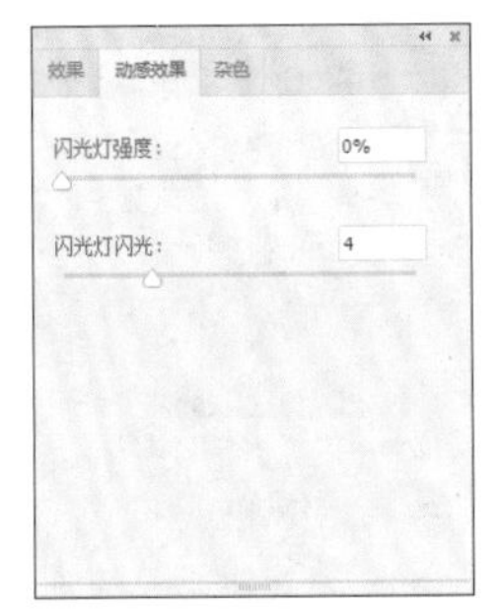

图7.32

图7.33

04 应用“路径模糊”滤镜后的荷花花瓣边缘有些过于模糊了，设置前景色为黑色，并设置适合的画笔大小及“流量”值，在智能滤镜蒙版中将需要显示为实体的荷花花瓣边缘涂抹出来，得到如图7.34所示的效果。

图7.34

05 接下来增强画面暗部。单击“创建新的填充或调整图层”按钮 ，在弹出的菜单中选择“曲线”选项，得到“曲线1”调整图层，分别调整RGB和蓝色曲线，如图7.35和图7.36所示，得到如图7.37所示的效果。

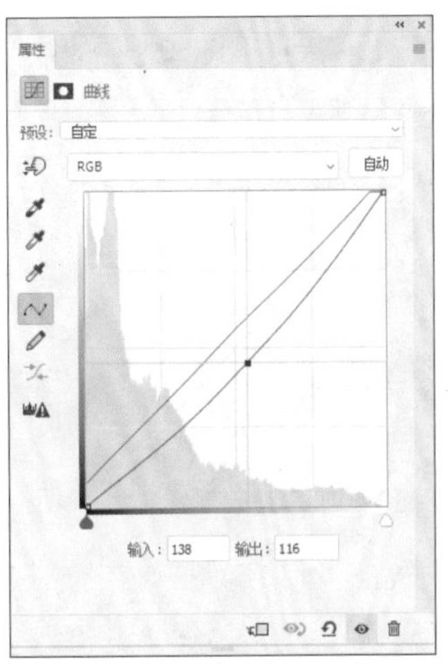

图7.35

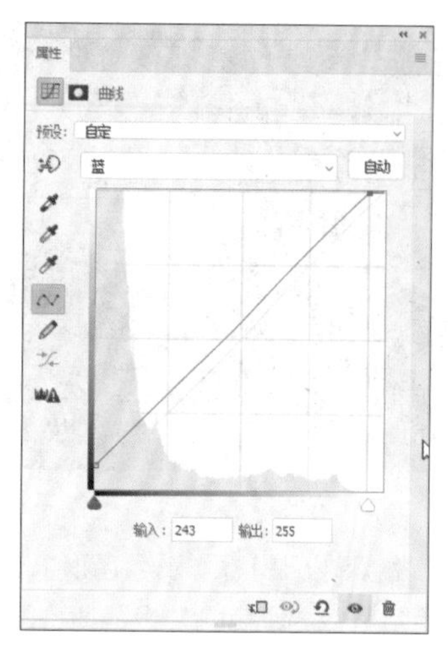

图7.36

图7.37

06 单击“创建新的填充或调整图层”按钮，在弹出的菜单中选择“色阶”选项，得到“色阶1”调整图层，在“属性”面板中设置参数，如图7.38所示，然后将前景色设置为黑色，使用“画笔工具”，设置合适的“大小”与“流量”值，在图层蒙版中对偏亮的花瓣区域进行涂抹，得到如图7.39所示的效果。

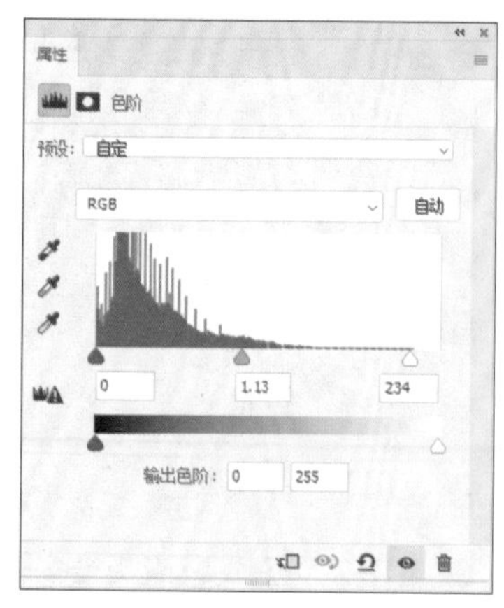

图7.38

图7.39

07 接下来提亮荷叶叶脉所形成的游走光线。进入“通道”面板，选择一个对比度较明显的通道，此处红色通道的对比较明显，复制“红”通道得到“红 拷贝”通道，执行“图像”→“调整”→“色阶”命令，增强“红 拷贝”通道的明暗对比，按住Ctrl键单击“红 拷贝”通道载入选区，如图7.40所示。

图7.40

08 保持通道选区的激活状态，回到“图层”面板，单击“创建新的填充或调整图层”按钮，在弹出的菜单中选择“色阶”选项，得到“色阶2”调整图层，在“属性”面板中设置参数，如图7.41所示，然后将前景色为黑色，使用“画笔工具”，设置合适的“大小”与“流量”值，在图层蒙版中对过亮的花瓣区域进行涂抹，得到如图7.42所示的效果。

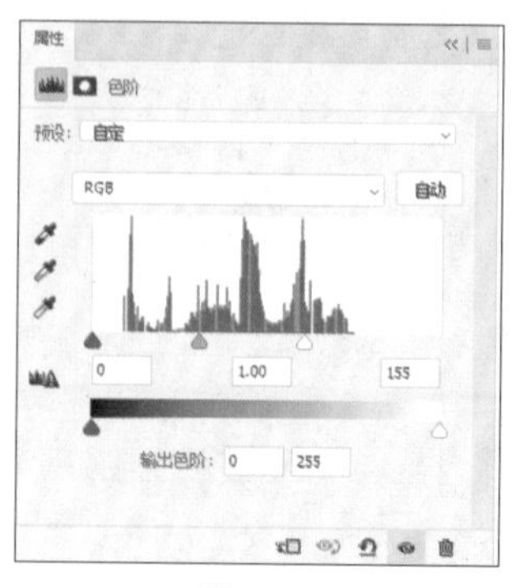

图7.41

图7.42

09 继续进行提亮操作，进入“通道”面板，复制“红”通道得到“红 拷贝2”通道，执行“图像”→“调整”→“色阶”命令，增强“红 拷贝2”通道的明暗对比，但部分区域呈现锯齿状。执行“滤镜”→“模糊”→“高斯模糊”命令，在弹出的“高斯模糊”对话框中设置参数，如图7.43所示，接着使用“套索工具”将荷花部分圈选，按快捷键Alt+Delete填充黑色，将填充黑色后的锐利边缘圈选出来，再次应用“高斯模糊”滤镜，然后按住Ctrl键单击“红 拷贝2”通道载入选区，如图7.44所示。

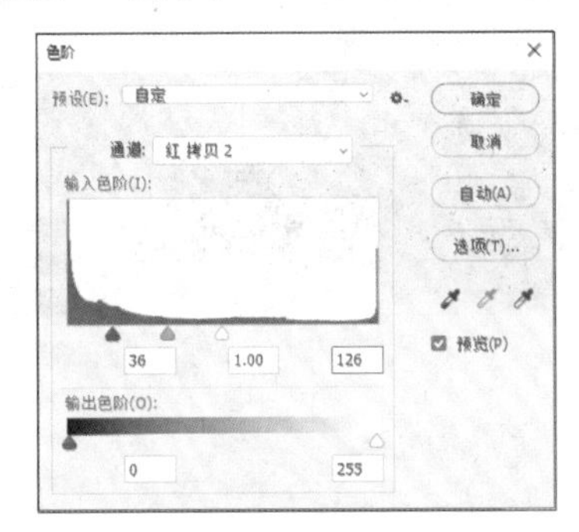

图7.43

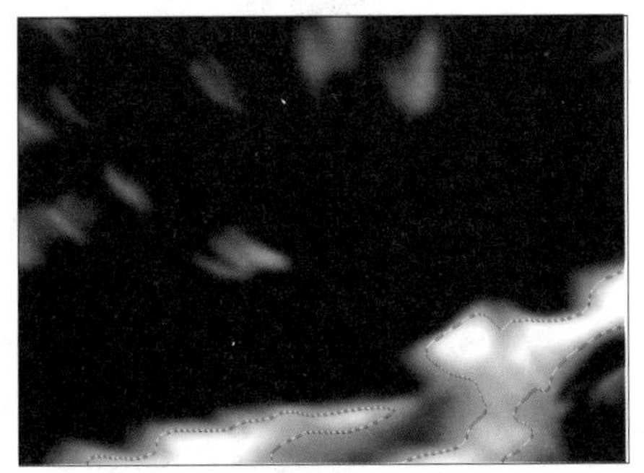

图7.44

10 保持通道选区的激活状态，回到“图层”面板，单击“创建新的填充或调整图层”按钮，在弹出的菜单中选择“色阶”选项，得到“色阶3”调整图层，在“属性”面板中设置参数，如图7.45所示，得到如图7.46所示的效果。

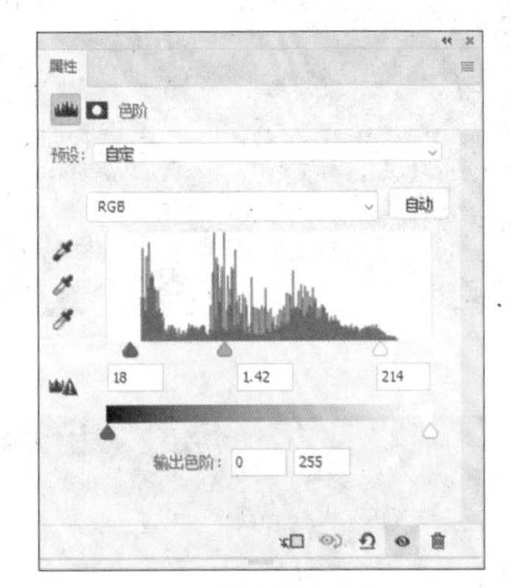

图7.45

图7.46

11 单击“创建新的填充或调整图层”按钮，在弹出的菜单中选择“色阶”选项，得到“色阶4”调整图层，在“属性”面板中设置参数，如图7.47所示。在蒙版“属性”面板中单击“反相”按钮，设置前景色为白色，使用“画笔工具”，设置合适的“大小”与“流量”值，在图层蒙版中涂抹出如图7.48所示的效果，得到如图7.49所示的效果。

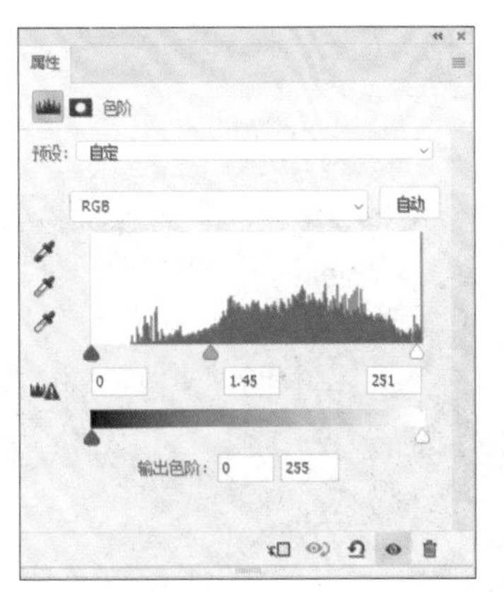

图7.47

图7.48

图7.49

12 选择“套索工具” ，在工具选项栏中设置“羽化”值为90像素，然后使用“套索工具” 圈选左上角的区域，单击“创建新的填充或调整图层”按钮 ，在弹出的菜单中选择“色相/饱和度”选项，得到“色相/饱和度1”调整图层，在“属性”面板中设置参数，如图7.50所示，得到如图7.51所示的效果。

图7.50

图7.51

13 按第8步的操作方法圈选上方其他区域，单击“创建新的填充或调整图层”按钮 ，在弹出的菜单中选择“色相/饱和度”选项，得到“色相/饱和度2”调整图层，在“属性”面板中设置参数，如图7.52所示。设置前景为白色，使用“画笔工具”并设置适合的“流量”及“不透明度”值，在图层蒙版中进行涂抹，以获得自然的颜色过渡效果，最终图像效果如图7.53所示，最终的“图层”面板如图7.54所示。

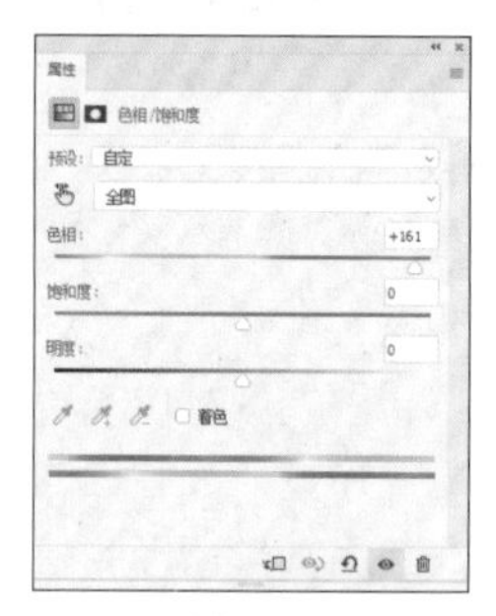

图7.52

图7.53

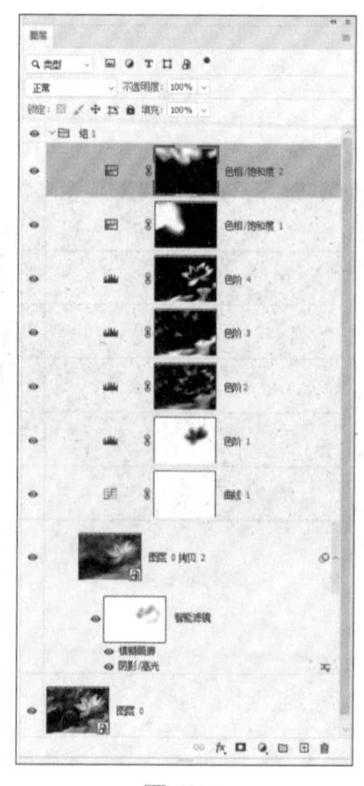

图7.54

7.3 将日景荷花打造成荷塘月色效果

本例将一幅白天拍摄的荷花照片，处理成晚间拍摄的效果。同时通过一系列的处理，让整体的色调、明暗形成比较好的对比，最后通过叠加一些荧光的素材，烘托画面的整体气氛，具体的操作方法如下。

01 在Photoshop中打开素材文件夹中的“第7章\7.3-素材1.jpg”文件，如图7.55所示。

图7.55

02 首先将照片处理成类似晚间拍摄的效果，最直接的方法就是对亮度进行大幅度的压暗。单击“创建新的填充或调整图层”按钮 ，在弹出的菜单中选择“曲线”选项，得到“曲线1”调整图层，在“属性”面板中调整曲线如图7.56所示，得到如图7.57所示的效果。

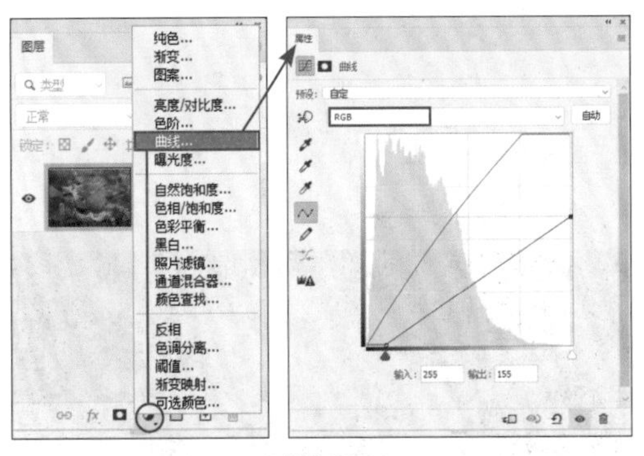

图7.56

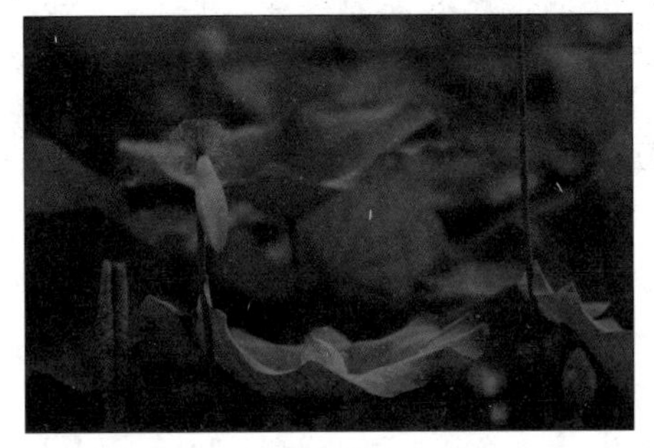

图7.57

03 在选择“背景”图层的状态下，单击“创建新的填充或调整图层”按钮 ，在弹出的菜单中选择“色相/饱和度”选项，得到“色相/饱和度1”调整图层，在“属性”面板中设置“黄色”参数，如图7.58所示，得到如图7.59所示的效果。

图7.58

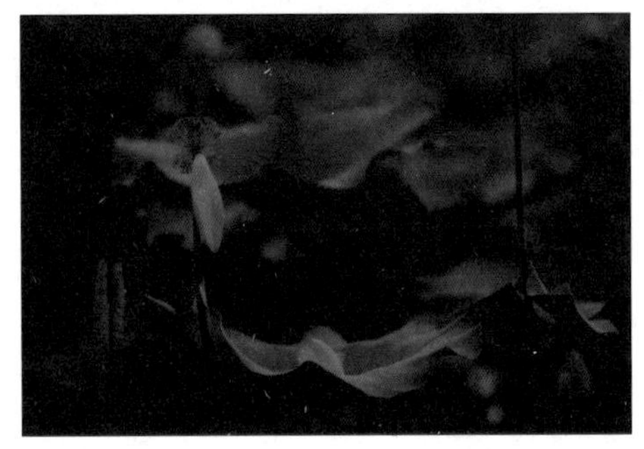

图7.59

经过前面的调整，建立了一个类似夜景环境下的明暗关系，接下来还要处理照片的色彩。

现在画面整体的色彩偏向日光环境下所产生的绿色调效果，在夜景环境下相对来说将画面处理成偏冷调效果比较好。另外，花瓣中还存在比较多的紫红色，对于这种颜色来说，它和蓝色搭配出的效果也会比较好。所以，基于以上两种原因，接下来将除花瓣外的其他区域，进行偏冷色调的调整。

04 选择“曲线1”调整图层，双击其“曲线”图标，在“属性”面板中调整蓝色曲线，如图7.60所示，得到如

图7.61所示的效果。

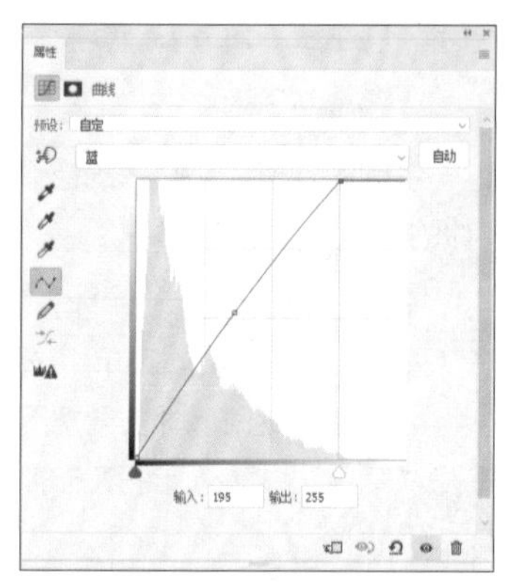

图7.60

图7.61

接下来再对画面中的色彩进行优化，主要针对绿色调的区域。通过图 7.61 可以看出画面整体已经偏冷，但是之前是用“色相 / 饱和度”命令调整的暗部区域，其中所包含的绿色太多，需要进行调整。

05 单击“创建新的填充或调整图层”按钮，在弹出的菜单中选择“自然饱和度”选项，得到“自然饱和度1”调整图层，在“属性”面板中设置参数，如图7.62所示，以降低整体的饱和度，同时绿色部分也变淡了，效果如图7.63所示。

图7.62

图7.63

06 针对高光部分的色彩进行一定的还原。单击“创建新的填充或调整图层”按钮，在弹出的菜单中选择“色彩平衡”命令，得到“色彩平衡1”调整图层，在“属性”面板中设置参数，如图7.64所示，得到如图7.65所示的效果。

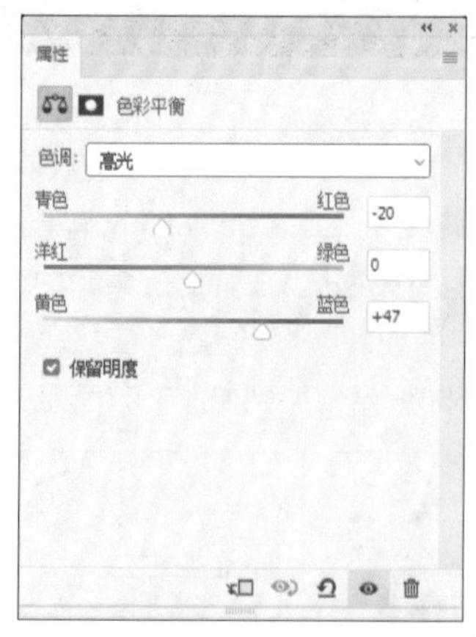

图7.64

图7.65

通过前面一系列的调整后，模拟夜景的明暗效果已经初步形成。现在从整体来看，画面的亮度相对还是较高，尤其刚刚对高光区域做了色彩调整，亮度显得更高了，离夜景的感觉偏差较多，需要进一步的对亮度进行优化。

07 单击“创建新的填充或调整图层”按钮，在弹出的菜单中选择“曲线”选项，得到“曲线2”调整图层，在“属性”面板中设置参数，如图7.66所示，得到如图7.67所示的效果。

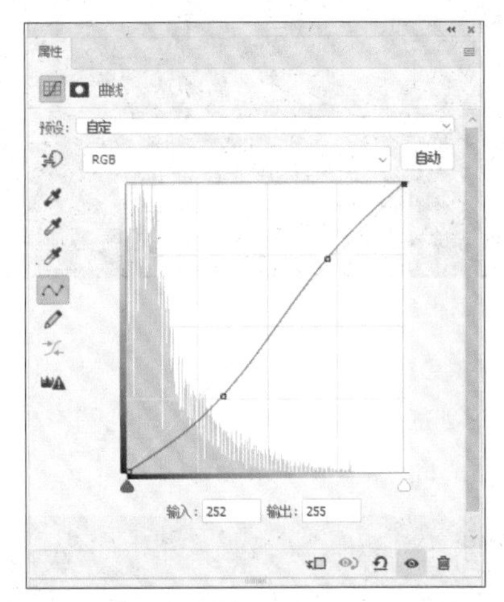

图7.66

图7.67

通过上一步的曲线调整，夜景效果初步完成，在此基础上逐步调整细节部分。例如，要保留的主体部分，可以看到整体亮度相对要低一些，而且偏冷调的色彩效果有一些过多，需要适当对其恢复。

08 选择“背景”图层，然后按快捷键Ctrl+J复制图层，得到“背景 拷贝”图层，将“背景 拷贝”图层拖至“图层”面板的顶部，按住Alt键单击“创建图层蒙版”按钮 ◘ 添加黑色蒙版。放大图像显示比例，将前景色设置为白色，选择“画笔工具”并调整画笔大小，设置“不透明度”值为7%，对花蕊和花瓣进行涂抹，将其显示出来。涂抹完成后将“背景 拷贝”图层拖至“色彩平衡1”调整图层的下方，使花蕊和花瓣的色彩与整体更协调，此时的“图层”面板如图7.68所示，图像效果如图7.69所示。

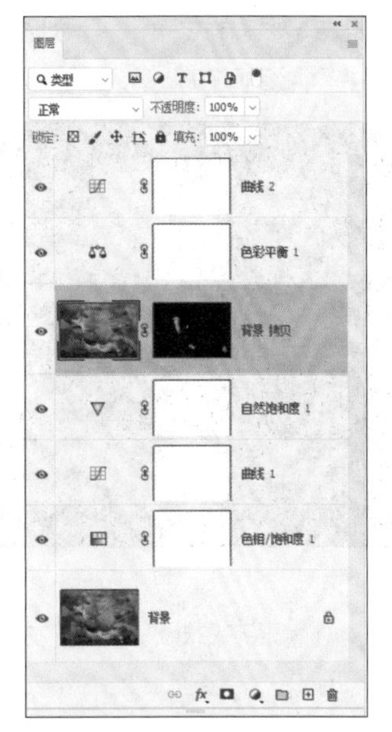

图7.68

图7.69

至此画面的夜景效果全部完成，接下来可以尝试使用一些相关的画笔或者素材，融入现有的夜景照片中，从而增加画面的整体氛围感。

09 在Photoshop中打开素材文件夹中的“第7章\7.3-素材2.psd”文件，其中包含两个图层，分别是不同大小的荧光效果，如图7.70所示。

图7.70

10 按住Shift键单击“素材2”中的两个图层，将其拖入夜景荷花图像中，得到如图7.71所示的效果。

图7.71

拖进来的素材如果不做处理，荧光效果太生硬。在夜景环境下，即使有光，在亮度上也应该有一定的层次变化。

11 按住Shift键分别单击“素材2”的两个图层，然后按快捷键Ctrl+G将其编组，得到“组1”。单击“创建图层蒙版”按钮 ◘ 为“组1”添加蒙版，执行“滤镜”→“渲染”→“云彩”命令，通过随机性的云彩效果来对图像进行随机遮挡，为荧光图像增加一定的层次，设置“组1”的混合模式为“穿透”，得到如图7.72所示的效果。

图7.72

12 在选中“组1”的情况下，再次按快捷键Ctrl+G进行编组，得到“组2”，单击“创建图层蒙版”按钮 ◘ 为“组2”添加蒙版。设置前景色为黑色，选中“画笔工具”并调整合适的画笔大小及较小的“不透明度”值，对画面中四周的荧光画面进行涂抹，从而使靠近主体的荧光显得亮一些，周围的荧光暗一些，如图7.73所示。

图7.73

13 按快捷键Ctrl+J复制“组2”得到“组2 拷贝”，使荧光效果得到加强，最终的图像效果如图7.73所示，最终的“图层”面板如图7.74所示。

图7.74

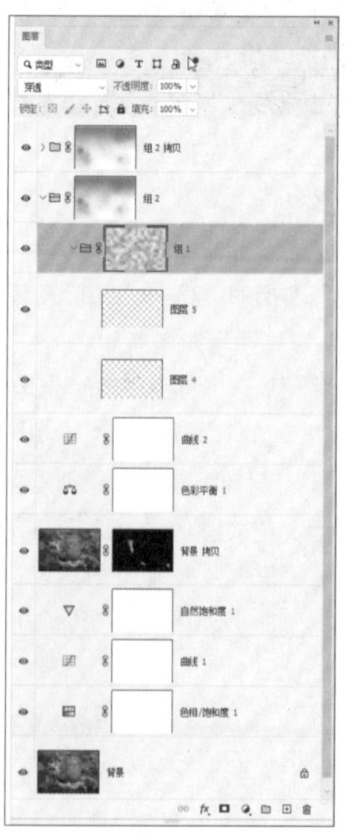

图7.75

7.4 将普通荷花照片处理成水墨画效果

本例是将一张阴天拍摄的纯色背景的荷花照片，通过 Photoshop 中的黑白、滤镜和图层蒙版等后期处理技法，模拟墨色国画的绘画效果，处理前后的对比效果如图 7.76 所示。

图7.76

下面讲解本例的主要操作思路，详细操作步骤可参考按本书前言所述方法获取的教学视频。

01 打开素材照片并转换为智能对象，通过复制得到“背景拷贝1”图层，然后创建“黑白”调整图层，得到初步的效果。

02 创建“曲线”调整图层，增强画面的明暗对比。

03 因为墨色水墨画效果的画面是带有渲染感觉的，所以要先对画面执行“高斯模糊”命令。

04 执行“滤镜”→“滤镜库”→“喷溅”命令，让图像边缘有一种的抖动效果，模拟手绘的效果。

05 执行“滤镜”→“风格化”→“油画”命令，模拟笔触效果。

06 将应用以上操作的“背景拷贝1”图层再复制一份，得到“背景拷贝2”图层，并执行“滤镜”→“滤镜库”→“深色线条”命令，让画面的墨色更重一些，然后设置图层混合模式为“滤色”，让画面的明暗效果更自然。

07 复制“背景拷贝2”图层得到“背景拷贝3”图层，将图层混合模式设置为“正常”，添加黑色蒙版，然后用白色“画笔工具”，对画面中颜色浓一些的区域进行涂抹。

08 复制“背景”图层并拖至“图层”面板的顶部，然后转换为智能对象，执行“USM锐化”命令，以增强画面边缘的锐度。

09 执行“油画”命令，以提炼画面的边缘笔触。然后执行“黑白”命令，将画面转换为黑白效果。

10 执行“色阶”命令，让画面的黑白对比更明显。

11 按住Alt键单击“蒙版”按钮添加黑色蒙版，使用白色“画笔工具”，将需要显示笔触边缘的地方涂抹成白色。

12 继续提炼边缘笔触，仍然复制“背景”图层得到一个新的拷贝图层，并拖至“图层”面板的顶部转换为智能对象，执行“USM锐化”命令，再执行“滤镜”→“滤镜库”→“图章”命令，提炼边缘。

13 新建一个图层，并盖印图层，执行“色彩范围”命令，单击黑色并调整为合适的“容差”值以选中黑色部分，然后按 Delete键删除黑色区域。

14 设置前景色为深灰色，单击“图层”面板中的“锁定透明度”图标，按快捷键Alt+Delete进行填充。

15 添加黑色图层蒙版，使用白色画笔对边缘进行涂抹，使边缘显示出来。涂抹完成后转换为智能对象，然后执行“高斯模糊”命令，得到自然的笔触效果。

16 再次复制一个“背景”图层并拖至“图层”面板的顶部，然后转换为智能对象。执行“USM锐化”命令，得到锐利的花朵效果。

17 执行“黑白”命令，再执行“油画”命令，按住Alt键添加黑色蒙版，然后使用白色画笔将荷花涂抹出来。执行“色阶”命令，去除不需要的部分。

18 最后加入一张泛黄的国画素材，设置图层混合模式为“正片叠底”，得到最终的图像效果。

7.5 将花海处理成唯美的蓝调效果

本例的原片是一张逆光下拍摄的普通花丛照片，如果只对画面进行常规的色彩调整，只是能让画面更完美，但没有创意。而本例使用了创新的调色处理方法，使画面整体呈现红蓝色调，让照片显得有唯美感。处理前后的对比效果如图 7.77 所示。

图7.77

下面讲解本例的主要操作思路，详细操作步骤可参考按本书前言所述方法获取的教学视频。

01 打开素材照片并转换为智能对象，然后打开Camera Raw，在参数面板中提亮画面的曝光，并用曲线、校准功能将画面调整为蓝色调。

02 在Camera Raw的“混色器”面板中，调整红色和绿色参数，使花朵偏向黄色，绿叶偏向蓝色。

03 复制“图层0”得到“图层0 拷贝”图层，执行“高斯模糊”命令，设置混合模式为“柔光”，使画面变得有朦胧感。

04 复制“图层0 拷贝”图层得到“图层0 拷贝2”图层，将混合模式设置为“强光”，以增强画面的朦胧感。适当降低图层的不透明度，然后添加图层蒙版，使用黑色“画笔工具”，涂抹颜色过重的区域以将其隐藏。

05 复制“图层0”得到“拷贝3”图层，并将其拖至“图层”面板的顶部。执行“场景模糊”命令，以模拟散景光斑效果，设置混合模式为“变亮”，然后添加图层蒙版，使用黑色画笔涂抹过亮的区域，以将其隐藏。

06 新建“自然饱和度”调整图层，适当减小“自然饱和度”值，然后在图层蒙版中，使用黑色“画笔工具”涂抹需要隐藏的区域。

07 新建“自然饱和度”调整图层，适当减小“自然饱和度”值，然后将图层蒙版填充为黑色，使用“渐变工具”，设置白色到透明的渐变，填充部分有色彩淤积的花朵，得到自然的色彩效果。

7.6 将杂乱的荷花变成轮廓突出的黑白效果

本例将对照片的局部进行选择，然后制作成黑白的效果。在处理思路上，首先要选中要处理的主体，主体主要分为两部分，一部分为荷花及茎，另一部分是逆光拍摄时荷叶边缘的亮边。通过一系列的处理，将荷叶的逆光边缘保留下来，然后将其他的部分处理成黑色，得到轮廓感非常强烈的黑白画意效果，处理前后的对比效果如图 7.78 所示。

图7.78

下面讲解本例的主要操作思路，详细操作步骤可参考按本书前言所述方法获取的教学视频。

01 打开素材照片，首先将主体图像抠选出来，使用“快速选择工具”和“磁性套索工具”，将荷花、花茎及周边的叶子选中，然后按快捷键Ctrl+J复制到新图层中，得到“图层1”。

02 在“背景”图层和“图层1”之间新建一个图层，并填充黑色。

03 选择“图层1”，创建一个“黑白”调整图层并创建剪贴蒙版，使“黑白”调整图层只作用于“图层1”。

04 创建“色阶”调整图层并创建剪贴蒙版，调整“色阶”值，以增强叶子边缘的亮度。

05 创建“曲线”调整图层并创建剪贴蒙版，下压曲线以调黑暗部区域，使画面只剩下高光部分的线条。

06 调整曲线后，发现亮部的线条不够明显，切换至“色阶”调整图层，适当调整数值，以提高亮度。

07 经过上面的调整后，发现叶子有些高光区域不够明显，在“图层1”上方新建一个剪贴蒙版图层，然后使用白色“画笔工具”，对需要显示线条的区域进行涂抹，以增强边缘效果。

08 接下来处理主体荷花和花茎部分。复制“图层1”到顶层，得到“图层1拷贝”图层，按住Ctrl键单击“图层1拷贝”图层的缩览图，以载入选区，然后使用“快速选择工具”，按住Alt键拖动，去除荷叶的选区，得到只选中荷花的选区。

09 保持荷花的选区，使用“磁性套索工具”，按住Shift键沿着花茎边缘进行选择，最后得到选中荷花和花茎的选区，执行“反选”命令，然后按Delete键删除并取消选区。

10 观察画面发现，画面右侧还有部分荷叶没有被完全删除，选择“橡皮擦工具”并设置合适的画笔大小，直接将多余的图像擦除。

11 创建“黑白”调整图层并创建剪贴蒙版，得到黑白的荷花主体图像。

12 创建“曲线”调整图层并创建剪贴蒙版，调整曲线先压暗整体画面，再在下半部分添加一个节点，稍微降低画面整体的对比度。接着将高光的节点向下拖动，以压暗高光部分。

13 观察整体画面，发现下方有一根多余的线条，切换“图层3”，使用黑色画笔涂抹该线条以将其隐藏。

14 按照前面的操作步骤，将画面左侧的荷叶抠选出来，并创建具有轮廓感的线条。

第8章

建筑类照片综合调修

8.1 将灰黄调建筑照片调为小清新效果

本例原照片的颜色比较浑浊，也没有太多的亮点，通过后期处理使其颜色及亮度、对比度都发生了比较大的变化。首先是调色，小清新照片的主色调偏青蓝色，调色时需要偏向这种色调。另外，小清新照片没有特别重的阴影，需要通过“曲线”功能将厚重的阴影去掉，然后将天空的颜色与小清新的建筑物颜色匹配起来，最后为画面添加飞机元素，形成反差对比，让这张照片更有亮点，下面讲解详细的操作步骤。

01 在Photoshop中打开素材文件夹中的“第8章\8.1-素材1.jpg”文件，如图8.1所示。

图8.1

02 对建筑物进行调色。单击“创建新的填充或调整图层”按钮，在弹出的菜单中选择“色彩平衡”选项，得到“色彩平衡1”调整图层，在“属性”面板中调整参数，如图8.2~图8.4所示，效果如图8.5所示。

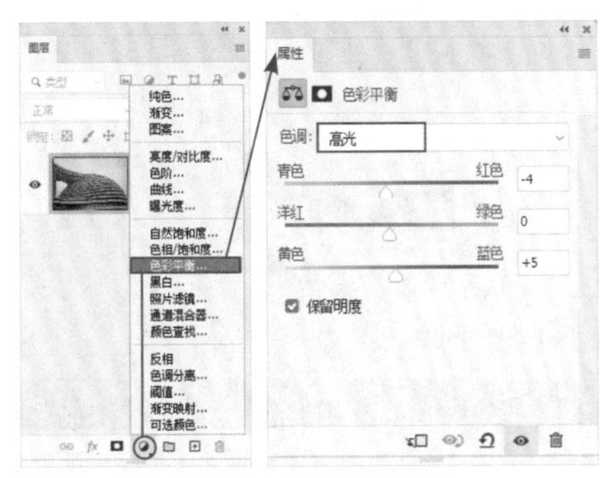

图8.2

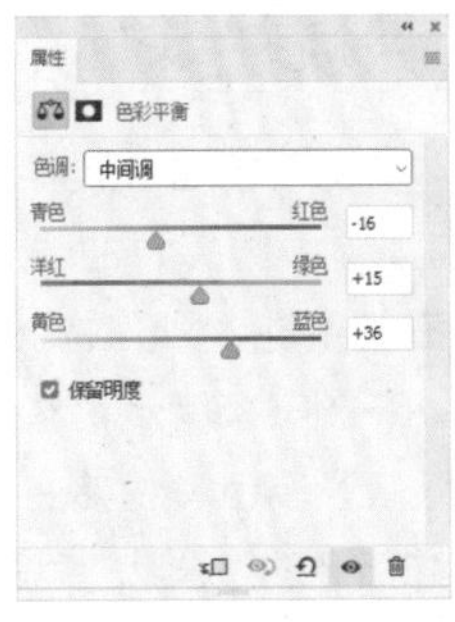

图8.3

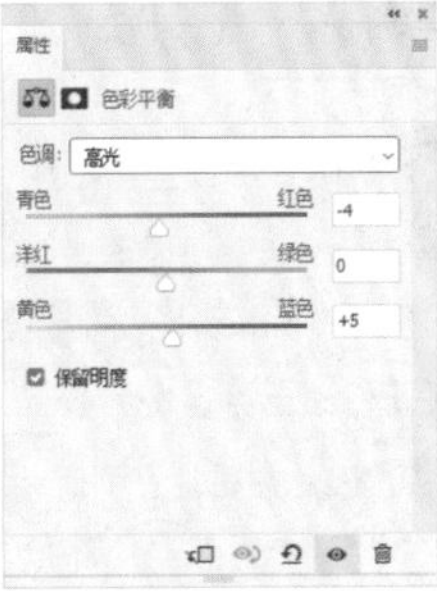

图8.4

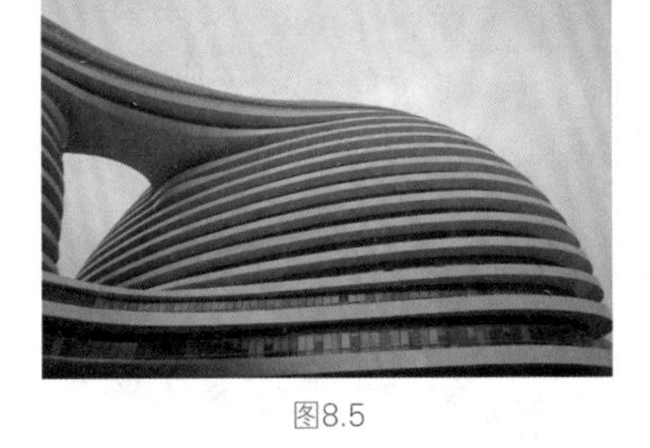

图8.5

03 调整建筑物的对比度，调整思路是降低高光区域的亮度，提高阴影区域的亮度。单击“创建新的填充或调整图层”按钮，在弹出的菜单中选择“曲线”选项，得到“曲线1”调整图层，在“属性”面板中调整曲线，如图8.6所示。使用“渐变工具”，选择黑色到白色渐变，在图层蒙版中，由上向下填充渐变，得到如图8.7所示的效果。

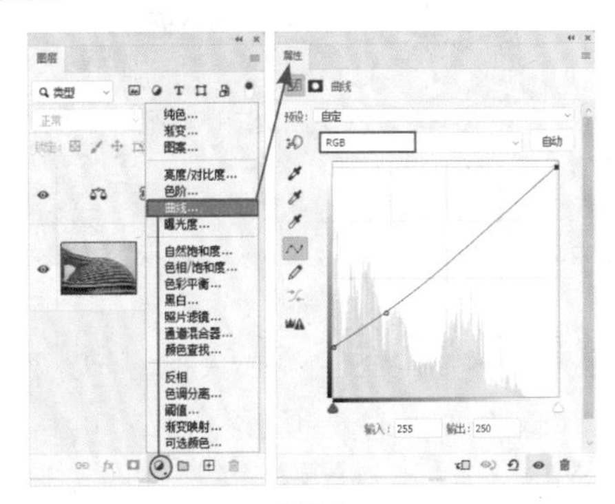

图8.6

图8.7

04 此时画面还达不到所需的轻盈感。单击“创建新的填充或调整图层”按钮◐，在弹出的菜单中选择“可选颜色”选项，得到“选取颜色1”调整图层，在“属性”面板中调整参数，如图8.8所示，将“选取颜色1”调整图层拖至“曲线1”调整图层的下方，得到如图8.9所示的效果。

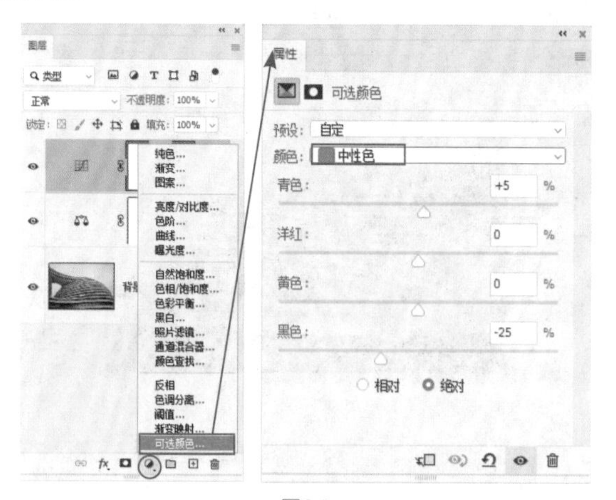

图8.8

图8.9

05 因为原片天空中的云彩细节太少，所以要替换天空。将素材文件夹中的“第8章\8.1-素材2.jpg”文件拖入当前文档中，如图8.10所示，得到“图层1”。

图8.10

06 选择“背景”图层，使用“快速选择工具”将原片的天空区域选中，然后回到“图层1”，单击“图层”面板下方的“添加图层蒙版”按钮，创建图层蒙版，得到如图8.11所示的效果，此时的“图层”面板如图8.12所示。

图8.11

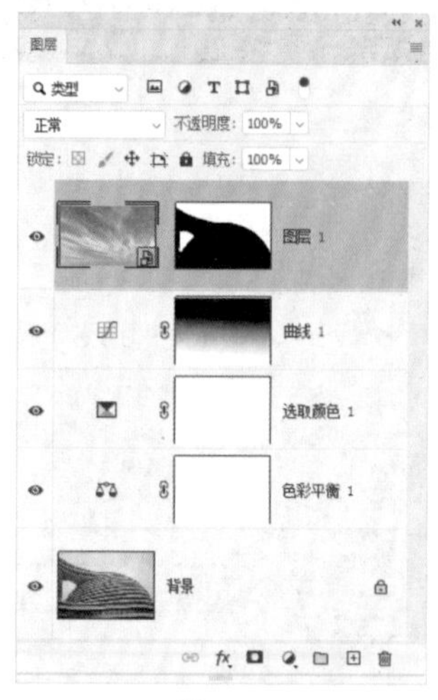

图8.12

注意

使用“快速选择工具”创建的选区，边缘存在一定的误差，可以在“图层1”的蒙版中，用黑色画笔和白色画笔修饰边缘细节。

07 对天空做色彩方面的处理。单击“创建新的填充或调整图层”按钮◐，在弹出的菜单中选择“曲线”选项，得到“曲线2”调整图层，在“属性”面板中分别调整RGB、红、蓝曲线，如图8.13~图8.15所示，然后单击“属性”面板下方的“剪贴蒙版”按钮，使曲线只作用于“图层1”，得到如图8.16所示的效果。

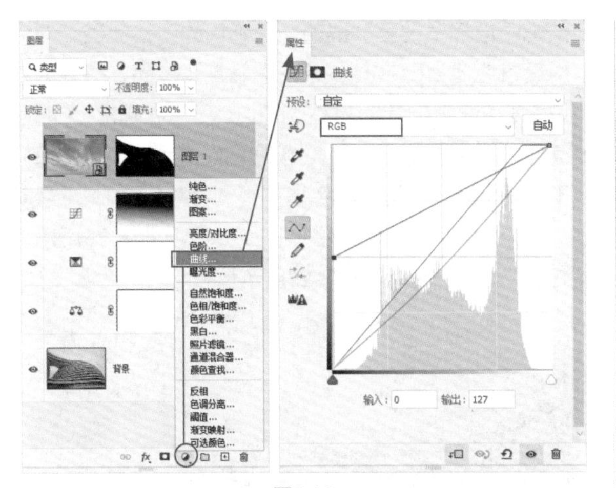

图8.13

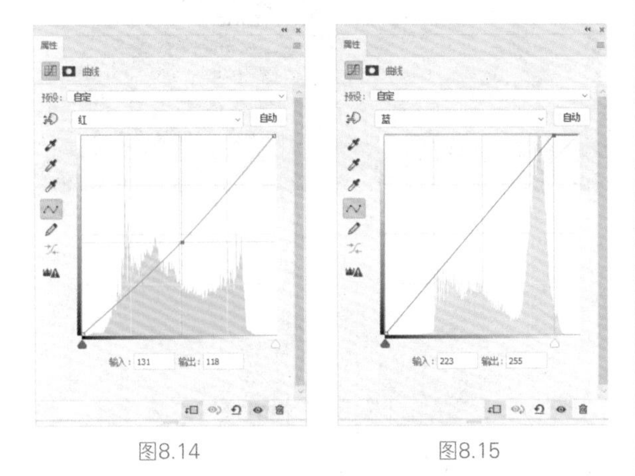

图8.14　　图8.15

图8.16

08 单击“创建新的填充或调整图层”按钮，在弹出的菜单中选择“可选颜色”选项，得到“选取颜色2”调整图层，在“属性”面板中分别调整青色、蓝色和白色参数，如图8.17~图8.19所示，然后单击“属性”面板下方的“剪贴蒙版”按钮，使可选颜色只作用于“图层1”，得到如图8.20所示的效果。

图8.17

图8.18

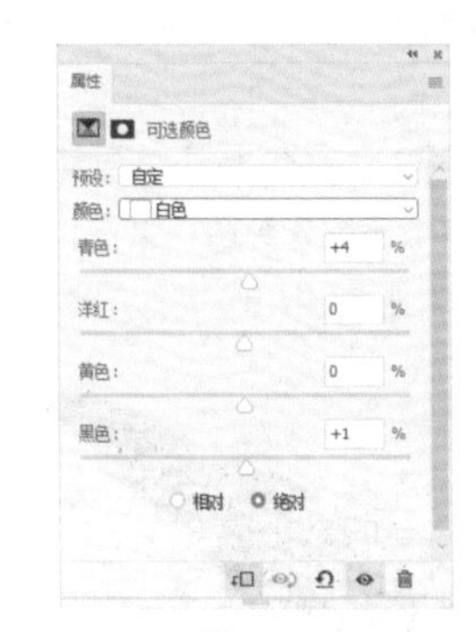

图8.19

图8.20

09 单击“创建新图层”按钮，执行“编辑”→“填充”命令，在弹出的“填充”对话框中选择“50%灰色”选项，如图8.21所示，单击“确定”按钮，得到“图层2”，设置图层混合模式为“柔光”，图层“不透明度”值为40%，设置前景色为白色，选择“画笔工具”并设置画笔大小和“不透明度”，在建筑物的左下角偏暗的区域进行涂抹，得到如图8.22所示的效果。

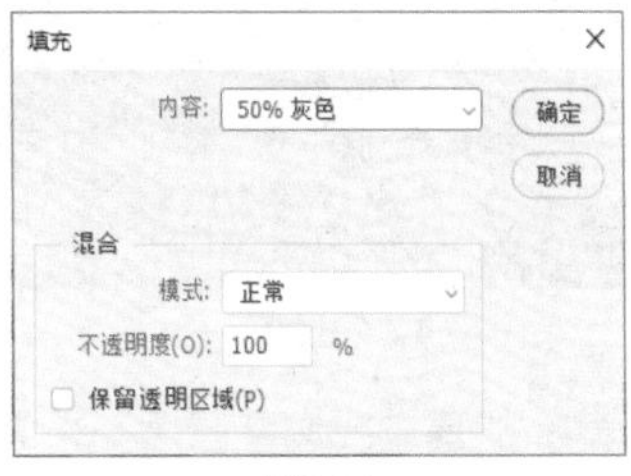

图8.21

图8.22

10 加入飞机素材，让整个照片具有动感。将素材文件夹中的“第8章\8.1-素材3.png”文件拖入当前文档中，如图8.23所示，得到“图层3”。

图8.23

11 选择“移动工具” ，在工具选项栏中选中“显示变换控件”复选框，“飞机”图像出现控制柄，拖动对角控制柄以缩小飞机，按Enter键确定变换，取消选中“显示变换控件”复选框，使用“移动工具” 将“飞机”放置到右上角合适的位置，如图8.24所示。

图8.24

12 单击“创建新的填充或调整图层”按钮 ，在弹出的菜单中选择“纯色”选项，在弹出的“拾色器”对话框中设置色值为c1e6fa，单击“确定”按钮，得到“颜色填充1”调整图层，按住Alt键在“颜色填充1”调整图层与“图层3”之间单击，创建剪贴蒙版，使色彩只应用于“飞机”。设置“颜色填充1”调整图层的“不透明度”值为34%，得到最终的图像效果，如图8.25所示，最终的“图层”面板如图8.26所示。

图8.25

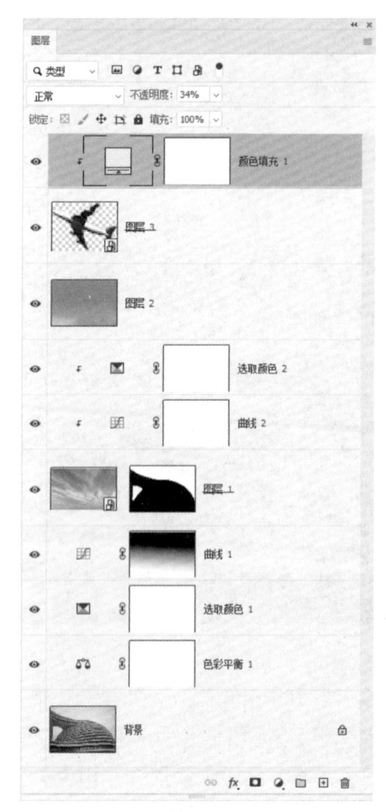

图8.26

8.2 让古建一角具有月满西楼的意境

本例的操作对象是一张古建屋檐特写照片，通过“曲线”命令将其色调调整为夜景环境下的剪影效果，然后通过“椭圆选框工具”配合颜色填充及图层样式，绘制出满月，使画面呈现一种月满西楼的意境效果，下面讲解详细的操作步骤。

01 在Photoshop中打开素材文件夹中的“第8章\8.2-素材.jpg”文件，如图8.27所示。

图8.27

02 调整画面的色彩和亮度，既然要模拟月亮下的夜景效果，那么天空必然是比较暗的。单击“创建新的填充或调整图层”按钮，在弹出的菜单中选择“曲线”选项，得到“曲线1”调整图层，在“属性”面板中分别调整RGB和“蓝”曲线，如图8.28和图8.29所示，得到如图8.30所示的效果。

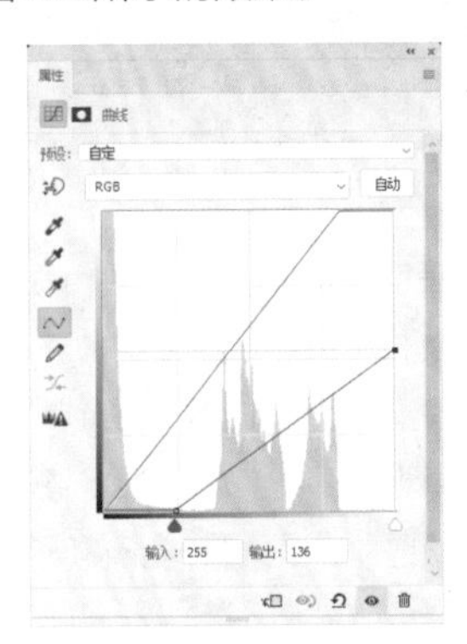

图8.28

图8.29

图8.30

经过上一步的调整，画面的色调基本达到了理想的效果，接下来需要绘制像鸡蛋黄一样的月亮。

03 单击“创建新的填充或调整图层”按钮，在弹出的菜单中选择“纯色”选项，在弹出的“拾色器”对话框中设置色值为ffba00，如图8.31所示，单击“确定”按钮，得到“颜色填充1”调整图层。

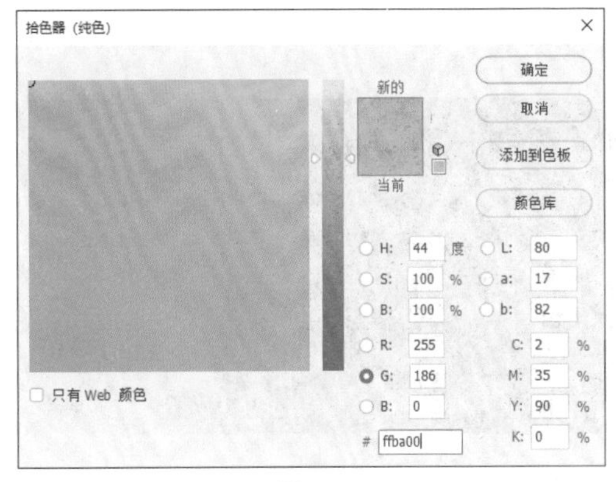

图8.31

04 隐藏“颜色填充1”调整图层，然后选择“椭圆选框工具”，按住Shift键在屋檐区域绘制一个正圆选区，适当调整选区的位置。显示“颜色填充1”调整图层，选择该图层的蒙版，设置前景色为黑色，按快捷键Alt+Delete填充黑色，按快捷键Ctrl+D取消选区，在“属性”面板中，单击“反相”按钮，得到如图8.32所示的图像效果。

图8.32

05 接下来让这个圆形有一些立体感。在选中“颜色填充1”调整图层的状态下，单击“图层”面板下方的“添加图层样式”按钮，在弹出的菜单中选择“内发光”选项，在弹出的“图层样式”对话框中设置参数，如图8.33所示，让圆形有月亮的光晕效果，如图8.34所示。

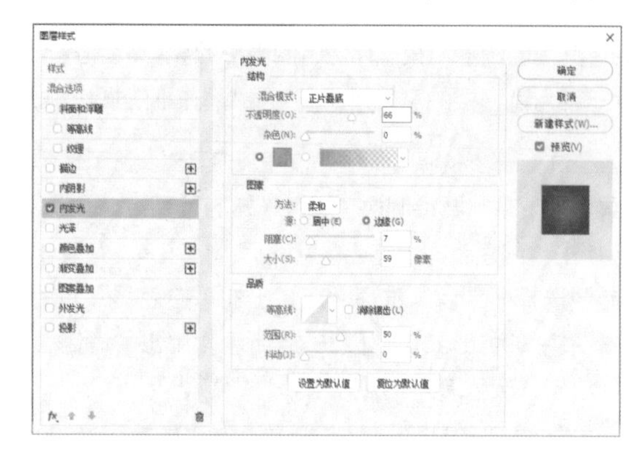

图8.33

图8.34

注意

在“内发光”图层样式中，设置颜色色值为ff7800。

06 将“颜色填充1”调整图层拖至“新建图层”按钮⊞上，得到“颜色填充1 拷贝”调整图层，双击“内发光”图层样式，在弹出的“图层样式”对话框中取消选中“内发光”复选框，选中“渐变叠加”复选框，并设置参数，如图8.35所示，得到如图8.36所示的效果。

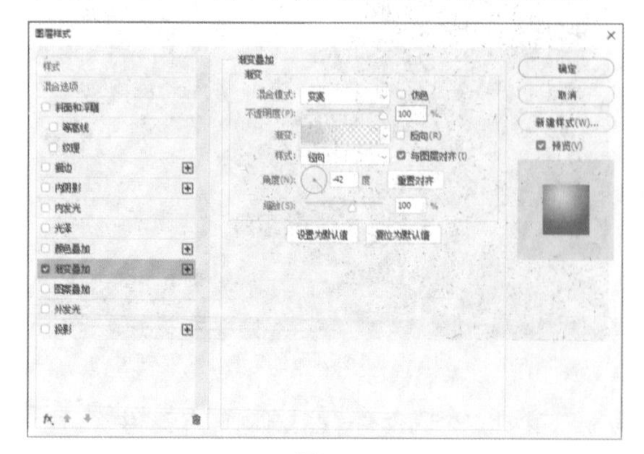

图8.35

图8.36

注意

在“渐变叠加”图层样式中，创建是颜色色值为ffe826的亮黄色到透明的渐变。

07 接下来需要把绘制的月亮放在屋檐后方。先隐藏“颜色填充1”和“颜色填充1 拷贝”调整图层，然后选择“背景”图层，使用“魔棒工具”选中天空区域，如图8.37所示。

图8.37

08 保持选区状态，显示“颜色填充1”和“颜色填充1 拷贝”调整图层，将这两个图层选中然后右击，在弹出的快捷菜单中选择“从图层建立组”选项，得到“组1”，单击“添加矢量蒙版”按钮◘，为选区创建蒙版，设置图层混合模式为“穿透”，得到如图8.38所示的效果，此时的“图层”面板如图8.39所示。

图8.38

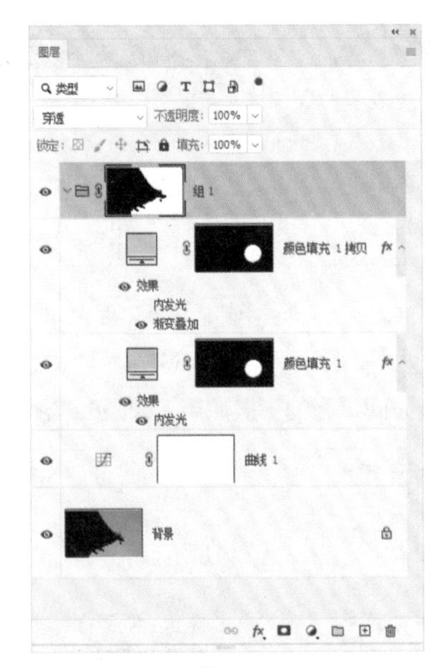

图8.39

09 接下来对细节进行调整。单击“新建图层”按钮 ⊞ 得到“图层1”，然后设置前景色为黑色，选择“画笔工具”并设置合适的画笔大小及“流量”值，单击屋脊翘角上兽雕的高光区域，适当降低图层的不透明度，再单击“添加矢量蒙版”按钮 ◘ ，选择“组1”的图层蒙版，按住Alt键将“组1”的图层蒙版拖至“图层1”的蒙版处，在弹出的对话框中单击“确定”按钮，复制蒙版。在“属性”面板中单击“反相”按钮，得到兽雕高光减暗的效果。至此，本例的调修全部完成，最终的图像效果如图8.40所示，最终的“图层”面板如图8.41所示。

图8.40

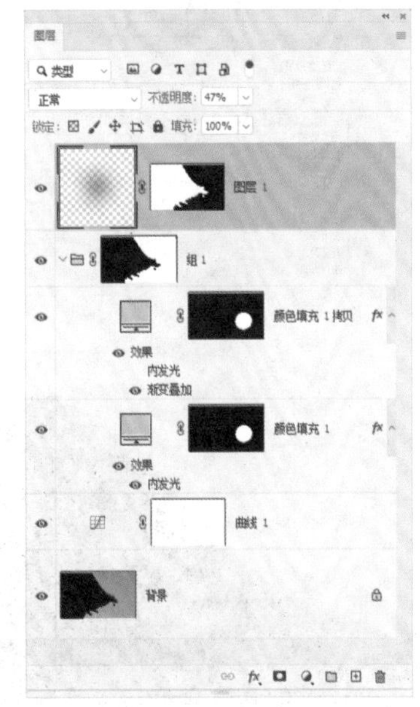

图8.41

8.3 为故宫照片添加云彩，并处理成黑白流云效果

本例将一张普通的故宫照片修饰成有强烈对比的黑白效果，处理后的画面凸显了屋檐下非常漂亮的图案，对宫墙部分做减暗处理，使其呈现反差对比。另外，还替换了原片中平淡的天空，增加了流动的云彩效果，让画面变得更动感，下面讲解详细的操作步骤。

01 在Photoshop中打开素材文件夹中的“第8章\8.3-素材1.jpg”文件，如图8.42所示。

图8.42

02 将画面转为黑白效果。单击“创建新的填充或调整图层”按钮，在弹出的菜单中选择“黑白”选项，得到“黑白1”调整图层，在“属性”面板中调整参数，如图8.43所示，得到蓝天变白，屋檐下的图案亮起来的效果，如图8.43所示。

图8.43

图8.44

03 接下来替换天空部分。将素材文件夹中的“第8章\8.3-素材2.jpg”文件拖入当前文档中，如图8.45所示。

图8.45

注意

直接将云彩素材文件拖入当前文档中，默认即为智能对象图层，如果是先在Photoshop中打开云彩素材文件，然后将其拖入目标文档中，创建的是普通图层，需要右击，在弹出的快捷菜单中选择“转换为智能对象”选项。

04 执行“滤镜”→“模糊”→“径向模糊”命令，在弹出的“径向模糊”对话框中设置参数，如图8.46所示，模拟长时间曝光的拍摄效果，如图8.47所示。

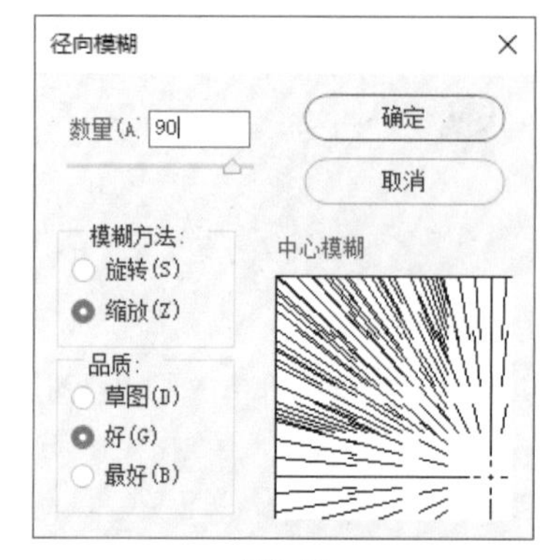

图8.46

图8.47

05 接下来创建天空的选区。隐藏其他两个图层，选择“背景”图层，进入“通道”面板，选择一个对比明显的通道。在这张照片中，蓝色通道的对比明显，所以将蓝色通道拖至下方的“创建新通道”按钮，得到“蓝色通道 拷贝”通道，执行“图像”→“调整”→“反相”命令，得到如图8.48所示的效果。

对“蓝色通道 拷贝”通道进行“反相”操作后，大部分天空是黑色的，建筑物大部分是白色的，现在需要将天空填充为纯黑，建筑物全部填充为纯白色，即可获得对比鲜明的画面。

图8.48

06 观察此时的图像效果可以看到，天空左上角及左下角有一部分是偏灰的，需要先对这两处进行填充黑色处理。使用“套索工具”将左上角偏灰的天空区域选中，设置前景色为黑色，然后按快捷键Alt+Delete填充黑色。接着选中左下角偏灰的区域，执行“图像”→“调整”→“色阶”命令，在弹出的“色阶”对话框中选中黑色“滴管工具”吸取选区中偏灰的区域，将其变为黑色，得到如图8.49所示的效果。

图8.49

07 在上一步的基础上，执行“图像”→“调整”→“色阶”命令，在弹出的“色阶”对话框中调整数值，使建筑物区域变为纯白色，此时天空有些区域还有灰色，可以将其填充为黑色，也可以在“色阶”对话框中使用黑色“滴管工具”将其变为黑色，调整后得到如图8.50所示的效果。

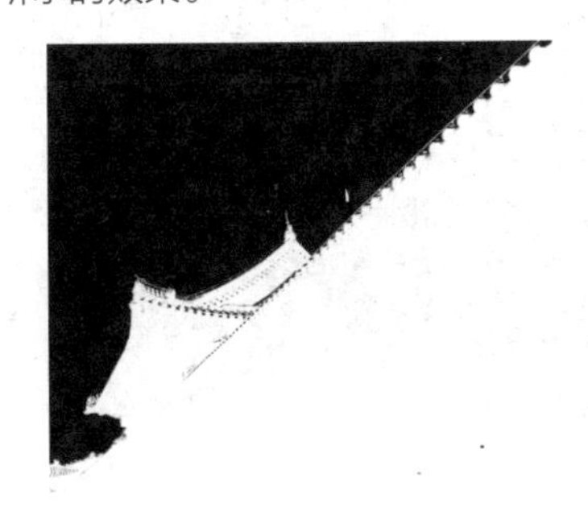

图8.50

08 按住Ctrl键单击“蓝色通道 拷贝”通道的缩略图，以载入选区，然后回到“图层”面板，选择云彩图层，按住Alt键单击“添加图层蒙版”按钮创建蒙版，得到如图8.51所示的效果，此时的“图层”面板如图8.52所示。

图8.51

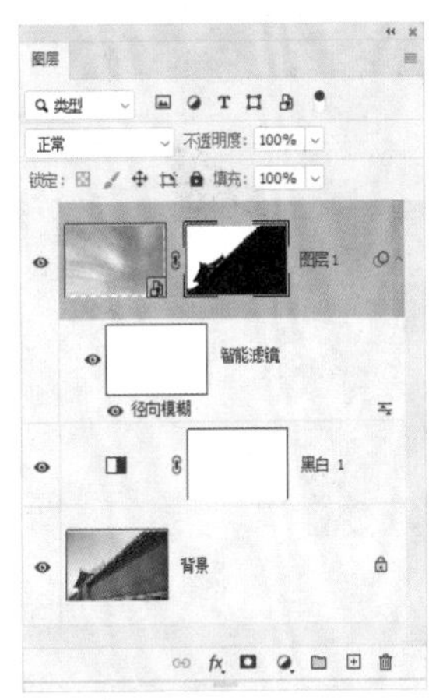

图8.52

09 单击“创建新的填充或调整图层”按钮，在弹出的菜单中选择“黑白”选项，得到“黑白2”调整图层，在“属性”面板中设置参数，如图8.53所示，设置参数后单击“剪贴蒙版”按钮，得到如图8.54所示的效果，此时的“图层”面板如图8.55所示。

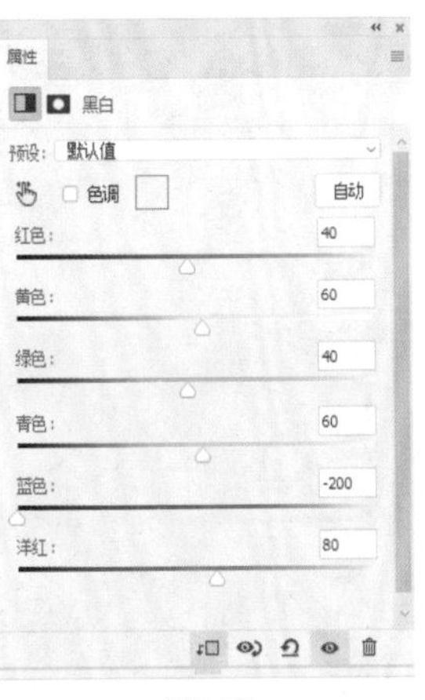

图8.53

图8.54

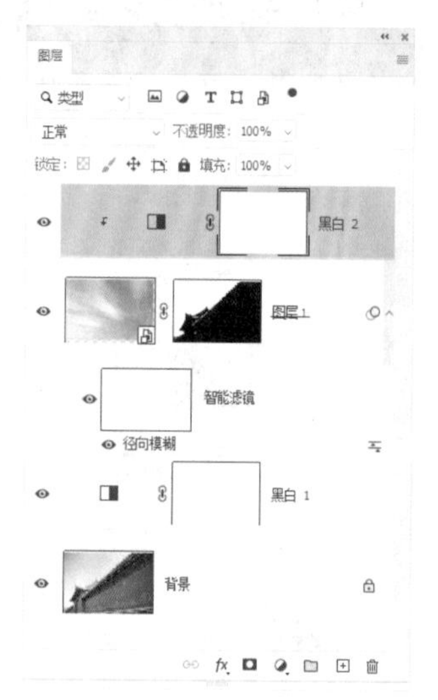

图8.55

10 观察画面发现天空的云彩有些过密，单击“创建新的填充或调整图层”按钮，在弹出的菜单中选择“曲线”选项，得到“曲线1”调整图层，单击“属性”面板的“剪贴蒙版”按钮，使曲线只作用于天空，调整的曲线如图8.56所示，得到如图8.57所示的效果。

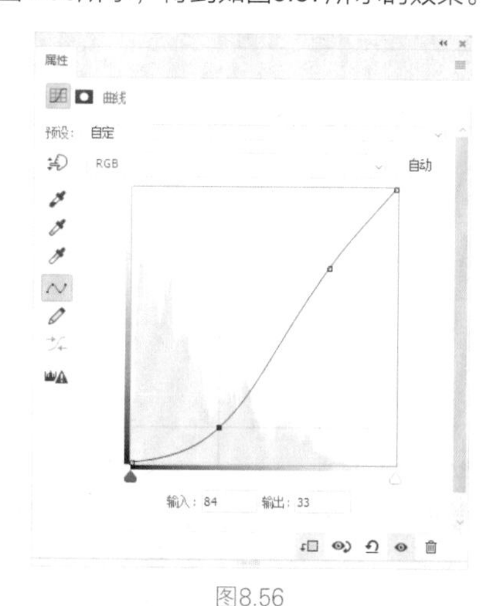

图8.56

图8.57

11 接下来抹除画面下面的长椅。单击“新建图层”按钮，执行“图像”→“应用图像”命令，得到“图层2”，使用“多边形套索工具”选择画面左下角大门处的墙体，按快捷键Ctrl+J复制选区的内容，得到“图层3”，使用“移动工具”将“图层3”下移覆盖下方的砖头，修复前后的对比效果如图8.58所示。

图8.58

12 选择“图层2”，使用“多边形套索工具”选择其他墙体，按快捷键Ctrl+J复制选区中的图像，得到“图层4”，使用“移动工具”将“图层4”下移覆盖下方的砖块。下移后发现还有一部分砖块不能覆盖，按快捷键Ctrl+J复制“图层4”得到“图层4 拷贝”图层，继续将“图层4 拷贝”图层下移直至将砖块全部覆盖，得到如图8.59所示的效果。

图8.59

13 观察画面可以看出，“图层4 拷贝”图层覆盖的区域与墙体的透视关系不符，需要调整角度，按快捷键

Ctrl+T调出自由变换控制柄，将鼠标放置在对角的控制柄使鼠标指针变成↰状，顺时针调整角度使透视变得自然，如图8.60所示，效果满意后按Enter键确定。

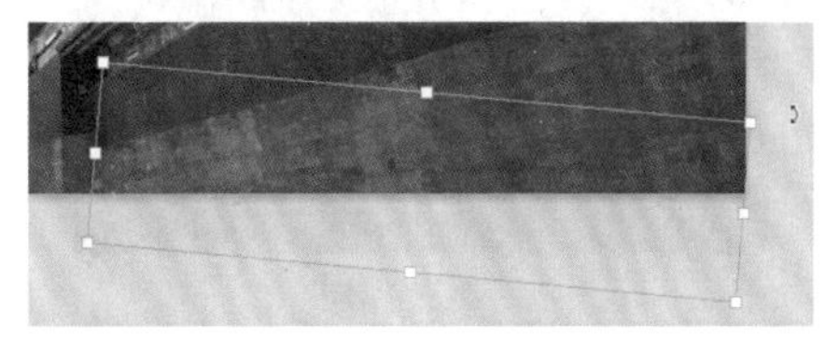

图8.60

14 接下来处理拼接问题。单击“添加矢量蒙版”按钮 ◘ 为“图层3”添加蒙版，设置前景色为黑色，使用“画笔工具” ✓ 并设置合适的画笔大小及“流量”值，对拼接处进行涂抹，直至得到准确的效果。按照相同的操作方法，修复“图层4”和“图层4 拷贝”图层的拼接问题，整体修复后的效果如图8.61所示。

图8.61

15 放大画面观察，发现大门处还有一小部分缺陷没修复好，使用“仿制图章工具”并调整合适的画笔小大，按Alt键对周边进行取样，然后涂抹要修复的区域直至得到满意的效果，处理前后的对比效果如图8.62所示。

图8.62

16 接下来对屋檐下面的精美绘画做提亮操作。单击“新建图层”按钮⊞，再执行“图像”→“应用图像”命令，得到“图层5”，右击，在弹出的快捷菜单中选择“转换为智能对象”选项。执行“图像”→“调整”→“阴影/高光”命令，在弹出的“阴影/高光”对话框中设置参数如图8.63所示，得到如图8.64所示的效果。

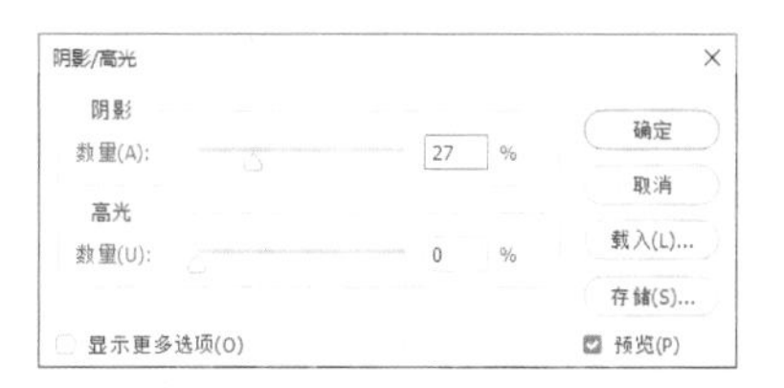

图8.63

图8.64

17 按住Alt键单击“添加矢量蒙版”按钮 ◘ 为“图层5”添加黑色蒙版，选择“渐变工具” ■，设置前景色为白色，在工具选项栏中选择白色到透明的渐变，并单击“径向渐变”按钮 ◘，在屋檐下方的绘画区域依次填充几个渐变，得到如图8.65所示的效果，此时图层蒙版的状态如图8.66所示。

图8.65

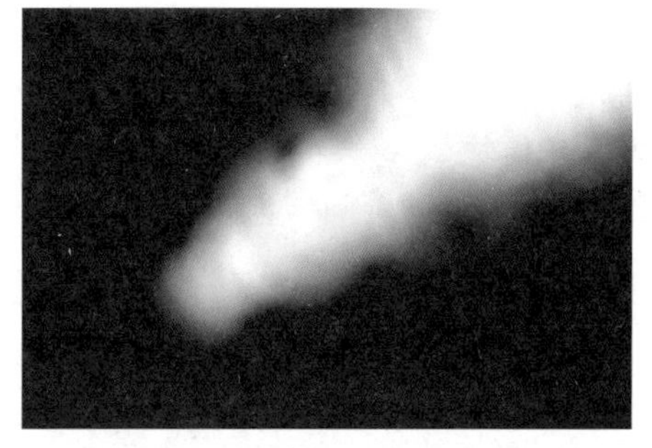

图8.66

18 单击“创建新的填充或调整图层”按钮，在弹出的菜单中选择“曲线”选项，得到“曲线2”调整图层，在“属性”面板中单击“剪贴蒙版”按钮，使曲线只作用于下方图层，调整曲线如图8.67所示，得到如图8.68所示的效果。

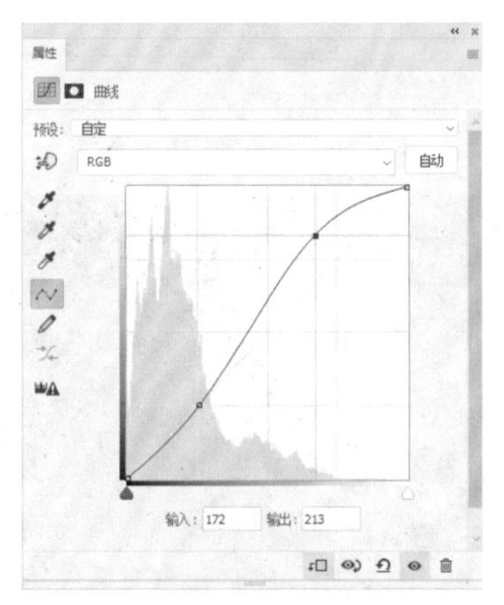

图8.67

图8.68

19 回到“图层5”的蒙版修饰细节，使用“画笔工具”设置白色，对一些偏暗的绘画区域进行涂抹以提亮画面，使用黑色“画笔工具”，对屋顶及墙体区域涂抹以减暗画面。按住Alt键单击“新建图层”按钮，在弹出的“新建图层”对话框中设置参数，如图8.69所示，得到“图层6”。使用“画笔工具”，设置为黑色，“流量”值为54%，对左侧的屋顶进行涂抹，使其变暗，涂抹后减小图层的“不透明度”值为55%，让画面更自然。整体涂抹完成后的效果如图8.70所示。

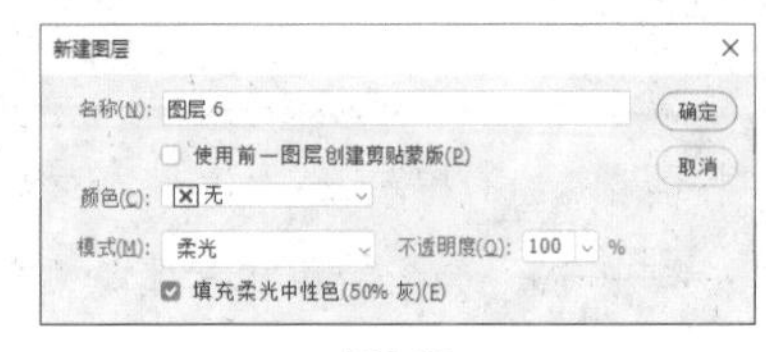

图8.69

图8.70

20 接着压暗墙体部分，使画面的明暗对比效果更好。选择“多边形套索工具”将墙体部分全部选中，如图8.71所示。单击“创建新的填充或调整图层”按钮，在弹出的菜单中选择“曲线”选项，得到“曲线3”调整图层，在“属性”面板中调整曲线如图8.72所示，得到图8.73所示的效果。

图8.71

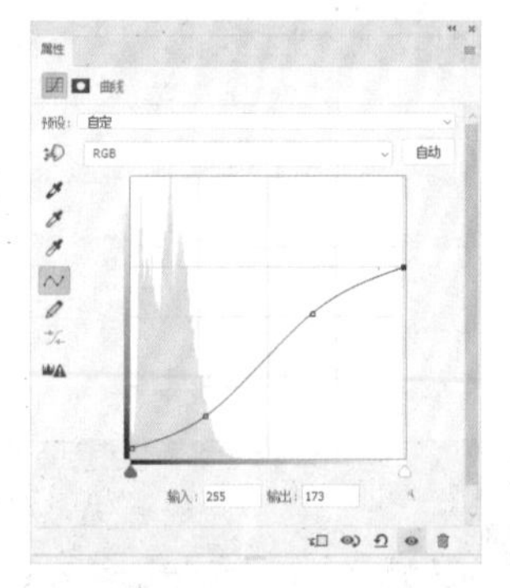

图8.72

图8.73

21 在此希望靠近画面右侧的墙体区域不要这么黑。选中“曲线3”调整图层，右击，在弹出的快捷菜单中选择“从图层创建组”选项，得到“组1”。单击“创建矢量蒙版”按钮◘，为图层组添加蒙版，选择“渐变工具”▭，设置前景色为黑色，在选项工具栏中选择黑色到透明的渐变，并设置为线性渐变，“不透明度”值为37%，从右至左在墙体区域填充渐变，得到最终的图像效果，如图8.74所示，最终的“图层”面板如图8.75所示。

图8.74

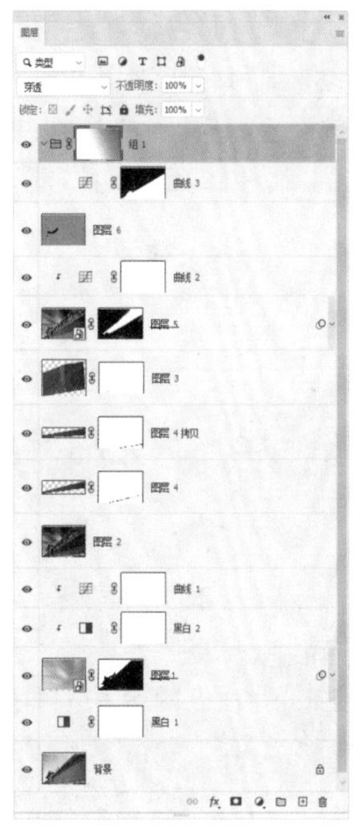

图8.75

8.4 将故宫照片调整为夜景效果

本例将一张故宫的日景照片，通过替换天空云彩素材和调色处理，得到画面呈现夜幕下故宫的效果，使画面表现出一种神秘感。本例的精彩之处在于天空的云彩。在选择云彩素材时，要选择具有透视放射线感觉的云彩，如果换成一张比较平淡的团状云素材，那么照片的大气感就会大打折扣，处理前后的对比效果如图 8.76 所示。

图8.76

下面讲解本例的主要操作思路，详细操作步骤可参考按本书前言所述方法获取的教学视频。

01 打开素材照片，发现前景处的雪地上存在较多脚印，需要先将其修除。按快捷键Ctrl+J复制“背景”图层，得到“背景 拷贝”图层。

02 放大画面，用“修补工具”选中一小片有脚印的区域，将选区拖至旁边的位置以自动修补。重复此操作，直至将所有有脚印的地方都修复完毕，得到干净的画面效果。

03 接下来为画面替换天空，并拖入云彩素材，然后调整大小并放置到合适的位置。

04 使用“快速选择工具”，将“背景”图层中的天空选中，切换到“云彩素材”图层，并添加蒙版，然后选择“画笔工具”并设置为黑色，将没显示出来的建筑物涂抹出来。

05 新建“黑白”调整图层，将画面转换为黑白色调。

06 新建一个图层，并填充淡蓝色，设置混合模式为“线性加深”，适当降低图层的“不透明度”，获得自然的色调效果。

07 叠加颜色后，建筑物部分的色调过于浓重，需要改善。在“黑白”与“淡蓝色”填充图层之间，新建一个“曲线”调整图层，以提亮阴影。

08 按住Alt键选中云彩素材中的蒙版，将该蒙版复制到“曲线”图层蒙版中，在“属性”面板中单击“反相”按钮，使曲线只作用于建筑物部分。

09 最后观察整体画面，可以根据自己的感觉，再次修改淡蓝色的填充色，得到色调满意的效果。

8.5 增强古城建筑物的温暖灯光氛围

本例的修饰重点在于对整张照片气氛的渲染，原照片是一张在平遥古城拍摄的客栈景观，其中挂着很喜庆的灯笼。拍完这张照片后，就想后期将其渲染成大红灯笼高高挂的那种感觉，同时要有朦胧、柔和的红色灯光弥漫在整个画面中。处理前后的对比效果如图8.77所示。

图8.77

下面讲解本例的主要操作思路，详细操作步骤可参考按本书前言所述方法获取的教学视频。

01 在Photoshop中打开素材照片。

02 观察素材照片，发现照片中暗部区域的热烈气氛不够，需要增强。创建一个“色彩平衡”调整图层，选择“阴影”选项，分别向红色、黄色进行调整，提升阴影部分红色灯光的晕染效果。

03 减弱整个场景的对比度，使画面营造出光线四处弥散的感觉。创建一个“曲线”调整图层，以提亮暗部。

04 经过调整后，画面中的地面及屋檐有些区域也被提亮了，需要在“曲线”调整图层蒙版中，使用黑色“画笔工具”，将这些区域涂抹出来。

05 观察画面发现，画面中心的灯笼及牌匾都曝光过度了，此时拖入前期用包围曝光功能拍摄的另一张相同场景，但曝光略暗的照片，将新照片与原照片位置对齐得到“图层1”，按住Alt键为“图层1”创建图层蒙版，使用白色“画笔工具”，将灯笼及牌匾过度曝光的区域都涂抹回来。

06 接下来对天空做替换处理。拖入云彩素材，调整大小并将其放置到天空位置得到“图层2”，暂时隐藏“图层2”，使用“魔棒工具”单击天空，得到天空的选区，显示“图层2”，添加图层蒙版。

07 天空部分需要调暗一些，创建一个“曲线”调整图层，单击“属性”面板下方的“剪贴蒙版”按钮，使曲线只作用于“图层2”，然后将曲线下拉，得到将云彩调暗的效果。

08 新建一个图层得到“图层3”，用来处理偏亮的屋檐，使其色调及亮度统一。调出前景色“拾色器”对话框，用“吸管工具”在画面的阴影区域吸取一种比较暗的红色，单击“确定”按钮。用“画笔工具”，对屋檐进行涂抹，涂抹完成后设置图层混合模式为“正片叠底”，适当调整图层的“不透明度”值，得到自然的画面效果。

09 在上一步用“画笔工具”涂抹时，有些涂抹到天空区域了，需要用蒙版创建精确的选区。切换到“图层2”的天空蒙版，按住Alt键将该蒙版复制到“图层3”中，然后在蒙版“属性”面板中单击“反相”按钮，去除天空的画笔涂抹痕迹。

10 观察效果，发现屋檐有些区域涂抹后太黑了，在选中“图层3”的蒙版状态下，用白色“画笔工具”，将偏暗的屋檐涂抹一下即可。

11 新建一个图层得到“图层4”，执行“应用图像”命令并盖印图层，将“图层4”转换为智能对象，然后执行“高斯模糊”命令，将图层混合模式设置为“滤色”，并减小图层的“不透明度”值，初步营造光线弥散的效果。

12 接下来还需要减弱光线弥散的效果。在选择“图层

4”的状态下，右击在弹出的快捷菜单中选择“混合选项”选项，在弹出的对话框中按住Alt键拖曳“本图层”中的白色滑块。

13 接下来改善地面因下雨造成的斑驳效果。进入“通道”面板复制“蓝”通道，将湿润的地面选择出来并反选，创建选区后回到“图层”面板，创建一个“曲线”调整图层，调整曲线使选区部分与其他地面色彩统一。

14 新建一个“亮度/对比度”调整图层，并创建剪贴蒙版，将亮度减弱，对比度加强，进一步统一地面色彩。

15 将“曲线”和“亮度/对比度”调整图层编为“组1”并添加蒙版，然后使用“椭圆工具”将柱子下方的小石墩重新选中并填充黑色，使其恢复出原来的色彩。

16 接着修掉地面上的杂物，盖印图层得到“图层5”，选择“修补工具”圈住杂物，将选区拖至完好的地砖处，以自动修除杂物。重复此操作，直至所有的杂物都被修除。

第9章

夜景星空类照片综合调修

9.1 合成多张照片获得全景照片

在拍摄风景照片时，为了突出景物的全貌，经常会用超宽画幅进行表现。对于高质量、高像素的全景图来说，较常见的方法是通过在水平方向上连续拍摄多张照片，然后将其拼合在一起的方式实现的。在本例中，将在水平和垂直方向上共拍摄 16 张 Raw 格式照片，并进行拼合处理。在处理过程中，只需要进行简单的参数设置，即可得到宽幅全景图的效果。本例的特别之处在于，所有的照片都是以 Raw 格式拍摄的，而且原始照片存在较大的曝光和色彩的调整空间，因此本例需要先在 Camera Raw 中进行初步处理，然后转换为 JPEG 格式，再转入 Photoshop 中进行拼合及最终的润饰处理，具体的操作步骤如下。

01 打开素材“第9章\9.1-素材”文件夹中所有的Raw格式照片，启动Camera Raw软件。

本例的照片在拍摄时是以汽车的高光为主体进行曝光的，因此，画面其他区域存在较严重的曝光不足问题，导致银河没有很好地展现出来，因此下面将借助 Raw 格式照片的宽容度，进行初步处理。

02 在下方列表中单击，按快捷键Ctrl+A选中所有的照片，从而对它们进行统一的处理，如图9.1所示。

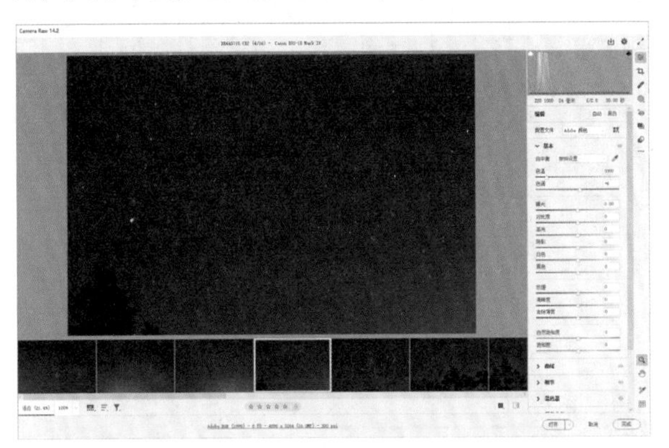

图9.1

这里主要针对天空中的星星进行处理，因此可以选择一张具有代表性的照片，例如，这里选择的是 BR4A0715.CR2，单击此照片后，需要再次按快捷键 Ctrl+A 选中所有的照片。

03 首先，在“基本”面板中调整“阴影”“白色”及“黑色”参数，如图9.2所示，以初步调整照片的曝光，显示出更多的星星，如图9.3所示。

图9.2

图9.3

下面调整照片的色彩。此时要注意增强画面蓝色的同时，保留高光区域的紫色调。

04 在“基本”面板中分别调整“色温”“清晰度”及“自然饱和度”参数，如图9.4所示，从而美化照片的色彩，如图9.5所示。

图9.4

图9.5

当前的画面还不够通透，下面来对其进行深入调整。

05 在“基本”面板中适当增大“去除薄雾”值，如图9.6所示，使画面细节显示得更充分，整体更通透，如图9.7所示。

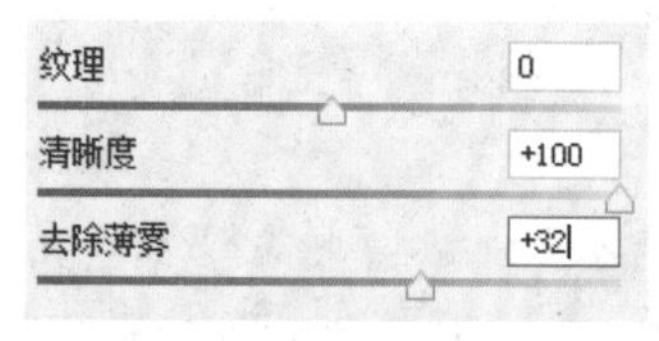

图9.6

图9.7

至此，已经调整好了画面的基本曝光和色彩，但这是以天空及星星为准进行调整的，此时选择汽车附近的照片，可以看出，该区域存在较严重的曝光过度的问题，下面来对其进行修正。

06 首先，单击BR4A0719.CR2照片，然后按住Shift键再单击BR4A0726.CR2照片，以选中包含了高光的照片。在“基本”面板中，适当减小“白色”值，如图9.8所示，以恢复其中的高光细节，如图9.9所示。

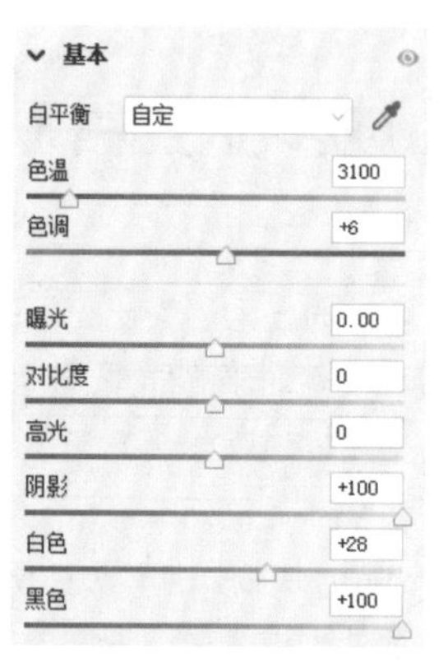

图9.8

图9.9

至此，照片的初步处理已经完成，下面将其导出为JPEG格式文件，从而在Photoshop中进行合成及润饰处理。

07 选中下方列表中的所有照片，单击Camera Raw软件右上角的“存储”按钮，在弹出的“存储选项”对话框中设置参数，如图9.10所示。

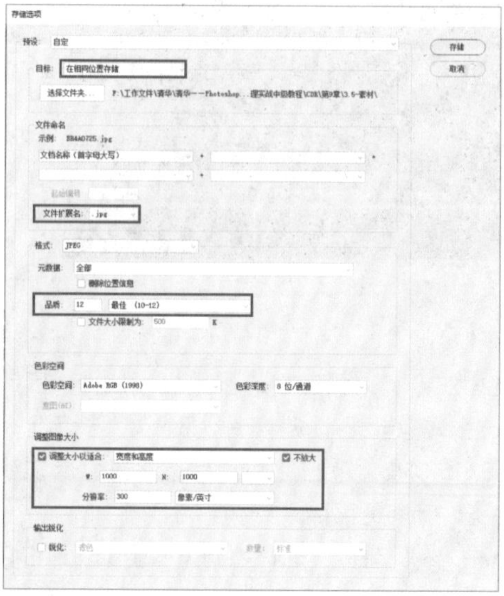

图9.10

08 设置完成后，单击“存储”按钮，在当前Raw照片相同的文件夹中生成一个同名的JPG格式照片。

为了便于下面在 Photoshop 中处理照片，可以在导出时，将 JPEG 格式照片放在一个单独的文件夹中。

09 在Photoshop中执行“文件”→“自动”→ Photomerge 命令，在弹出的Photomerge对话框中单击“浏览”按钮，在弹出的对话框中打开上一步导出的所有JPEG格式照片。单击“打开”按钮，将要拼合的照片载入对话框中，并设置其拼合选项，如图9.11所示。

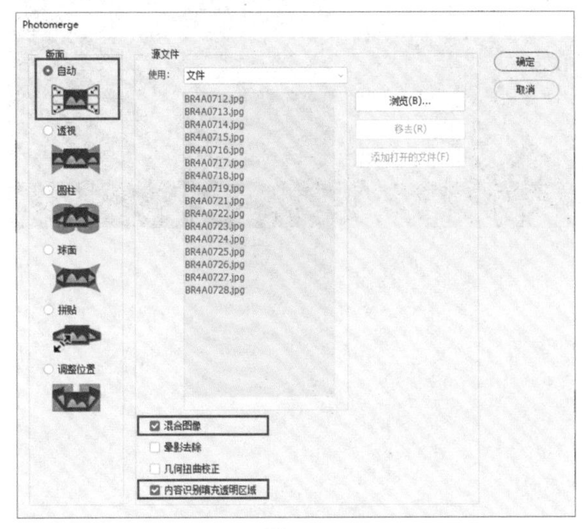

图9.11

注意

选中“内容识别填充透明区域”复选框后，将在填充的结果上自动对边缘的透明区域进行填充。由于本例的边缘相对简单，可以选中此复选框，根据经验即可推断出，能够产生不错的拼合结果。

10 单击“确定”按钮，开始自动拼合全景照片，在本例中，照片拼合后的效果如图9.12所示。按快捷键Ctrl+D取消选区。

图9.12

注意

由于前面选中了“内容识别填充透明区域”复选框，处理结果中，会自动将所有照片合并至新图层中，再对边缘进行填充修复，同时还会显示处理时所用到的选区，以便判断智能修复的区域，如图9.13和图9.14所示。

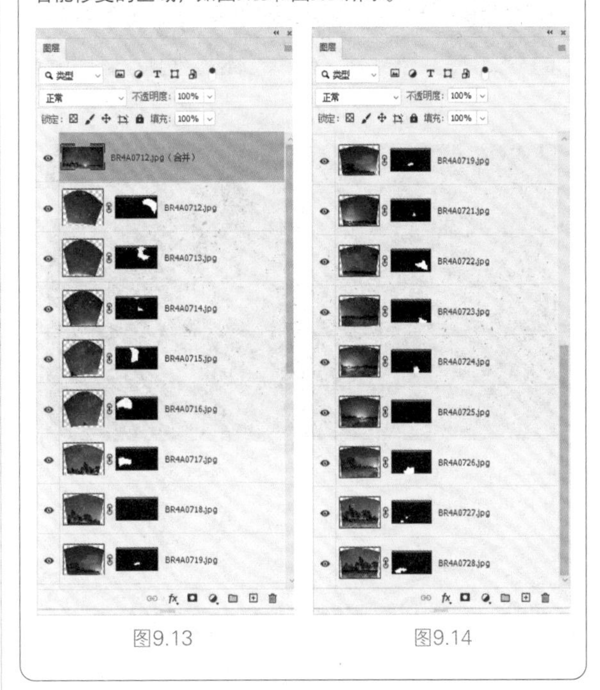

图9.13　　图9.14

在上一步拼合并智能填充边缘后，已经得到很好的拼合结果，但仔细观察照片左下角可以发现，由于此处的图像略为复杂，修复结果显示出较生硬的边缘，下面就来解决此问题。

11 新建得以“图层1”，选择“仿制图章工具”并在其工具选项栏中设置适当的参数，如图9.15所示。

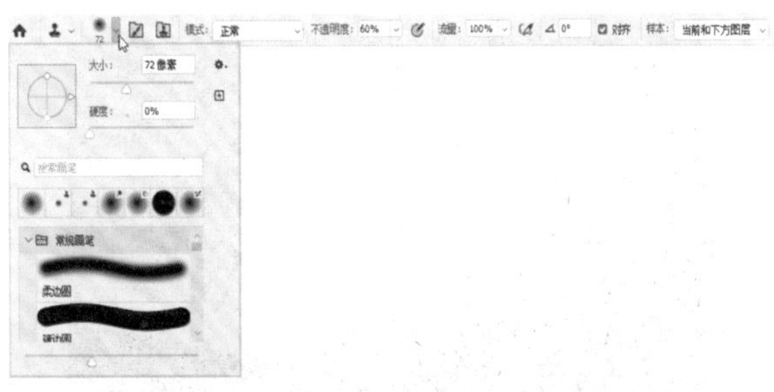

图9.15

12 选择“仿制图章工具”，按住Alt键在要修复图像的附近单击，以定义源图像，如图9.16所示。

13 释放Alt键，使用“仿制图章工具”在要修复的图像上涂抹，直至将其修复得自然为止，如图9.17所示。

图9.16

图9.17

在本例中，由于照片边缘较为简单，得到的拼合结果只需要做少量修复处理即可。对于一些边缘较为复杂的照片，拼合结果可能不尽如人意，在确定很难或无法修复时，可以使用“裁剪工具” 直接将这部分图像裁剪掉即可。

图 9.18 所示为对照片进行调色及锐化等处理后的结果，由于不是本例的重点，不再详细讲解。

图9.18

9.2 制作旋转星轨效果

利用一张星空照片生成星轨效果，通常是使用星空插件实现的，但星空插件往往存在 Photoshop 版本适配和收费的问题。而在本例中，将利用 Photoshop 自带的功能制作旋转星轨效果，主要运用的知识点有两个，一是动作，利用动作记录一些命令，然后利用这些命令来完成一些重复的操作；二是利用混合模式实现星轨渐隐效果，下面讲解详细的操作步骤。

01 在Photoshop中打开素材文件夹中的“第9章\9.2-素材.jpg”文件，如图9.19所示。

图9.19

02 将“背景”图层拖至“新建图层”按钮上，得到“背景拷贝”图层，执行“选择”→“天空”命令，得到天空选区，如图9.20所示。单击“添加图层蒙版”按钮，得到天空的蒙版。

图9.20

03 将“背景拷贝”图层拖至“新建图层”按钮上，得到“背景拷贝2”图层，将其他两个图层隐藏，然后将“背景拷贝2”图层的蒙版拖至“删除”按钮上，在弹出的对话框中单击“应用”按钮，得到如图9.21所示的效果。

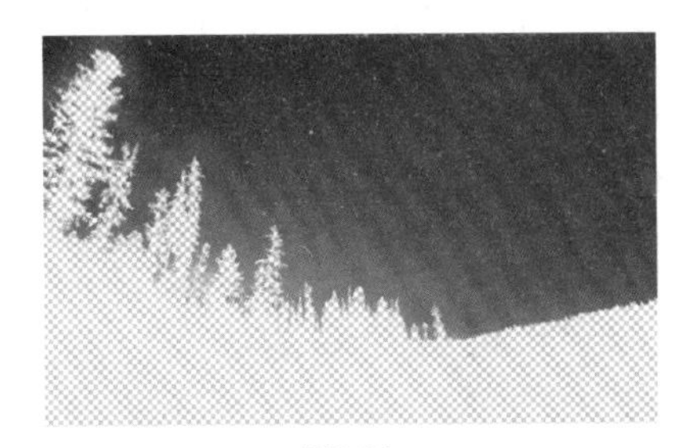

图9.21

04 接下来对星空做旋转处理，而且是依次旋转渐隐的效果。首先需要录制动作，执行“窗口”→“动作”命令，调出“动作”面板，单击“动作”面板中的“创建新动作”按钮⊞，在弹出的“新建动作”对话框中指定一个快捷键后单击“记录”按钮，如图9.22所示，此时“动作”面板下方显示红色圆点，表现处于录制状态。

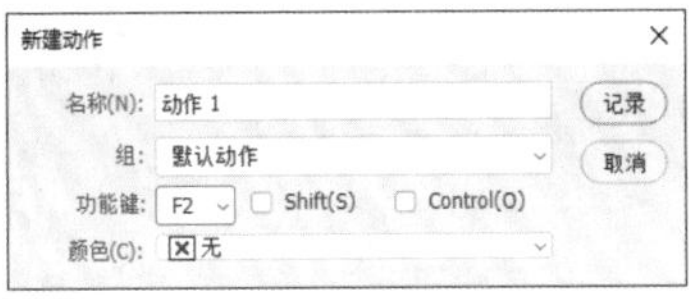

图9.22

05 将“背景拷贝2”图层拖至“新建图层”按钮上⊞，得到“背景拷贝3”图层，然后设置“背景拷贝3”图层的混合模式为“变亮”。执行“编辑”→“自由变换”命令，调出自由变换控制框，在工具选项栏中设置参数如图9.23所示，按Enter键确定变换操作。

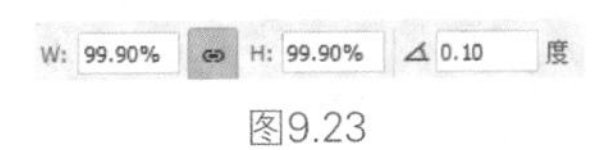

图9.23

06 执行“编辑”→“填充”命令，在弹出的“填充”对话框中设置参数，如图9.24所示，单击“确定”按钮后在“动作”面板中单击“停止播放/录制”按钮，结束动作录制。

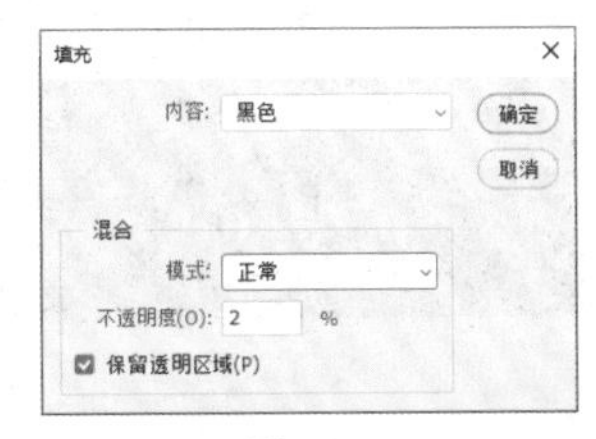

图9.24

注意

第6步的操作非常关键，其设置的是形成渐隐效果的关键参数。在“填充”对话框中，“不透明度”值可以灵活修改，改为1%或3%都可以。

07 在“动作”面板中选择刚刚录制的“动作1”，然后单击“播放选定的动作”按钮或按F2键，一直单击该按钮，直至画面形成令人满意的旋转效果，如果觉得80个图层所形成的旋转星轨很好，就按80次，如果想要更多图层所形成的旋转星轨效果，那就继续按。图9.25所示为80个图层所形成的旋转星轨效果。

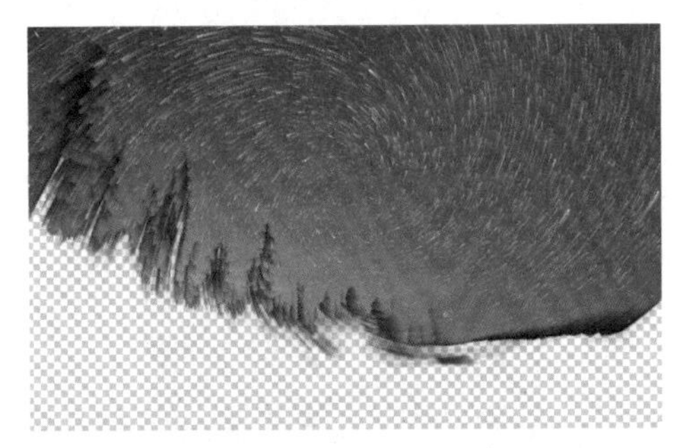

图9.25

08 将制作旋转效果的多个图层全部选中，按快捷键Ctrl+G建立“组1”，然后将“背景 拷贝”图层拖至“组1”上方，选择该图层的蒙版，在“属性”面板中单击“反相”按钮，显示地面景物，隐藏天空，即可得到如图9.26所示的最终图像效果，最终的“图层”面板如图9.27所示。

图9.26

图9.27

9.3 将暗淡的夜景城市车轨照片调出蓝调氛围

本例的处理思路是，先提亮天空部分，为天空重新着色，再为地面的车流灯轨部分增亮和锐化。通过照片滤镜功能，车流灯轨泛一些冷调，营造冷暖对比效果。最后是去除杂物，修除人行道的黄色及不能提供美感的月亮。通过处理后的照片发生了翻天覆地般的变化。实际上，我们所看到的绝大多数车流灯轨照片，都不是一次拍摄完成的，一定要通过分区处理。所以，本例对于希望拍夜景、拍车流灯轨的摄影爱好者来说，是比较实用的，下面讲解详细的操作步骤。

01 在Photoshop中打开素材文件夹中的“第9章\9.3-素材1.jpg”文件，如图9.28所示。

图9.28

02 加入其他素材，执行“文件”→“置入嵌入对象”命令，依次置入“第9章\9.3-素材2~素材5.jpg”文件，置入全部素材照片后的“图层”面板如图9.29所示。

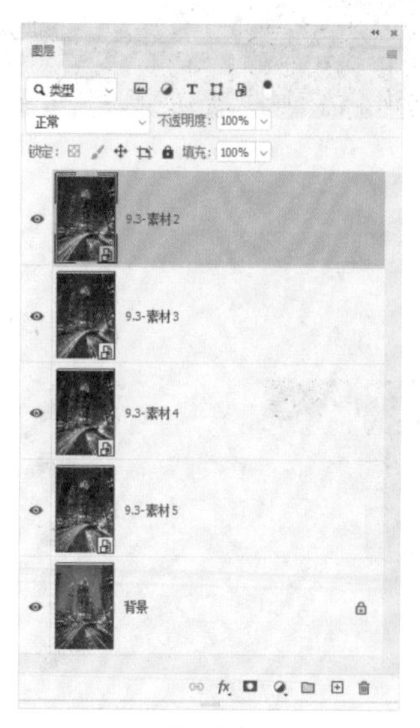

图9.29

03 隐藏其他图层，选择“背景”图层并右击，在弹出的快捷菜单中选择“转换为智能对象”选项，得到“图层0”。执行“图像”→“调整”→“阴影/高光”命令，在弹出的“阴影/高光”对话框中调整参数，如图9.30所示，提亮画面的阴影区域，效果如图9.31所示。

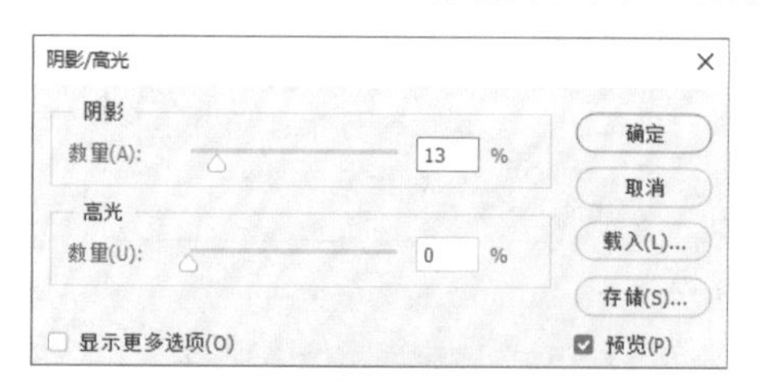

图9.30

图9.31

04 由于执行“阴影/高光”命令后，天空也提亮了，需要对天空进行恢复。选择“图层0”的智能滤镜蒙版，使用黑色“画笔工具”，设置合适的画笔大小，对天空区域进行涂抹，得到如图9.32所示的效果，此时的“图层”面板如图9.33所示。

图9.32

图9.33

05 现在显示“9.3-素材5”图层，这张照片是用 30 秒拍摄的车流灯轨，但只需要下面的车轨部分。单击“添加图层蒙版”按钮 创建蒙版，选择“渐变工具” ，在工具选项栏中选择黑色到透明的渐变，然后在建筑物与车轨交界处由上至下填充渐变，以隐藏上面的建筑物及天空，得到如图9.34所示的效果。

图9.34

06 按住Ctrl键依次选中“9.3-素材2”至“9.3-素材4”图层，统一设置混合模式为“浅色”，得到车轨又细又密的效果，如图9.35所示。

图9.35

07 经过上一步的操作，发现天空效果不理想，在选中“9.3-素材2”至“9.3-素材4”图层的状态下，按快捷键Ctrl+G进行编组，得到“组1”。选择“渐变工具” ，在工具选项栏中选择黑色到透明的渐变，然后在建筑物与车轨交界处由上至下填充渐变，以隐藏上面的建筑物及天空，得到如图9.36所示的效果。

图9.36

08 观察画面可以看到右侧的车轨显得比较乱，接下来逐一进行处理。分别针对“组1”中的3个图层，单击“添加图层蒙版”按钮 创建蒙版，设置前景色为黑色，选择“画笔工具” 并设置合适的画笔大小，对需要隐藏的区域进行涂抹，得到如图9.37所示的效果，此时的“图层”面板如图9.38所示。

图9.37

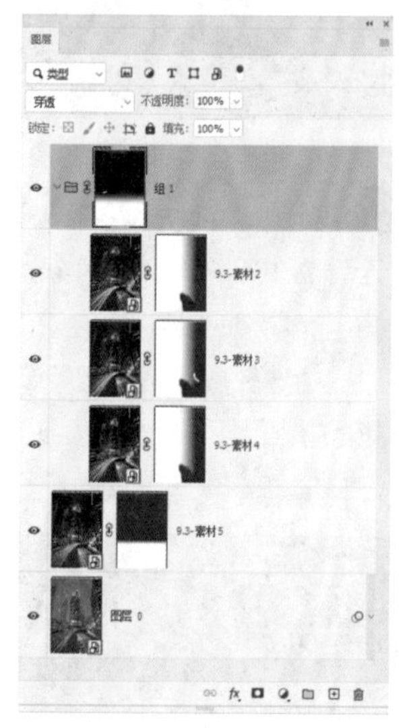

图9.38

接下来对天空部分进行处理。天空部分的处理包括两部分，第一部分是希望建筑物上的灯光再亮一些；第二部分是希望天空再好看一些，因为现在天空显得比较浑浊，不透透亮。

09 进入“通道”面板，按住Ctrl键单击RGB通道，调出当前图像的亮调区域，回到“图层”面板，单击“创建新的填充或调整图层”按钮◐，在弹出的菜单中选择“曲线”选项，得到“曲线1”调整图层，在弹出的对话框中调整曲线，如图9.39所示，得到如图9.40所示的效果。

10 应用“曲线”后，车轨及部分灯光偏亮，需要进行处理。选中“曲线1”调整图层，按快捷键Ctrl+G进行编组，得到“组2”。单击“添加图层蒙版”按钮◘创建蒙版，选择“渐变工具”▣，在工具选项栏中选择黑色到透明的渐变，然后在建筑物与车轨的交界处由下至上填充渐变，以隐藏车轨部分。使用黑色“画笔工具”✓，并设置合适的画笔大小和“流量”值，对建筑物上方偏亮的灯光区域进行涂抹，得到如图9.41所示的效果，此时的图层蒙版状态，如图9.42所示。

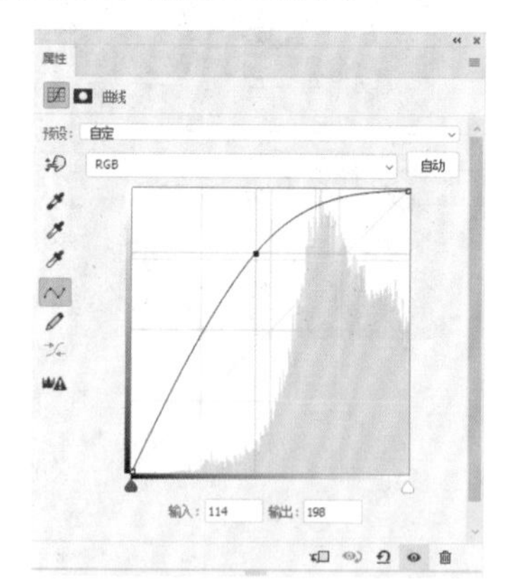

图9.39

图9.40

图9.41

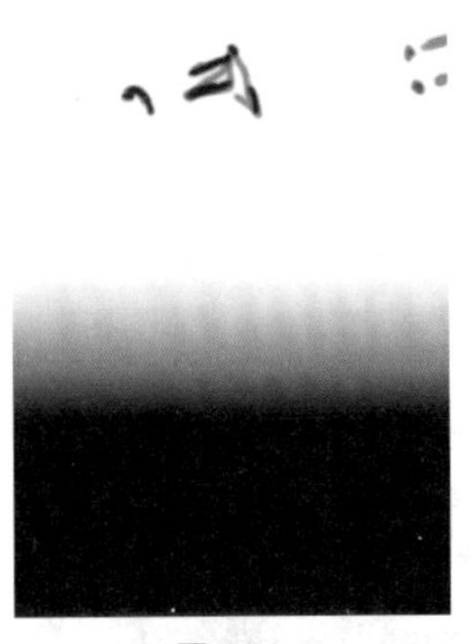

图9.42

11 接下来对天空部分做通透化处理，使其显得更通透。单击“创建新组”按钮创建“组3”，然后单击“添加图层蒙版”按钮创建蒙版，接着选择“快速选择工具”，将天空区域选中，执行“选择”→“反选”命令，设置前景色为黑色，按快捷键Alt+Delete填充黑色，此时图层蒙版的状态如图9.43所示。

图9.43

注意

使用“快速选择工具”选择天空时，建筑物与天空交界处可能选择得不理想，需要反复添加或减少选区，个别区域还需要换成“多边形套索工具”或其他工具创建更精确的选区。总之，这一步操作需要有耐心。

12 执行“曲线”命令提亮天空的上半部分。单击“创建新的填充或调整图层”按钮，在弹出的菜单中选择“曲线”选项，得到“曲线2”调整图层，在“属性”面板中分别调整RGB和蓝色曲线，如图9.44和图9.45所示。选中“渐变工具”，在工具选项栏中选择黑色到透明的渐变，然后在地面区域由下至上填充渐变，得到如图9.46所示的效果。

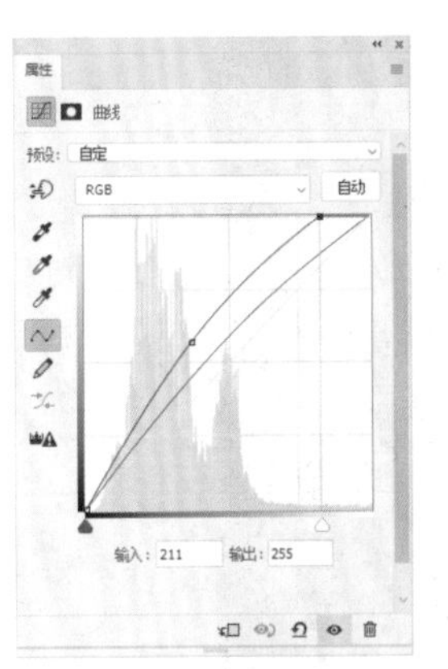

图9.44

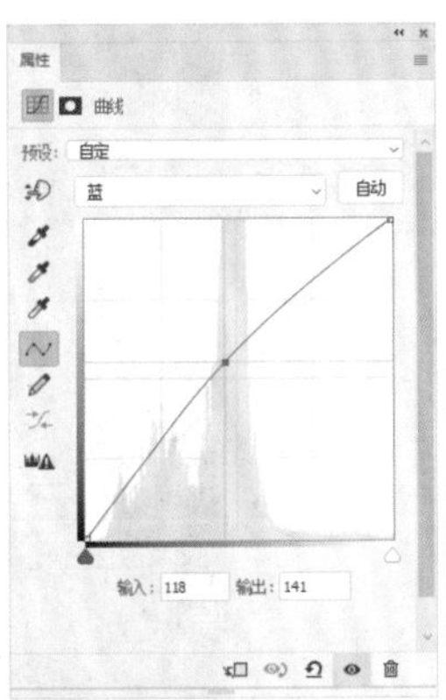

图9.45

图9.46

13 执行“曲线”命令提亮天空的下半部分。单击“创建新的填充或调整图层”按钮，在弹出的菜单中选择“曲线”选项，得到“曲线3”调整图层，在“属性”面板中分别调整RGB和蓝色曲线，如图9.47和图9.48所示。选中“渐变工具”，在工具选项栏中选择黑色到透明的渐变，然后在天空区域由上至下填充渐变色，得到如图9.49所示的效果。

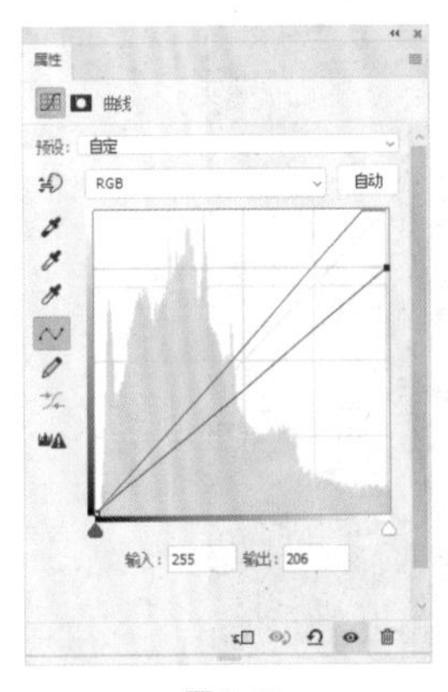

图9.47

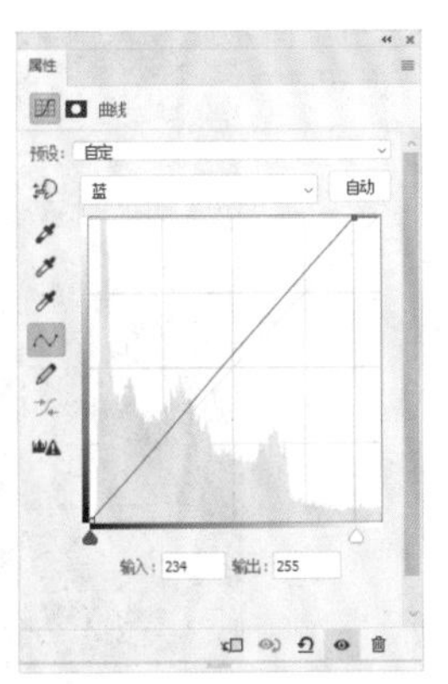

图9.48

图9.49

14 为天空增强自然饱和度。单击“创建新的填充或调整图层”按钮 ，在弹出的菜单中选择“自然饱和度”选项，得到“自然饱和度1”调整图层，在“属性”面板中设置参数，如图9.50所示，得到如图9.51所示的效果。

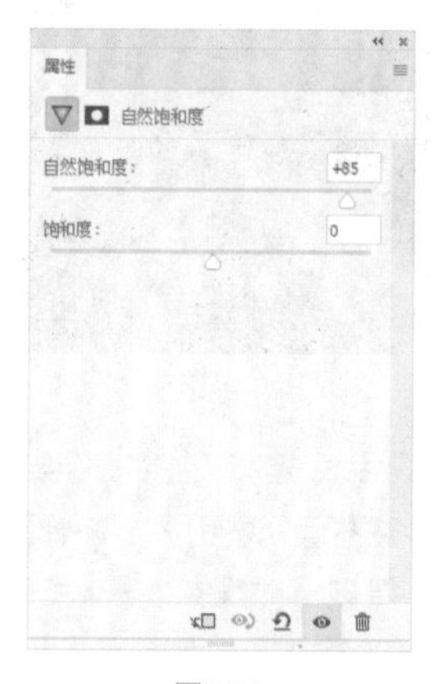

图9.50

图9.51

观察画面可以看出，地面部分除了车轨的其他地方有些偏黑，接下来对这部分进行处理。

15 单击“创建新图层”按钮 ，得到“图层1”，按快捷键Ctrl+Shift+Alt+E盖印图层，右击，在弹出的快捷菜单中选择“转换为智能对象”选项。执行“滤镜”→“模糊”→“高斯模糊”命令，在弹出的“高斯模糊”对话框中设置参数，如图9.52所示，设置图层混合模式为“滤色”，并适当减小图层的“不透明度”值。

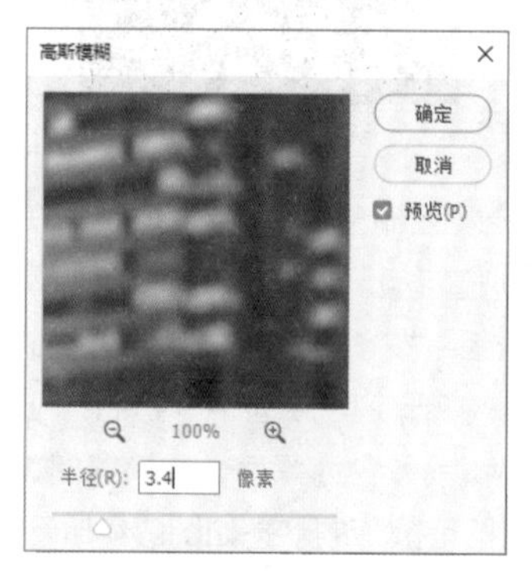

图9.52

16 因为“高斯模糊”滤镜只需作用于画面的下半部分，所以还需要用图层蒙版将上半部分遮盖住。单击“添加图层蒙版”按钮 创建蒙版，选中“渐变工具” ，在工具选项栏中选择黑色到透明的渐变，在建筑物和车轨交接处由上至下填充渐变色，得到好像车轨发出了一层光，然后反射到镜头中所形成了一种朦胧效果，如图9.53所示。

图9.53

接下来需要将建筑物的结构和细节感表现出来，必须要对画面做锐化处理。

17 单击“创建新图层”按钮⊞得到“图层2”，按快捷键Ctrl+Shift+Alt+E盖印图层，右击，在弹出的快捷菜单中选择“转换为智能对象”选项，执行“滤镜”→“其他”→“高反差保留”命令，在弹出的“高反差保留”对话框中设置参数，如图9.54所示，设置图层混合模式为“强光”，并适当减小图层“不透明度”值，锐化前后的对比效果如图9.55所示。

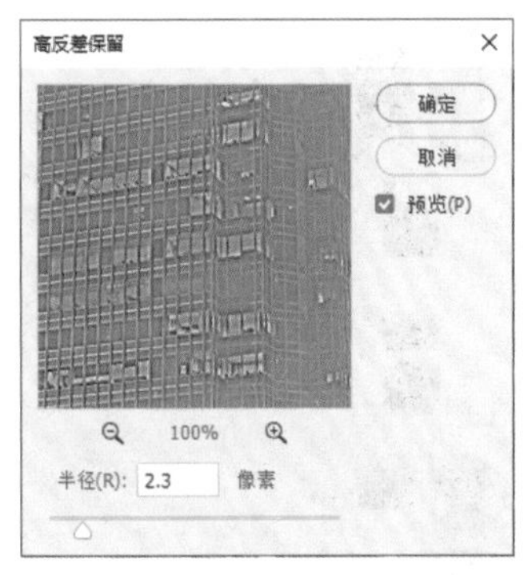

图9.54

图9.55

18 接下来统一画面的整体色调，单击“创建新的填充或调整图层”按钮◐，在弹出的菜单中选择“照片滤镜”选项，得到“照片滤镜1”调整图层，在“属性”面板中设置参数，如图9.56所示，得到如图9.57所示的效果。

图9.56

图9.57

19 接下来处理画面中间桥面偏黄的问题。单击“创建新的填充或调整图层”按钮◐，在弹出的菜单中选择“黑白”选项，得到“黑白1”调整图层，在“属性”面板中设置参数，如图9.58所示，设置图层“不透明度”值为15%，然后在蒙版“属性”面板中单击“反相”按钮，得到黑色蒙版。设置前景色为白色，选择“画笔工具”✓并设置合适的画笔大小，对桥面区域进行涂抹，得到如图9.59所示的效果。

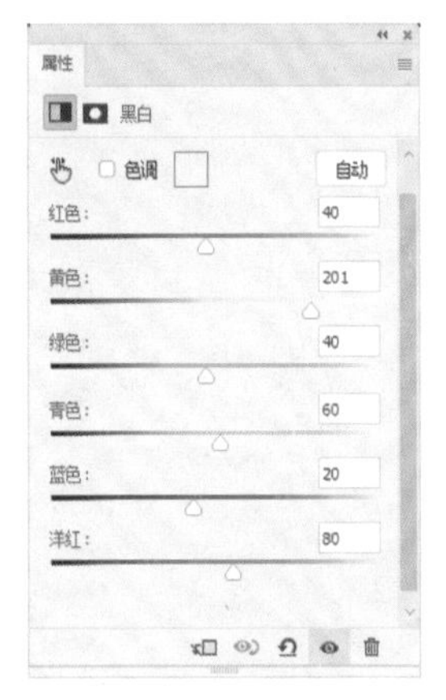

图9.58

图9.59

20 单击“创建新图层”按钮 得到“图层2”，按快捷键Ctrl+Shift+Alt+E盖印图层，然后选择“修补工具” ，圈选月亮并将其修除，得到如图9.60所示的最终图像效果，最终的“图层”面板如图9.61所示。

图9.60

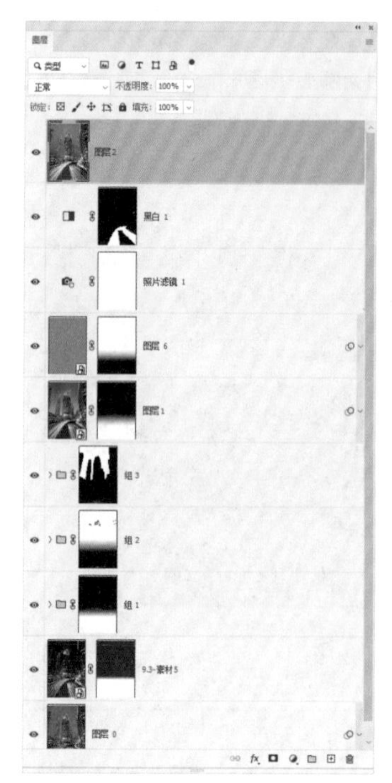

图9.61